西北工业大学出版基金资助项目

泛结构化微机电系统集成设计方法

苑伟政　常洪龙　著

西北工業大學出版社

【内容简介】 本书提出和建立了泛结构化微机电系统集成设计方法，系统性地论述了其理论体系和关键技术。本方法是在对当前微机电系统集成设计工具的体系结构、基础理论、关键技术及发展趋势等方面进行归纳和总结的基础上，提出的一种新的方法和理论，是对当前通用的微机电系统结构化设计方法的重要发展和提高。依据本方法实现了国产微机电系统集成设计工具(MEMS Garden)，并结合大量典型和复杂MEMS器件实例验证了本方法和设计工具的实用性和先进性。

本书可供微机电系统相关学科的科研人员参考。

图书在版编目(CIP)数据

泛结构化微机电系统集成设计方法/苑伟政，常洪龙著．—西安：西北工业大学出版社，2010.3

ISBN 978-7-5612-2758-9

Ⅰ.①泛… Ⅱ.①苑…②常… Ⅲ.①微机电—系统设计 Ⅳ.①TM380.2

中国版本图书馆CIP数据核字(2010)第044820号

出版发行：西北工业大学出版社
通信地址：西安市友谊西路127号 邮编：710072
电　　话：(029)88493844 88491757
网　　址：www.nwpup.com
印 刷 者：陕西向阳印务有限公司
开　　本：787 mm×960 mm 1/16
印　　张：14.125
字　　数：305千字
版　　次：2010年3月第1版 2010年3月第1次印刷
定　　价：30.00元

前　言

微机电系统(MEMS)被公认为是一项战略高新技术。微机电系统除了用于航空航天等尖端行业外,也正在悄悄地改变人类的生活。从保障行车安全的胎压传感器、安全气囊系统中的加速度计,到进入人体内进行药物定点释放的微型药丸,微机电系统正在提高着人类的生活质量。

设计是创新的核心。中国是一个制造大国,正在向设计大国进行转变。“工欲善其事,必先利其器”。然而,微机电系统发展至今,仍无相关的著作对其理论体系和设计方法进行系统的总结和归纳。作者对微机电系统的设计方法、理论,以及工具技术进行了长时间的研究和积累。本书就是在这些研究基础上,对微机电系统的设计方法的特点和理论体系进行了系统的归纳和总结,提出和建立了泛结构化的微机电系统集成设计方法。

微机电系统是用源自微电子工艺的微细加工工艺所制作的微型机械系统。因此,长期以来微机电系统的设计基本上都更多地借鉴了微电子的设计方法和设计工具,典型的有结构化设计方法。而微机电系统的设计本质上是一种复杂精密机械的设计,尽管对微电子制造工艺有很强的依赖性,但却不适于用微电子的设计方法来设计。因此,泛结构化微机电系统集成设计方法特别强调微机电系统的柔性设计、创成设计和三维设计。它不是对原有的微机电系统结构化设计方法的否定,而是在此基础上的发展和提高。

本书的成果是在国家高技术研究计划(“863”计划)、国家自然科学基金等多年的支持下完成的,在此向有关委员会表示感谢。实验室的许多研究生做了大量重要的研究工作,也为本书的内容提供了帮助,在此向霍鹏飞、李伟剑、徐景辉、谢建兵、张亚飞、闫子健、张承亮、秦子明、刘莹、谢志雄、郝星、焦文龙、腾云以及其他没有列出名字但付出辛勤劳动的同学们表示感谢。

最后须要特别指出的是,微机电系统涉及的领域非常广泛,笔者因学科知识面有限,在论述该方法的时候,主要采用了机电领域的例子,对于生物、流体微机电系统的论述较少。因此,所提出的泛结构化微机电系统集成设计方法在这些领域可能有所欠缺,敬请读者谅解和不吝指教。

著　者

2009 年 6 月

目　录

第1章　绪　　论

1.1　微机电系统简介

微机电系统(Micro-Electro-Mechanical Systems,MEMS)主要是指通过半导体工艺或其他微细加工工艺制造的微型机械。其英文缩写 MEMS 恰到好处地反映了其主要技术特点。MEMS 一词中的第一个字母“M”,即 Micro,代表这一技术是微型的。MEMS 中典型结构的特征尺寸在微米量级,随着尺寸的缩小,显然会降低 MEMS 系统的功耗,增大其谐振频率,进而提高可靠性等。因此,可以说微型化是 MEMS 技术的一个最显著的特征。如此微小的结构当前仍主要通过硅基半导体工艺来进行实现,这也使得 MEMS 一般都具有批量化生产的优点。而目前快速发展的非硅工艺,如准分子激光、飞秒激光、电火花加工等手段也可以实现 MEMS 技术的微型化,并开始在 MEMS 领域中占据越来越重要的地位。MEMS 中第二个字母“E”,即 Electro,表明微机电系统是与“电”密不可分的。一方面,MEMS 主要是以微型的传感器或执行器为主,那么对微弱电信号的拾取与调理必然是不可缺少的。另一方面,这个“E”也在某一程度上代表了这项技术是缘于微电子行业的。第三个字母“M”代表了结构、力学等与机械相关的东西。最后一个字母“S”代表了 MEMS 是一个相对完整的系统或子系统,具备一定的功能,并且该系统还往往可以在硅片上进行机械结构与控制电路的单片集成。

像微电子技术一样,MEMS 技术也是一项使能性技术(Enabling Technology),加上 MEMS 器件本身所具有的微型化、低功耗、高集成度等优点,其已经在航空、航天、汽车、医疗器械、消费电子等诸多领域都找到了很好的结合点。目前,全世界已经有超过 130 种的 MEMS 器件[1],其中打印机喷头、微加速度计、微陀螺、微麦克风和数字微镜均已经实现了大规模的批量生产,销售额每年超过 80 亿美元(见图 1-1)。根据 Yole 公司的市场预测,仅基于硅 MEMS 技术的 MEMS 市场在 2010 年就将超过 100 亿美元。

MEMS 的工艺技术在最近十年也有了长足的进步,多种标准化的 MEMS 工艺已出现并服务于 MEMS 产品的制造。在 2003 年全球已有超过 368 家的单位具备 MEMS 的加工能力[1],2008 年包括台积电(台湾积体电路制造股份有限公司)在内的 24 家公司提供 MEMS Foundry 服务,其年收入已超过 5 亿 6 千万美元,并以 20%～30%的年增长率在发展[2]。MEMS 工艺能力的提升将促使更多的设计人员专注于 MEMS 器件的设计,也将促使产业分工逐渐清晰和合理,这些都非常有助于 MEMS 产业的发展。

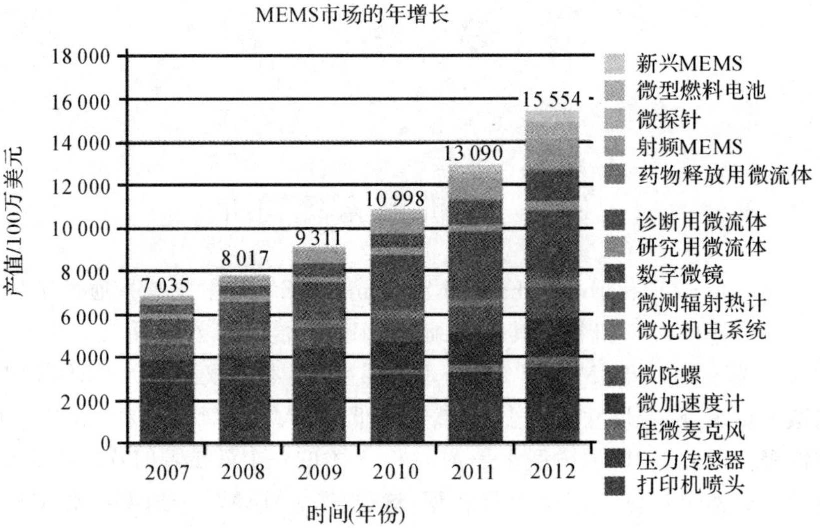

图 1-1　Yole 公司预测的 MEMS 市场增速图

1.2　微机电系统设计工具及设计方法简介

工欲善其事，必先利其器。当代的科技发展史告诉我们，专用的计算机辅助设计工具(CAD)对于一个行业的发展往往起到了巨大的倍增器效应，微电子设计工具(EDA)对微电子行业发展的推动作用即是一个典型的案例。EDA 工具的出现直接导致了微电子行业设计与加工分离的产业特征，大大促进了微电子产业的发展和壮大。当前，仅 EDA 行业每年的市场总额都在 40 亿美元以上。

对于符合 MEMS 产业特点设计工具(MEMS CAD)的追求是 MEMS 业界一个长期的奋斗目标。当前，全世界已有几十种 MEMS 设计工具[3-19]。一般可将这些设计工具分成两大类。第一类是集成化设计工具，为 MEMS 用户提供了从系统行为建模与仿真到器件物理分析，再到版图设计和工艺建模仿真等全过程的设计解决方案，典型的有 CoventorWare[3]，Intellisuite[4] 和法国的 MEMS Pro[5]，中国的 MEMS Garden[6] 等。第二类是 MEMS 特定功能模块的设计工具，其针对 MEMS 设计过程中某一阶段的设计需求而开发，并不提供整套解决方案。典型的设计工具包括 MEMS 系统级建模与仿真软件 Nodas[7]，Sugar[8] 等；多物理场耦合建模与仿真软件 Comosol[9]，Ansys Multiphysics[10] 等；工艺版图编辑软件 L-Edit[11]，LASI[12] 等；宏建模软件 AutoMM[13]，ROM[14]，Mor4Ansys[15] 等；工艺模拟软件 ACES[16]，Simode[17]，SEGS[18] 等。这些分散的软件模块已经有很多集成在第一类集成设计工具里。

在这两类设计工具里，集成设计工具提供了完备的 MEMS 建模与仿真解决方案，符合

MEMS产业化对专用设计工具的需求，同时各种先进的设计方法及设计理念也主要体现在该类设计工具中。本书将着重讨论用于构建MEMS集成设计工具的设计方法及关键技术。

纵览当前的MEMS集成设计工具，分析其结构特点，可以发现其基本构成主要包括三部分。第一部分就是各种各样的仿真模型库，这一部分是来自对MEMS器件开发经验的总结，是MEMS设计工具的“功能器官”。第二部分是仿真支撑平台，主要是系统级、器件级和工艺级仿真支撑平台，来对所建立的各种仿真模型进行求解，堪称MEMS设计工具的“骨架”。这三个仿真支撑平台分别由电路仿真平台、结构的有限元仿真平台和工艺版图编辑平台来承担。而第三部分就是MEMS设计方法。系统的MEMS设计方法及其理论体系是构建MEMS集成设计工具的理论基础，堪称MEMS设计工具的“灵魂”。其除了直接服务于MEMS集成设计工具的开发外，还对指导、促进以及规范MEMS产品的开发起着重要的作用。当前应用最为广泛的MEMS设计方法是源自微电子行业的结构化MEMS设计方法。

1.3 结构化MEMS设计方法及面临的挑战

从20世纪70年代开始，结构化设计方法在微电子行业得到了非常成功的应用[19]。到20世纪90年代，人们开始探索该方法在机械系统中的应用，并认为MEMS系统最有可能采用结构化设计方法[19]。而到了1995年，美国国家自然科学基金委员会在加州理工大学(Caltech)组织召开的“Structured Design Method for MEMS”研讨会上正式提出了MEMS的结构化设计方法[19]。这种结构化设计方法借鉴了微电子设计(EDA)的成功经验，强调类似于EDA的分层次自顶向下(Top-Down)设计，如图1-2所示。这种自顶向下的结构化设计方法从系统的整体功能入手进行设计，强调MEMS的系统级设计，然后逐级进行设计综合，直至生成MEMS加工用的版图。该方法被认为有望显著提高MEMS的设计效率，甚至可以产生类似于微电子设计那样的设计与加工分离。当前，国际上几乎所有的MEMS集成设计工具均基于此方法进行开发。

但MEMS技术的发展速度很快，特别是进入21世纪后MEMS技术更是得到了迅猛的发展。MEMS技术的高速发展也给MEMS结构化设计方法及设计工具带来了很大的冲击和挑战。

首先在设计流程上，结构化设计方法强调一种自顶向下的设计流程。这固然符合结构化设计的思想，并且这种设计流程已经在微电子设计领域取得了巨大的成功，但MEMS毕竟不同于微电子，再复杂的微电子电路也可用晶体管、电阻、电容、电感等几种简单的元器件来表示，而对于功能、原理、形式、工艺都复杂多变的MEMS器件来说，其很难像微电子那样用几种简单的组件来表征任意复杂的MEMS结构。因此，完全照搬微电子的设计方案，并用这一种自顶向下的流程来统一所有MEMS器件的设计，显然并不科学。

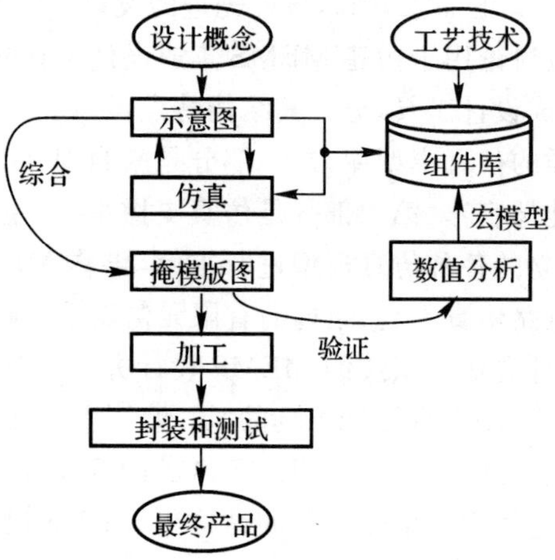

图 1-2 Top-Down 设计方法流程图

以典型的电容式微机械陀螺和电容式微型压力传感器为例进行对比说明。对于微陀螺，基于集总参数模型的系统级设计既可以快速得到一般设计所需的模态、拉入电压等设计指标，还可以与接口电路一起构成闭环系统进行系统行为仿真，因此，其设计流程可以是系统级→工艺级的自顶向下设计流程，并非一定要进行基于有限元的器件级设计。但对于微压力传感器而言，仅仅依靠基于集总参数模型的系统级设计就很难完成压力分布的计算，此时就离不开基于有限元的器件级设计。从器件级设计入手更为有效，因此其设计流程可以为器件级→系统级→工艺级。可见，MEMS CAD 的设计流程应该提供足够的灵活性来满足 MEMS 器件多样化带来的个性化设计需求，这样相比于单一的设计流程反而能提高 MEMS 的设计效率。事实上，商业化 MEMS CAD 工具已经意识到这个问题。如 CoventorWare 已在每个设计模块上都提供了设计入口，并开发了一些不同设计层级之间数据自动传递的接口，以方便用户能从任一模块开始并完成设计[1,20-21]。

其次，对于 MEMS 创新设计的支持力度不足也是现有集成设计工具所面临的挑战之一。在结构化设计方法中，MEMS 的方案设计基本上均依赖于组件模型库。例如，Carnegie Mellon 大学的 G. K. Fedder 等在 20 世纪 90 年代末建立了节点分析法 NODAS，主要思想是将 MEMS 系统级建模转化为组件模型的网络集合形式。CoventorWare 拥有机电类、流体类、光学类等大量的组件模型，并且组件库仍然在不断扩充之中。可以说，可重用的组件库技术大大降低了用户的设计难度，提高了建模效率。但是，组件基本上都是来源于已有设计方案，用户基于这些组件模型只能进行局部参数修改或组合式变换，无法进行新结构或新部件设计。如用户在设计和验证新型方案时会用到的变截面弹性梁，就很难在现有软件的常规组件模型中得到支持。因此，加强对创新设计能力的支持是 MEMS 设计方法的一个必然趋势。

1.4　泛结构化 MEMS 集成设计方法的提出

通过前文的分析可以发现，MEMS 毕竟不同于微电子。尽管 MEMS 可以用微电子的工艺来加工，但却不能完全照搬微电子的设计方法来设计，这是因为 MEMS 本质上仍是一种机械结构或者系统，其更多地具有机械设计的特点。因此，笔者结合 MEMS 的特点，针对当前结构化 MEMS 设计方法所面临的挑战，提出了泛结构化 MEMS 集成设计方法。

须要强调的是，泛结构化 MEMS 集成设计方法不是对结构化 MEMS 设计方法的否定，而是在此基础上的一种发展和提高。其仍保留了结构化设计方法的分层体系，但主要在设计流程的柔性上、创新设计的支持上以及三维可视化设计上进行了发展和提高，更加符合 MEMS 的多样性、复杂性和三维机械设计的本质特征。因此，笔者使用了一个“泛”字来描述这种设计方法，来与传统的结构化设计方法进行区别。

本书将着重论述泛结构化设计方法的理论体系及关键技术，并结合具体的器件设计实例来说明该方法的正确性和有效性。

1.5　小　　结

拥有国产 MEMS 设计工具是国内 MEMS 业界长期以来的一个梦想。如果说国产系统级、器件级和工艺级的仿真支撑平台为 MEMS 设计工具提供了“骨架”，功能各异的 MEMS 仿真模型库为 MEMS 设计工具提供了“功能器官”的话，那么泛结构化的 MEMS 集成设计方法将为国产 MEMS 设计工具注入“灵魂”，为指导国产 MEMS 设计工具的开发提供理论依据。

参 考 文 献

[1] Allen J J. Micro Electro Mechanical System Design [M]. London: Taylor & Francis, 2005.

[2] Walko J. Analyst Sees Strong Growth for MEMS Foundries [EB/OL]. [2008-12-14]. http://www.eetimes.com/showArticle.jhtml? articleID=208403094.

[3] Coventor Inc. MEMS+IC Design: Integrating MEMS and IC Software [EB/OL]. [2008-12-30]. http://www.coventor.com/pdfs/MEMSPlus-Datasheet.pdf.

[4] Intellisense Inc. A Collaborative Living Design Environment [EB/OL]. [2008-12-30]. http://www.intellisensesoftware.com/intellisuite/Isuite-Overview.html.

[5] SoftMEMS LLC. MEMS Pro v6.0 [EB/OL]. [2008-12-30]. http://www.softmems.com/mems_pro.html.

[6] 常洪龙，苑伟政. 支持任意流程的微机电系统设计工具[J]. 机械工程学报，2009，44(11)：39-46.

[7] Carnegie Mellon University. Nodal Design of Actuators and Sensors: Nodas v1.4 [EB/OL].

[2008 - 12 - 30]. http://www.ece.cmu.edu/~mems/projects/memsyn/nodasv1_4.

[8] UC Berkley. SUGAR: CAD for MEMS [EB/OL]. [2008 - 12 - 30]. http://www-bsac.eecs.berkeley.edu/programs/sugar.html.

[9] COMSOL AB. MEMS Module Overview [EB/OL]. [2008 - 12 - 30]. http://www.comsol.com/products/mems.

[10] Ansys Inc. Simulation Solutions for the Microsystem Design Industry [EB/OL]. [2008 - 12 -30]. http://www.ansys.com/assets/brochures/mems-industry.pdf.

[11] Tanner Research, Inc. L-edit for Physical Design [EB/OL]. [2008 - 12 - 30]. http://www.tannereda.com/images/pdfs/Datasheets/DS_LEdit.pdf.

[12] Boyce D E. What Is LASI [EB/OL]. [2008 - 12 - 30]. http://lasihomesite.com/index.htm.

[13] Swart N R, Bart S F, Zaman M H, et al. AutoMM: Automatic Generation of Dynamic Macromodels for MEMS Devices [C]//Proceedings of the IEEE Micro Electro Mechanical Systems (MEMS). Heidelberg: IEEE, 1998:178 - 183.

[14] Ostergaard D, Gyimesi M. Finite Element Based Reduced Order Modeling of Micro Electro Mechanical Systems (MEMS) [EB/OL]. [2008 - 12 - 30]. http://www.ansys.com/industries/mems/mems-downloads/msm00_ansys_romfin.pdf.

[15] Rudnyi E B. Automatic Compact Modelling for MEMS: Applications, Methods and Tools [EB/OL]. [2008 - 12 - 30]. http://modelreduction.com/doc/teaching/eurosime.

[16] University of Illinois. PC-Based Three-Dimensional Etch Simulator Speeds Microelectromechanical System (MEMS) Design [EB/OL]. [2008 - 12 - 20]. http://www.otm.illinois.edu/sites/www.otm.illinois.edu/files/T99042 - 095.pdf.

[17] Amtec GmbH. QSimode Cross-section Simulation of Orientation Dependent Etching [EB/OL]. [2008 - 12 - 30]. http://www.amtec-chemnitz.de/fileadmin/user_upload/Simode2003.1.pdf.

[18] California Institute of Technology. Structured Design Methods for MEMS [EB/OL]. [2008 -12 - 30]. http://design.caltech.edu/Research/MEMS/segs_ movie.html.

[19] Andonsson E K. Structured Design Methods for MEMS Final Report [EB/OL]. [2008 - 12 -30]. http://www.design.caltech.edu/NSF_MEMS_Workshop/nsfmems.pdf.

[20] Lorenz G, Chevreuse S R. System and Method for Three-dimensional Visualization and Post-processing of a System Model: US, 7263674 [P]. 2005 - 06 - 23.

[21] Lorenz G, Chevreuse S R, Kennedy C J. System and Method for Automatic Mesh Generation from a System-level MEMS Design: US, 7131105 [P]. 2005 - 03 - 24.

第2章 泛结构化MEMS集成设计方法的理论体系

2.1 引　　言

结构化设计方法的理论体系尚没有文献对其系统地阐述过，本章将在对当前MEMS设计工具及设计方法的特征进行归纳总结的基础上，系统地阐述泛结构化MEMS集成设计方法的理论体系。在本书中，泛结构化MEMS集成设计方法的理论体系主要分为集成设计体系、分层设计体系、柔性设计体系、创成设计体系和三维设计体系等五个体系。这五个设计体系相互关联、相辅相成完成复杂的MEMS设计任务，并起到提高设计效率的目的。

2.2 集成设计体系

微机电系统的设计过程包括MEMS器件的机械结构设计、接口电路设计、系统行为建模与仿真、工艺过程建模与仿真等环节，还须要考虑产品的加工制造、封装和测试等环节对设计的影响，是一个包含了机械、电子、光、流体和生物等诸多学科内容的多学科交叉设计过程。如何综合考虑这些影响因素进行高效的MEMS设计，是MEMS设计方法须要解决的关键所在。

集成设计(Integrated Design)是以并行工程(Concurrent Engineering)、快速原型设计(Rapid Prototyping)等先进的设计制造理念为指导，对设计过程所涉及的各个环节进行综合考虑，并通过先进的技术方法以达到最优设计的设计理论。其目的在于充分发挥设计过程的潜力，服务和面向产品的研制与生产过程，得到低的生产与开发成本、短的研制与生产周期、高的产品质量、高的生产稳定性的优良设计。集成设计的思想已广泛用于微电子设计和机械工程领域，并产生了良好的效益。而微机电系统这种多设计环节、多影响因素、多学科交叉的设计特点也决定其比较适合集成设计。

微机电系统的集成设计适应了MEMS的特点与特殊要求，即将不同学科以及产品全生命周期的要素，如制造、封装、测试等综合考虑在内，对产品进行综合设计与分析，使MEMS设计变得更加科学和系统化，这对减少制造过程的重复和浪费，缩短开发周期和提高设计与生产质量具有重要意义。当前所有的MEMS设计工具都或多或少地应用该方法对设计工具进行了组织和构建。因此，构建微机电系统设计工具首先要做的就是集成，泛结构化MEMS集成设计方法的基础也是其集成设计体系。

微机电系统的集成设计包含三个方面的集成。第一个集成是对MEMS产品全生命周期中各要素的集成设计，主要包括设计、制造、封装、测试等环节。一方面，各环节对MEMS设计工具提出设计需求。如制造环节提出的工艺测试结构或对工艺过程进行三维可视化检查功能，封装环节对传感器工作气压、温度、应力等所带来的变化等，均须被考虑进 MEMS 的设计工具中。另一方面，对其组件模型、网表数据、行为仿真结果、实体模型、网格化模型、物理仿真结果、工艺文件、版图文件等产品的中间过渡和最终形式进行组织管理(见图 2-1)。对这些产品形式以标准格式的文件形式存储，便于和第三方仿真软件的兼容，是一种较好的管理方式。

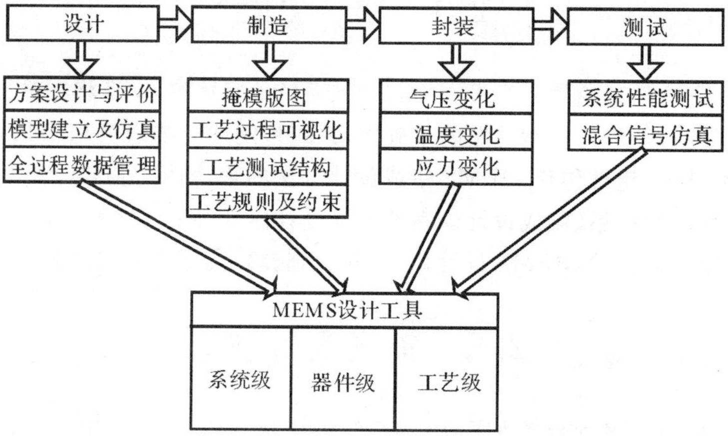

图 2-1　MEMS 设计工具对产品全生命周期内各要素的集成示意图

第二个集成是对其功能模块的集成设计，主要包括承担能量转换作用的微机械结构和接口电路的集成设计，但通常还须要包括空气阻尼、残余应力、温度等外界影响因素在内进行集成设计(见图 2-2)。这是因为，只有考虑了这些非理想因素的设计才是最接近实际情况的一种设计，才具有更大的应用价值。在泛结构化 MEMS 集成设计方法里，这种集成设计主要通过结合宏模型在内的系统级设计来完成。

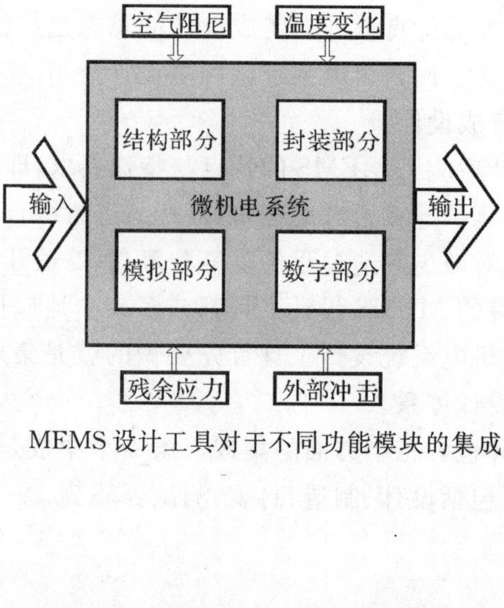

图 2-2　MEMS 设计工具对于不同功能模块的集成示意图

第三个集成是在构建微机电系统设计工具时对于不同学科领域设计方法和设计工具的集成(见图 2-3)。构建 MEMS 设计工具时,没有必要从零开始开发所涉及的每个学科领域中的软件模块。从机械、电子这些学科领域中直接借用一些设计方法或仿真工具既可以减轻设计工具开发的工作量,同时也为来自这些学科领域的设计人员提供了一个更为熟悉的软件使用环境。现有 MEMS 设计工具都或多或少集成了许多第三方的设计工具,这种集成也正好符合 MEMS 多学科交叉的特点。

可见,这三个不同方面的集成可最大程度地兼顾到 MEMS 设计多学科交叉、多影响因素的特点,是 MEMS 集成设计工具实施的关键基础。

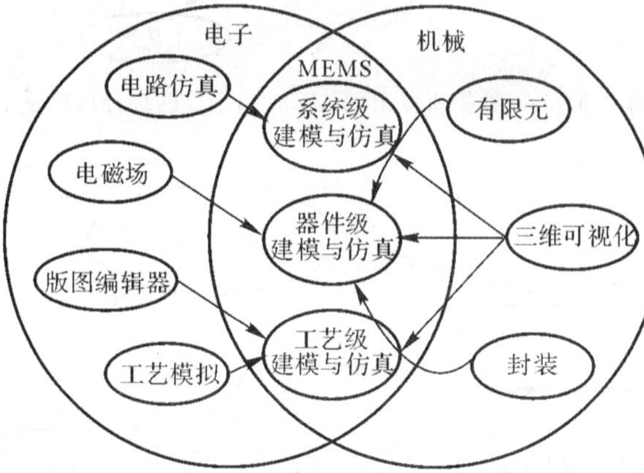

图 2-3　MEMS 设计工具对不同学科工具的集成示意图

2.3　分层设计体系

微机电系统的设计是一个多因素、多学科交叉的复杂过程。为完成复杂的设计任务,一般采用分层设计体系来保障微机电系统设计任务的逐层合理分解,这种分层设计体系也是 MEMS 结构化设计方法所强调的。著名的 MEMS CAD 研究学者,MIT 的 Stephen Senturia 教授将 MEMS 的设计过程分为四个层级的设计,即工艺级、物理级、器件级和系统级(见图 2-4)[1]。其中,工艺级进行工艺过程的物理和几何模拟,以及工艺优化综合等;物理级进行器件的三维物理仿真;器件级进行基于宏模型的系统仿真;系统级进行基于集总参数网络模型的系统行为仿真。这种分级体系为目前广大的 MEMS 设计工具所采用,但在本书所论述的泛结构化 MEMS 集成设计方法中却有所改进。

在泛结构化 MEMS 集成设计方法中,将微机电系统的设计分成三个设计层级,即系统级、器件级和工艺级(见图 2-5)。其中,系统级是基于常微分方程模型的行为建模与仿真,相当于原有四级体系中的系统级和器件级综合。原有四级体系中的器件级的主要任务是进行宏模型的提取以及基于宏模型的仿真,实际上宏模型的提取可以作为物理级到系统级转换的一个连接接口，而基于宏模型的行为仿真完全可以和基于集总参数网络的系统级仿真集成到一起。因此，可将原有四级体系中的器件级和系统级进行合并，并统一称之为系统级。

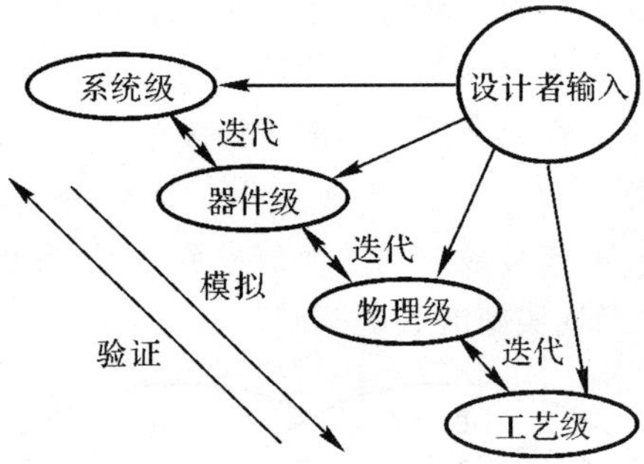

图 2-4　Stephen 教授所提出的 MEMS CAD 四级分层体系示意图

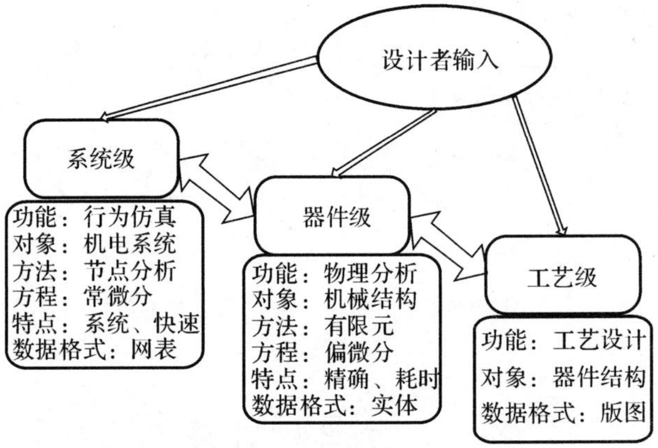

图 2-5　MEMS 设计的三级分层体系示意图

在三级分层体系中的器件级是基于偏微分方程模型的物理行为建模与仿真，相当于原有四级体系中的物理级。但这里没有采用物理级这一说法，原因主要在于想通过该命名方法来与包含器件结构和电路在内的系统仿真相区别。系统级研究的对象是包含了器件结构与接口电路在内的系统，而器件级的研究对象则主要是器件的机械结构部分。因此，在泛结构化 MEMS 集成设计方法中，将这一基于有限元方法的物理行为分析层级称为器件级。

三级体系中的工艺级是基于器件结构版图和工艺过程的建模与仿真，除此之外还包括工艺流程的优化、材料属性数据的查询与编辑等功能，和原有四级体系中的工艺级所承担的任务相当。

这样，在泛结构化 MEMS 集成设计方法中，通过三级分层体系的设置，不但使得分级更为合理，更重要的是为 MEMS 器件的任意流程设计奠定了基础。

2.3.1 系统级设计

在 MEMS 分层设计体系里，系统级设计直接面向应用、面向需求，主要承担产生设计概念、制定设计方案并完成分析和评价等任务。因此，MEMS 的系统级设计主要有两个设计特征。第一个设计特征是“系统”。MEMS 的系统级设计是对 MEMS 器件的整体设计方案进行功能上的评价，它必然是一个包含了机械结构、接口电路、外界干扰等诸多因素在内的“系统”。因此，MEMS 的系统级设计必须要解决多种不同能量域的混合信号建模与仿真问题。第二个设计特征是“快速”。MEMS 的系统级设计强调对设计方案的快速分析和评价，而不拘泥于具体的某一细节，因此，基于低阶模型的快速行为仿真成为系统级设计的关键。目前常采用的系统级设计方法包括等效电路法[2,4]和基于硬件描述语言的组件网络法[5,7]。这两种方法各具有优缺点，均可在泛结构化 MEMS 集成设计方法中应用。在本书中主要采用组件网络法实现了 MEMS 器件的系统级设计。

在系统级设计中，为了满足系统级快速建模的需要，常采用的方法是基于参数化 MEMS 组件库的系统搭建式建模。组件库中的元素一般包含以下三个部分：定义其行为模型的方程组，定义其与外界连接关系的端口，参数化变量。同时为了方便设计，组件库在 MEMS 设计工具中进行实施的时候，还会具有一个反映其几何特征的符号来进行表征。这样用户在快速搭建 MEMS 器件的模型时，仅须从组件库选择合适的组件元素构成合适的网络，即完成了系统级模型的搭建。这种组件库形式是对已有研究成果的利用，它大大加速了 MEMS 器件的设计过程。

须要指出的是，这种组件库的形式并不能较好地支持对于新型复杂结构的建模。这是因为，很多新型的机械组件不能采用库中的元素进行搭建。因此，在本书中提出的泛结构化 MEMS 集成设计方法中，提出和建立了对于创成式构建 MEMS 组件的相关方法，以增加对 MEMS 创新设计的支持。

系统级设计的另一个主要功能是对 MEMS 器件进行优化。但在当前商用 MEMS 设计工具中，系统级设计主要强调 MEMS 器件的建模与仿真，缺乏对系统级优化功能的支持。而实际上，针对优化目标进行多参数的优化设计[8]，对于从功能到器件结构的设计思想非常重要，所得到的优化结果也可为 MEMS 器件的物理级设计和工艺级设计提供依据。

2.3.2 器件级设计

在 MEMS 的分层设计体系中，器件级设计的研究对象不再是包含接口电路在内的微机电系统，而主要是承担能量转换的机械结构部分。对机械结构及能量转换行为进行精确的仿真计算是器件级设计的主要任务。为完成 MEMS 器件的精确仿真和计算，主要采用偏微分方程来描述 MEMS 器件的模型，并利用有限元和边界元方法进行仿真计算。MEMS 的器件级设计过程一般包括 MEMS 器件物理模型的实体建模及网格化，偏微分方程组求解及仿真结果的后处理等环节。

MEMS 的器件级设计可以提供精确的仿真结果，为 MEMS 器件的设计提供了依据。再加上有限元方法的广泛使用，使得 MEMS 器件级设计成为 MEMS 设计工具中极为重要，且得到广泛研究的一个环节。现在已有许多成熟的方法或软件用于 MEMS 器件的器件级物理仿真和计算，典型的有静力分析、动力分析和耦合场分析等常用器件级物理分析模块。

2.3.3 工艺级设计

MEMS 工艺级设计主要包括器件的掩模版图设计和工艺流程设计，其已不再牵涉到更多的性能分析，而更多的是关于加工及可行性等方面的设计。其中，掩模版图设计是对 MEMS 结构图形的定量描述。须要指出的是，MEMS 的掩模版图与 MEMS 器件最后的结构形式并不完全一致，有很多掩模图形仅是起着补偿或牺牲层的作用，在最终的结构形式可能并不包含这些图形。工艺流程的设计包括工艺流程的制定和工艺过程仿真。工艺流程是指由成膜、光刻、刻蚀等诸多单步工艺所构成的整套工艺过程，用于加工实现 MEMS 器件的结构。MEMS 器件的工艺过程可视化可对整个 MEMS 工艺过程进行三维重构，对整体加工效果有着直接的监测和模拟；而 MEMS 器件的物理工艺过程仿真则更多地对单步工艺进行精确的模拟，其对于工艺参数的设定及工艺效果的预测都起着重要的参考价值。

在 MEMS 集成设计方法里，工艺级设计除提供版图编辑功能外，还须结合工艺规则制定相应的版图检查规则、工艺过程检查规则等，以方便用户来满足 MEMS 工艺级设计的要求。

2.4 柔性设计体系

在 MEMS 的结构化设计方法中，特别强调自顶向下的设计。但无论是最初的自底向上(Bottom-Up)设计流程，还是现在主流的自顶向下(Top-Down)设计流程，都试图通过一种设计流程来统一所有 MEMS 器件的设计。这固然是通过一种标准来规范 MEMS 设计，进而提高设计效率，但对于功能、原理、形式、工艺都各异的 MEMS 器件来说，这种强行的统一未必能取得预想中的效率提高。因此，在泛结构化 MEMS 集成设计方法中，强调的是 MEMS 器件的柔性设计。在这种体系下，用户无须根据固定的一种模式来进行 MEMS 器件的设计，而是根据具体的器件类型及特点来选择最优的设计流程，给用户提供任意流程的选择。当然，前述的自顶向下设计流程和自底向上设计流程也包含在任意流程设计中。

这种支持任意流程的柔性设计体系主要是通过对设计任务的恰当分层以及设计不同设计层级之间的数据自动传递接口来实现的。正如在 2.3 节所描述的那样，在泛结构化 MEMS 集成设计方法中，采用了系统级—器件级—工艺级三级设计体系，而不是系统级—器件级—物理级—工艺级四级设计体系。这种三级分层设计体系相对四级分层设计体系，设计任务更加明确。系统级设计基于常微分方程进行快速的系统建模及仿真，器件级设计基于偏微分方程进行精确的物理仿真及分析，工艺级设计进行工艺仿真及版图设计，实际上这三个设计层级已涵盖了 MEMS 设计所需要进行的全部功能。至于宏建模或可视化等功能在柔性设计体系中均被处理为连接不同设计层级之间的数据自动传递接口。

不同设计层级之间的数据自动传递接口是实现 MEMS 器件任意流程设计的关键。如图 2-6 所示，在系统级、器件级和工艺级这三个设计层级之间，提供了网表到实体、实体到版图、版图抽取、网表到版图、版图到实体和宏建模六个数据自动传递接口，连接任意两个设计层级。为了实现任意两个设计层级之间的数据自动传递，须选择合适的数据表现形式以及定义相应的接口规则。在泛结构化 MEMS 集成设计方法中，对于系统级、物理级和工艺级分别采用网表、实体模型和工艺模型作为其设计模型的最佳表达形式。这样，这些标准格式的文件就将作为不同设计层级之间数据流入流出的载体及入口，配以适当的信息通过合适的算法即可实现这些不同层级之间的数据自动传递。具体技术将在后面的章节中进行详细描述。

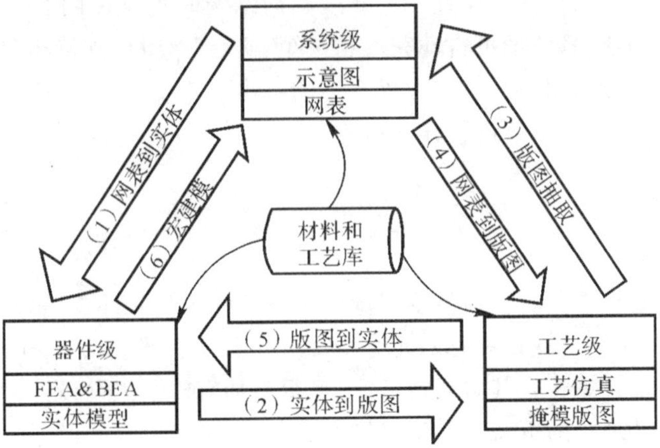

图 2-6　柔性设计体系中的六个异构模型转换接口示意图

2.5　创成设计体系

在 MEMS 的结构化设计方法中，存在着对于新方案支持不足的问题，主要表现在许多 MEMS 器件的新方案往往无法利用已有的组件库来完成建模和仿真。MEMS 组件库是将 MEMS 结构分解成一些小的标准组件，如梁、质量平板、锚点等结构，进而建立的参数化可重用组件库。用户在设计新的 MEMS 器件时，用这些标准组件来搭建所需要的 MEMS 器件方案。但是，用户在提出新的结构方案时，往往会用到一些非规则的或者难以用组件搭建的复杂结构，如多边形的质量平板和包含几千根梁的组合梁就很难用组件的方法建立模型。可见，基于组件库的 MEMS 设计是和基于组件库的微电子设计截然不同的。无论微电子的设计方案多么复杂，其最终都可以归结为电容、电阻、电感和 MOS 管的组合。而 MEMS 的设计毕竟是一个机械结构的设计，其形状变换缺乏规律，因此这种基于组件库的 MEMS 系统级设计很难达到像微电子设计那样的效果。因此，必须在 MEMS 的集成设计方法中，提供支持其创新设计的创成式设计体系。

创成式设计这一用语来自机械工程领域，此处仅借用该词来描述MEMS设计中对于创新方案支持的设计体系。在泛结构化MEMS集成设计方法中，对MEMS器件的创成设计体现在两个方面：一个是对MEMS结构新方案的支持，另一个是对MEMS设计新流程的设计。前者指的是对MEMS器件中的新结构进行创成式设计，使得用户可以自主添加相应的模型来完成相应的设计；后者指的是针对MEMS器件，自主选择最优的设计流程。

欲达到这样的创成式设计，主要通过宏建模、可自动修改参数的组件、自主定义的行为或物理方程等关键技术来进行解决。其中宏建模技术可将非规则结构、复杂结构的物理行为进行降阶，生成一个低阶的模型并包装成一个黑箱，从而完成非规则结构模型的生成。而可自动修改参数的组件，也可以为用户在设计一些非规则的结构时提供帮助。如不规则图形质量组件，用户只须要输入图形，系统即可自动完成动量矩、质心等计算，支持相应的建模与仿真。而自主定义的行为方程，可为用户提供最大程度上的自由度来支持用户完成新方案的建模与仿真。这些具体技术将在后续章节进行详细讨论。

2.6 三维设计体系

当前的MEMS设计工具更多地借鉴了微电子设计的工具软件及设计思想，是一种二维化的设计，仅在MEMS工艺可视化和有限元分析部分用到了三维仿真。但MEMS毕竟是一种机械结构，三维实体设计更符合其本质特征，也显得更加直观。三维设计体系不仅仅是一个三维，更代表了一种设计理念的更新。如从三维开始的设计，对原有的微电子二维设计体系是一种超越。实际上在最新版本的商用MEMS设计工具中都强化了MEMS的三维设计这一功能[9]。可见，三维设计其实更符合MEMS的特点。

在泛结构化MEMS集成设计方法中，特别强调三维设计。即：所有的设计层级都可从三维设计开始，仿真的结果也均可三维显示。在系统级，MEMS的组件可用实体模型表示，通过实体装配可形成。除此之外，系统级仿真的结果也将通过三维动态显示。在器件级，MEMS器件的建模和仿真结果大都是用三维实体模型表示的，当然有部分的耦合场建模和仿真由于三维模型非常复杂而采用二维模型。这在当前的MEMS设计工具中也是如此。在工艺级，不但工艺过程可以可视化表示，对于版图的检查也可不采用类似于微电子的版图检查规则，可对任意图形范围的结构进行三维显示，以完成检查。这显然是一种更直观、更先进的版图检查方式。

须要指出的是，尽管三维设计更符合MEMS的特点，但在具体实践中，有时候须要作一些折中。如基于实体模型的MEMS系统级模型，就比较难与现在的电路仿真器兼容。因此，当笔者具体实施支持任意流程的MEMS集成设计方法时，在系统模型的构建中，仍采用了二维显示方式，但结果仍可用三维显示。

2.7 小 结

支持任意流程、可创成设计的泛结构化MEMS集成设计方法，不是对当前MEMS结构化设计方法的否定，而是结合MEMS发展的新形势，针对MEMS的特点而有所发展的一种MEMS设计方法。其继承和发展了原结构化设计方法中的集成设计体系，改进了原有的分层设计体系，突出和强调了MEMS的柔性设计、创成设计和三维设计等特征。

其中，分层设计体系、柔性设计体系和创成设计体系是泛结构化MEMS集成设计方法的核心体系，这三个体系包含了MEMS设计工具的大部分内容。集成设计体系既隐藏在设计软件的后端，又作为一种最终的显示形式展现在用户面前。三维设计体系在原有以二维设计为主的结构化设计方法上提升为三维设计，为用户提供了更为直观的设计。

参考文献

[1] Senturia S. CAD Challenges for Microsensors, Microactuators, and Microsystems [C]//Proceedings of the IEEE. [S. l.]: IEEE, 1998: 1611 - 1626.

[2] Veijola T, Kuisma H, Lahdenpera J. Equivalent-circuit Model of The Squeezed Gas Film in A Silicon Accelerometer [J]. Sensors and Actuators, A: Physical, 1995, 48(3): 239 - 248.

[3] Tilmans A C. Equivalent Circuit Representation of Electromechanical Transducers: I. Lumped-parameter systems [J]. Journal of Micromechanics and Microengineering, 1996,6(1): 157 - 176.

[4] Veijola T. Nonlinear Circuit Simulation of MEMS Components: Controlled Current Source Approach [C]//Proceedings of ECCTD'2001. Espoo: Helsinki University of Technology, 2001: 377 - 380.

[5] Lorenz G, Neul R. Network-type Modeling of Micromachined Sensors System [C]// Technical Proceedings of the 1998 International Conference on Modeling and Simulation of Microsystems. NewYork: ACM, 1998: 233 - 238.

[6] 霍鹏飞，马炳和，苑伟政. 基于组件网络方法的微加速度计建模与仿真[J]. 航空学报，2003,24(5): 466 - 470.

[7] 马炳和，霍鹏飞，苑伟政. MEMS系统级设计与基于多端口组件网络的建模方法 [J]. 微纳电子技术，2003, 40(7):40 - 43.

[8] Yuan Weizheng, Chang Honglong, Li Weijian. Application of an Optimization Methodology for Multidisciplinary System Design of Microgyroscopes [J]. Journal of Microsystem Technologies, 2006, 12(4): 315 - 323.

[9] Coventor Inc. MEMS＋IC Design: Integrating MEMS and IC Software [EB/OL]. [2008 - 12 - 30]. http://www.coventor.com/pdfs/MEMSPlus-Datasheet.pdf.

第3章 分层设计体系及实现技术

3.1 引　　言

在泛结构化 MEMS 集成设计方法中，集成设计体系分别对 MEMS 产品全生命周期中各要素、各功能模块、不同学科领域的各种设计工具进行集成，是 MEMS 设计工具的开发基础，也是最终表现形式。本书按照从局部到整体的顺序，将其放在后面部分进行介绍。本章主要介绍分层设计体系的关键技术及实现。

在泛结构化 MEMS 集成设计方法中，MEMS 的设计被分为系统级、器件级和工艺级三个层级，每一级按照既定的任务分配执行不同类型的设计与仿真，共同完成 MEMS 的设计任务。本章将按照自顶向下的顺序，依次论述系统级设计、器件级设计和工艺级设计的关键技术及实现。

3.2　系统级设计

在 MEMS 分层设计体系里，系统级设计是基于低阶模型的快速建模与仿真，其直接面向应用、面向需求，能够快速制定设计方案并进行分析和评价。在本书中，主要采用组件网络法实现 MEMS 器件的系统级设计。本节将详细介绍多端口组件网络 MEMS 系统级建模方法的理论基础及关键技术。

3.2.1　多端口组件网络方法

多端口组件网络方法的基本思想是把 MEMS 分解为多个功能结构部件，把这些功能结构部件建立为参数化的组件模型，组件模型按照器件的拓扑结构相互连接形成的网络，表征整个 MEMS。如图 3-1 所示，微加速度计可分解为接口电路和微机械器件，这些器件可进一步分解为一些基本的功能单元，把这些功能单元建立为参数化多端口组件模型，连接这些组件模型形成的网络作为整个微加速度计的系统级模型，如图 3-2 所示。采用类似思想和方法的还有 Coventor 公司的 ARCHITECT[1]，加州大学 Berkeley 分校的 SUGAR[2]，Carnegie Mellon 大学的 NODAS[3]。本书采用类似的方法，分别建立了基于 Saber 和 Zeni-VLG 平台的多端口组件库(Multi-Port-Element Network, MuPEN)。

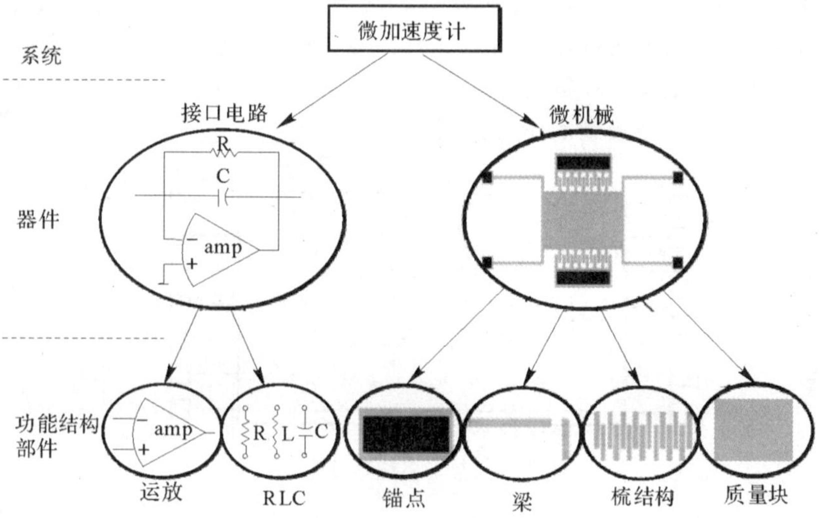

图 3-1 微加速度计的组件分解示意图

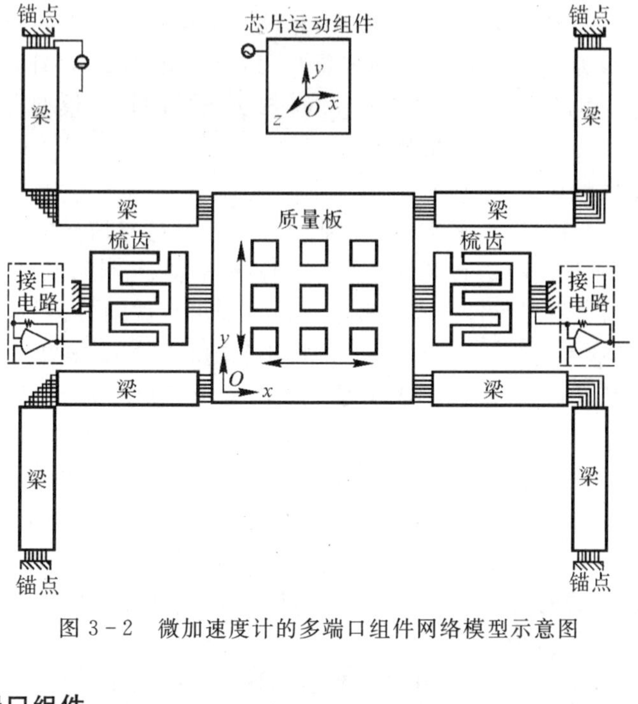

图 3-2 微加速度计的多端口组件网络模型示意图

3.2.1.1 多端口组件

MEMS 的多端口组件模型与 MEMS 的功能结构部件(如梁、质量块等)相对应。多端口组件模型由端口、示意图、参数以及行为模型构成。若用梁的两个端点来描述梁的行为,则梁的多端口组件模型用图 3-3 表示。其中,组件的端口用来实现组件间的能量和信号的转换,组件的参数是模型可重用的关键,通过修改组件的参数可实现设计方案的修改。组件的行为模型用来描述组件内部的能量和信号的流动,而示意图的引入是为了便于对组件模型进行操作,便于 MEMS 系统级网络模型的建立。

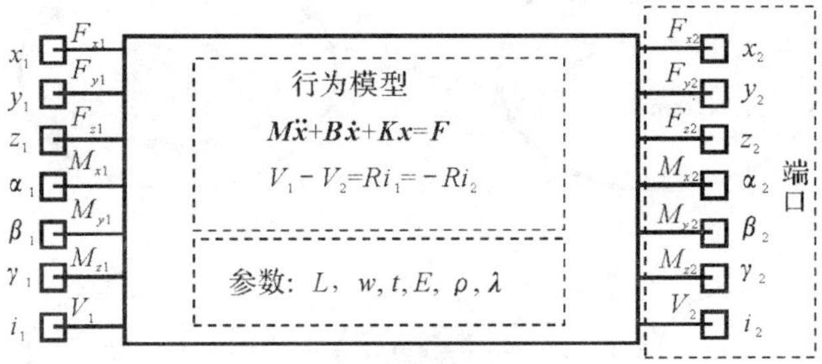

图 3-3 梁的多端口组件模型

采用形式化表示方法,多端口组件模型(Multi-Port-Element, MPE)可以用一个五元组表示:

MPE=<CID, Ports, Behaviors, Schematic, Parameters>

其中,CID 为组件标识符,唯一地标识该组件,用标识符或索引号表示;Ports 为组件端口集合,是组件之间进行互连以及能量与信号交换的接口,Ports={MEP},MEP(Multi-Energy-Domain Port)由组件的多能量域端口所定义;Behaviors 为组件的行为模型;Schematic 为组件的图形化示意图;Parameters 为组件的参数。

1. 组件的多能量域端口

组件的端口是组件的边界,用来实现与其他组件进行能量与信号的转换。若组件的端口用来描述能量的转换,则该端口是有能量类型的,如机械平动、机械转动和电学行为等,把这种端口称为能量保守端口。有时组件的端口相互连接只表示组件间的信号流动,而不描述组件间的能量转换关系,即这种端口关注的是信号的大小和随时间的变化规律,而不关心产生或维持这种信号的能量来源,因这种端口不表示系统内的能量守恒关系,故将其称为能量非保守端口。

对于能量保守端口,因为其表示的是组件之间的能量交互,所以端口描述的是流入或流出该组件的能量或功率。为了描述组件通过保守端口的能量转换关系,采用图 3-4 所示的两组件形成的系统研究组件间的能量交互。组件 1 和 2 分别通过端口 A 和 B 进行能量交换,设 W_{AB} 为从端口 A 进入端口 B 的能量,W_{BA} 为从端口 B 进入端口 A 的能量,则由能量守恒原理知,端口 A 流入到端口 B 的净能量为

$$W_{net}=W_{AB}-W_{BA} \tag{3.1}$$

式(3.1) 对时间 t 求导,有

$$\frac{d}{dt}W_{net}=\frac{d}{dt}W_{AB}-\frac{d}{dt}W_{BA}\Rightarrow P_{net}=P_{AB}-P_{BA} \tag{3.2}$$

其中，P_{net} 为从端口 A 流入端口 B 的净功率；P_{AB} 为从端口 A 流入端口 B 的能量变化速率，即功率；P_{BA} 为从端口 B 流入端口 A 的能量变化速率。因为 P_{AB} 和 P_{BA} 为功率，所以 $P_{AB} > 0$，$P_{BA} > 0$。令 $P_{AB} = u^2$，$P_{BA} = v^2$，其中 u，v 都是实数，则有

$$P_{net} = u^2 - v^2 = (u + v)(u - v) \tag{3.3}$$

图 3-4　组件间的能量流动示意图

定义变量势(Effort)e 与流(flow)f 分别为

$$e \stackrel{\text{def}}{=\!=} u - v, \quad f \stackrel{\text{def}}{=\!=} u + v \tag{3.4}$$

结合变量势 e，可定义广义冲量 p 为

$$p \stackrel{\text{def}}{=\!=} \int_{t_0}^{t} e(t)\,\mathrm{d}t + p(t_0) \tag{3.5}$$

类似地，结合变量流 f，定义广义位移 q 为

$$q \stackrel{\text{def}}{=\!=} \int_{t_0}^{t} f(t)\,\mathrm{d}t + q(t_0) \tag{3.6}$$

所以，组件的功率可定义为 $P = ef$，组件的能量可定义为 $E = qe = pf$。表 3-1 为各能量域的势与流[4]。

表 3-1　各能量域中的势与流

广义变量	机械平动	机械转动	模拟电路	流体
势(e)	力(F)	力矩(T)	电压(U)	压强(P)
流(f)	速度(v)	角速度(ω)	电流(I)	容积流率(Φ)
广义冲量(p)	冲量(p)	角冲量(p_θ)	磁链(λ)	压力冲量(p_V)
广义位移(q)	位移(x)	转角(θ)	电荷(q)	体积(V)
能量(W)	$\int F\mathrm{d}x, \int v\mathrm{d}p$	$\int T\mathrm{d}\theta, \int \omega\mathrm{d}p_\theta$	$\int U\mathrm{d}q, \int I\mathrm{d}\lambda$	$\int P\mathrm{d}V, \int \Phi\mathrm{d}p_V$
功率(P)	$F(t)\times v(t)$	$T(t)\times \omega(t)$	$U(t)\times I(t)$	$P(t)\times \Phi(t)$

由上述分析可知，端口间的能量流动可通过势和流两个变量来描述。因此，为了描述能量保守端口中的能量流动，在每一个能量保守端口上设置两个端口变量，分别称为跨量(Across Variable)和通量(Through Variable)，一般把跨量和通量分别与势和流相对应。但按照表 3-1 给出的关于机械运动的变量势和流的定义，机械能量域中的跨量应为力，通量应为速度，这导致机械运动与电场具有不相类似的拓扑结构。这里的拓扑结构是指端口的跨量表示端口

相对于某一参考系测量的一个物理量，通量表示流过组件的一个物理量。导致机械运动和电场的拓扑结构不相类似的根本原因在于机械运动和电场存在两种类比方法，力-电压(FV)类比法和力-电流(FI)类比法，表3-1所采用的为FV类比法。为了使机械运动和电场具有类似的拓扑结构，在MuPEN方法中采用FI类比法来确定机械能量域中的跨量与通量。

采用FI类比法，机械平动域中的通量始终为力F，而跨量为速度，这样组件之间的机械能的转换是通过功率来描述的。因为组件间的能量转换也可通过功来描述，所以跨量还可以用其积分所代替，即机械平动中的跨量也可为位移或位置。这样机械平动中可有三种跨量选择方式：速度、位移和位置。对这三种跨量选择方式进行比较，以确定适合MEMS的多端口组件模型的机械端口跨量。若选用速度作为跨量，则计算位移时须要进行积分，积分运算在仿真运算时与整个仿真过程的历史数据有关。相对于微分运算，积分计算量较大，故选用位移或位置作为跨量。在MEMS中，可动部件相对于参考坐标系的位移一般与其在参考坐标系中的位置相比，位移相对很小，这样如果以位置为跨量，即使位移有较大的变化量，但由于该变化量相对于位置矢量可能很小，在进行仿真时由于仿真平台的有效数字的位数限制可能会导致较大的舍入误差，从而产生较大的计算误差，故MuPEN方法中采用位移作为机械平动的跨量。类似地，分别采用转矩和角位移作为机械转动中的通量和跨量，这与ARCHITECT和NODAS的通量和跨量的选择相一致。

由此，组件的多能量域端口MEP可以用一个三元组表示：

$$\mathrm{MEP} = < \mathrm{PID},\ \mathrm{Domain},\ \mathrm{Verset} >$$

其中，PID为端口标识符，在组件范围内唯一表示该端口；Domain为端口对应的能量类型，如机械平动、电场、磁场等；Verset为与端口能量类型相对应的端口变量。表3-2给出了MuPEN中采用的跨量和通量。而对于能量非保守端口，因为其描述的是信号流，故只有一个端口变量来描述组件之间的信号流动。

表3-2　各能量域中的跨量和通量

能量域	跨　量	通　量
电场	电压	电流
磁场	磁动势	磁通量
机械平动	位移	力
机械转动	转角	转矩
流体	压强	容积流率
热学	温度	热通量

从功能和使用的方便性角度看，组件的端口可分为三种类型：一般端口、总线型端口和全局型端口。图3-5为不同端口类型构成的梁模型。总线型端口是大量一般端口的集合，连接

总线型端口则可以实现多个一般端口的相互连接，这可以简化建模时端口之间的连接关系。全局性端口具有以下特性：一是不须要在组件模型中定义该端口的行为；二是可以实现组件的端口间在"不可视化"连线的情况下实现端口的互连，如图 3-5(c) 中的梁模型通过定义全局输入端口实现对梁所在芯片的运动的描述。那么，如果有大量的梁模型，则通过全局输入端口描述芯片的运动，就可实现芯片运动信号与各梁模型的自动交互。

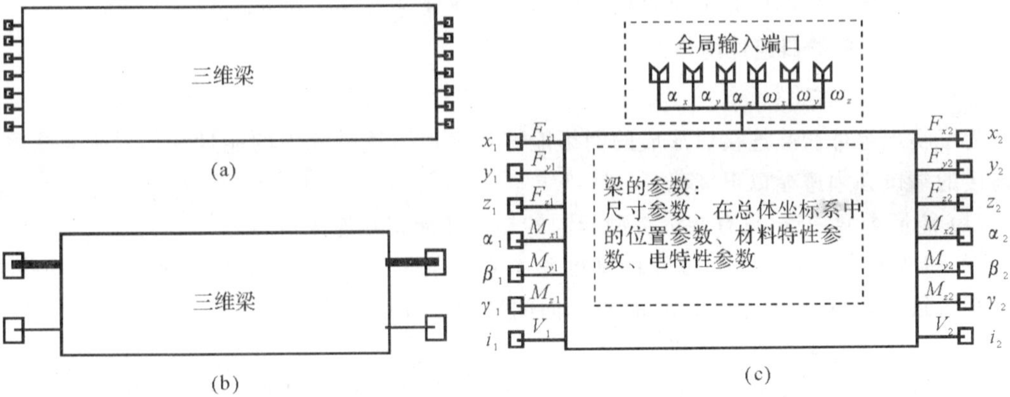

图 3-5　不同端口类型的梁组件模型

(a) 一般端口；(b) 总线型端口；(c) 全局型端口

2. 组件的行为模型

行为模型描述组件与其他组件进行能量和信号交换时，组件内部能量和信号的流动与交互在其端口变量上的映射关系。行为模型采用低阶的常微分方程和代数方程来表示，这也为后面基于硬件描述语言对组件行为进行描述、分析、求解提供了统一形式的基础和依据。另外，由于低阶的常微分方程和代数方程具有较高的抽象层次，因此可以保证较高的运算速度。

为了使组件模型具有较广的适用范围且能够精确地描述功能部件的行为，组件的行为模型具有以下特性：

一是完备性。完备性是指行为模型能够适用于各种不同的应用。如组件模型能够描述微结构在三维空间内的运动，这样就可以对微结构的任意运动进行描述和仿真，而不是只能对作平面运动的微器件进行建模。

二是精确性。组件的行为模型必须能够精确地描述功能结构部件的行为特性。为了精确地建立组件的行为模型，特别要考虑微尺度下组件特有的行为特性。目前，在微米尺度范围内，微器件的建模基本仍在沿用适用于宏观现象的常规理论，但与宏观物理现象建模的不同点在于须要考虑的主导因素变化了，特别要考虑功能结构部件在微小尺度下的边缘效应和尺度效应，大量的理论计算和实验证明了这种行为建模方法在微米尺度内还是精确的、可行的。

3. 组件的参数

组件模型的参数化是多端口组件网络方法对 MEMS 进行系统级快速建模、缩短 MEMS 设计迭代周期的关键。在实际 MEMS 器件中，系统的整体行为不仅取决于材料的属性和微结构的几何拓扑形状及其几何尺寸参数，而且加工工艺对系统整体行为也有着重要影响。因此，在多端口组件网络方法中，须要综合考虑器件的尺寸参数以及加工工艺等对系统行为的影响。

由此，可以把组件的参数分为三大类：材料属性参数、版图参数、加工工艺参数。材料属性参数有弹性模量 E、泊松比 λ、密度 ρ 等；版图参数根据微结构的几何拓扑形状而定，如梁的版图参数有长和宽以及其在版图的初始方位；加工工艺参数决定着微结构的厚度参数、各可动微结构与其他微结构之间的相对位置以及封装后的流体或气体压强等。

3.2.1.2　多端口组件网络

1. 端口连接规范

为了实现组件相互连接后形成的网络能够正确地描述系统中的能量和信号流动关系，相互连接的端口必须遵循以下规范：

(1) 能量类型一致，只有能量类型相同的端口才能相互连接；

(2) 相互连接端口的端口变量的基准参考系必须一致，相互连接端口所代表自由度的方向必须一致，如 x 向的平动端口只能和 x 向的平动端口相连接。

2. 组件间的能量与信号转换

多端口组件网络模型本质上是一个常微分方程组和代数方程组。组件相互连接形成网络时，还须要在各组件行为模型的基础上确定各组件端口间的能量和信号流动关系，这样才能最终确定组件网络所表述的常微分方程组和代数方程组。

组件端口间相互连接形成的网络所确定的关系可由端口变量形成的代数方程来描述，这种代数关系遵循广义克希荷夫（Kirchoffian）电流定律和广义克希荷夫电压定律。把端口与端口的连接点称为节点，则能量保守端口任一连接节点的通量满足广义克希荷夫电流定律，即流入该点的通量之和为零。组件的任一能量类型的端口相互连接形成的网络回路中跨量满足广义克希荷夫电压定律，即任一闭合回路中的跨量之和为零。广义克希荷夫电流定律和广义克希荷夫电压定律的数学表达式分别为

$$\sum_{i=1}^{s} f_{ki} = 0 \tag{3.7}$$

$$\sum_{i=1}^{s} e_{ki} = 0 \tag{3.8}$$

其中，f_{ki} 表示第 k 个节点上的第 i 个通量；e_{ki} 表示第 k 条回路中的第 i 个跨量。式(3.7) 和式(3.8) 为网络的求解提供了依据。

式(3.7)和式(3.8)是在各能量域普遍存在的物理规律。在机械能量域中，式(3.7)的物理含义为动力系统的达朗伯定理，即力学系统达到动力平衡时，所有的力之和等于零；式(3.8)的物理含义是机械结构上的点满足空间连续性定律，即任一机械回路的全部位移或速度之和必须为零。在电系统中，式(3.7)和式(3.8)的含义分别为流入某一节点的所有电流的总和必须等于零和绕某一闭合回路的全部电压降等于零。

对于能量非保守端口与保守端口的信息转换，则须通过设计专门的转换接口实现——基

于信号流的非保守端口变量可看做保守端口的跨量[5]。

3.2.1.3 多端口组件的编码及参数化组件库

在建立了多端口组件并形成网络之后，须要对其进行编码实现。常见的编码语言是混合信号硬件描述语言，该语言的行为建模方法和结构建模方法可分别用来描述 MEMS 的多端口组件模型和其网络模型。目前有多种混合信号硬件描述语言和相应的仿真器。例如，美国 Cadence 公司的 Spectre 仿真器采用 Verilog-A 语言，Synopsys 公司的 Saber 仿真器采用 MAST 语言；还有中国华大电子公司的 VDE 采用 VHDL-AMS 语言，Zeni-VLG 仿真器采用 Verilog-A 语言。在本书中所论述的泛结构化 MEMS 集成设计方法中，分别采用了 MAST 语言和 Verilog-A 语言建立了参数化组件库，分别在 Saber 和 Zeni-VLG 仿真器上进行仿真。

1. 组件模型的编码技术

在采用硬件描述语言对组件模型进行编码时，首先须要定义各能量域的跨量和通量，如机械平动的跨量和通量采用 MAST 语言定义为[6]

```
pin translational_pos across pos_m through Frc_N
```

其中，pin 为关键字，定义能量域；translational_pos 为 MAST 定义的变量，表示机械平动能量类型；across 和 through 为关键字，分别定义通量和跨量；pos_m 和 Frc_N 为编码人员定义的变量。pos_m 和 Frc_N 的物理含义由其量纲来确定，在这里 pos_m 的量纲为 m，故它的物理含义为位移或位置，究竟是位移或位置取决于 MAST 编码人员。而 Frc_N 的量纲为 N，故它的物理含义为力。类似地，机械转动和电场能量域可分别定义为

```
pinrotational_ang across ang_rad through tq_Nm
pinelectrical across v through i
```

2. 网络模型的编码技术

组件与组件的端口相互连接形成的网络可通过硬件描述语言的结构建模方法定义，即通过组件的对应端口映射描述网络模型。以两个线性弹簧的并联形成的网络为例，采用 MAST 编码如下：

```
spring. spring_1 pos1:_n1 pos2:_n2 = k=2.0
spring. spring_2 pos1:_n1 pos2:_n2 = k=1.0
```

其中，spring 为定义的弹簧组件模型的模板；spring_1 和 spring_2 是根据模型 spring 构建的两个具体的弹簧实例；连线_n1 和_n2 分别把弹簧 spring_1 和 spring_2 的端口 pos1 和 pos2 连接起来，从而定义了弹簧 spring_1 和 spring_2 之间的并联关系。

在上述 MAST 代码所描述的并联弹簧网络连接节点处或网络回路中，端口变量之间的关系由广义克希荷夫定律方程式(3.7)和式(3.8)所确定，这为网络模型的最终求解提供了数学基础。

3. 梁组件的编码实例

以一个典型的空间三维梁为例，来说明组件的建模及编码过程。由前述可知，为了实现组件的端口在相互连接后能够正确地描述系统中的能量和信号转换关系，能量保守端口变量必

须是参照某一基准坐标系的物理量。另外，为了描述功能结构部件在三维空间内的运动，还须要在组件模型上定义足够多的端口来描述功能结构部件的自由度。因此，首先要定义坐标系。

(1)基准坐标系的选择。典型的 MEMS 器件的工作原理是通过检测芯片内微结构相对于芯片的运动来测量芯片的加速运动和转动，同时考虑到微结构在芯片中可能具有不同的初始方位。例如图 3-6(a)中，梁在总体坐标系中的初始方位角为 Θ，故选择固连于芯片的坐标系，即总体坐标系，为所有机械能量域端口变量的基准参考系，即机械端口的力与位移都是相对于总体坐标系的物理量。

(2)机械运动的描述。微结构上的端点在三维空间内的机械运动可用 6 个自由度(即 3 个平动和三个转动)来描述，故在组件的每一个端点上都设置 6 个机械端口，分别用来描述微结构上端点的 3 个机械平动自由度和 3 个机械转动自由度。此外，为了描述芯片运动对微结构动态行为的影响，还须要在组件模型上附加 6 个端口来描述芯片的 6 个自由度运动。以梁为例阐释端口的定义方法，如用梁的两个端点描述其行为，则图 3-6(a)中梁的组件模型可定义为图 3-6(b)所示的示意图。

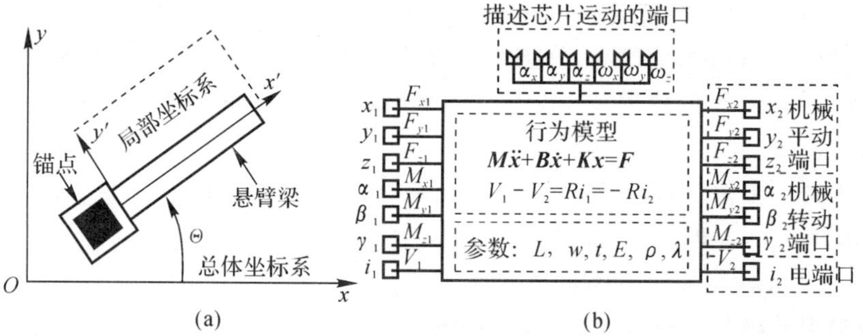

图 3-6 三维组件模型定义规范

(a)悬臂梁； (b)梁的组件模型定义

为了避免描述芯片运动的组件模型与每一个微结构组件模型中描述芯片运动的端口相连线，以减少建立组件网络模型的工作量，采用硬件描述语言的 external 语句定义各微结构组件模型中描述芯片运动的 6 个端口为全局输入端口。定义如下：

```
external   translational_pos      ax, ay, az      # 平动端口的全局性定义
external   rotational_vel         wx, wy, wz      # 转动端口的全局性定义
```

这样结合描述芯片运动的组件模型就可以实现微结构组件模型的全局输入端口与芯片运动组件在“虚拟”连线情况下，实现微结构组件模型与芯片运动组件之间的信号交互。这样，图 3-6(b)的全局输入端口因为不须要与芯片运动组件“可视化”连线，可以在组件示意图上不出现，梁的组件模型可表示为图 3-3 所示。

(3)电行为的描述。微结构通常还作为导线或电容承担导电或能量储存功能，所以在每一个端点上都设置 1 个电学端口用来描述组件间电能流动。以梁为例的电学端口定义见图 3-6(b)。

(4)流体行为的描述。流体表现出两种行为特性:不可压缩流体时为阻尼[7-8],可压缩流体时为阻尼和刚度[9]。流体的阻尼行为是能量非保守行为,不能采用能量保守端口去描述,通过微结构组件中的阻尼模型描述流体的阻尼行为特性。对于可压缩流体的刚度特性,可将其简化看做为一个参数化弹性储能元件[9],故其行为模型只与结构的位移有关,因此不须要设定专门的端口来描述流体的行为特性。

4. 参数化组件库

在建立了梁、锚点、平板质量块、平板式可变电容器、梳状可变电容器等各种组件模型之后,可按类别形成可重用的参数化组件库。常见的组件库包括机电组件库、流体组件库、光学组件库等。

多端口组件机电模型库一般由三维微机械组件、机电耦合三维组件和辅助建模组件组成(见图 3-7)。图 3-8 所示为三维组件库的典型组件。其中,三维微机械组件没有力电能量的相互转换,其主导行为是结构力学行为,由锚点、梁、质量块和杆连接件组成;机电耦合三维组件是力电能量转换装置,其主导行为是静电-结构耦合行为,由梳状可变电容和平板式可变电容器组成;辅助建模组件没有实际的三维结构,由芯片运动模型和环境变量组件组成,芯片运动模型描述 MEMS 芯片所作的运动,这是 MEMS 惯性器件建模所必需的,而环境变量用来定义如气体环境压强、温度等全局性参数。因为每一个微结构都处于流体(气体)的包围之中,把流体的行为(如阻尼)融合到每一个微结构组件模型中,所以在组件库中没有单独关于流体的组件模型。

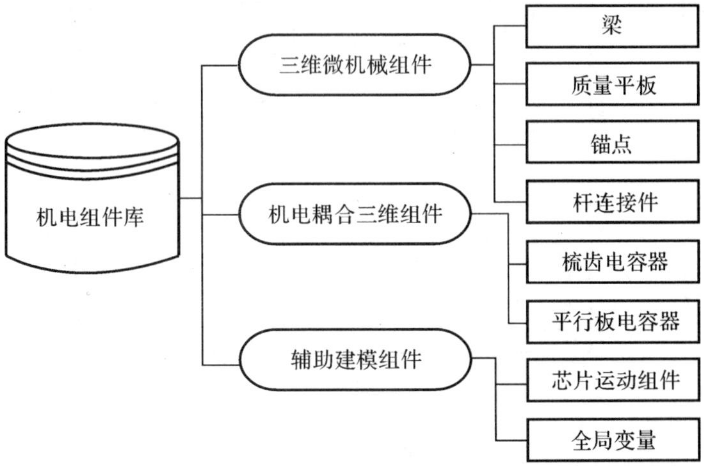

图 3-7　多端口三维机电组件库的组成结构示意图

由于 MEMS 加工工艺和材料属性的相对独立性,可以把工艺参数以及材料属性分别采用硬件描述语言编码为两个文件,其他组件模型都基于这两个文件进行编码。另外,由于流体影响每一个可动微结构的行为,因此把流体的行为编码为函数,其他组件只须调用这个函数即可。

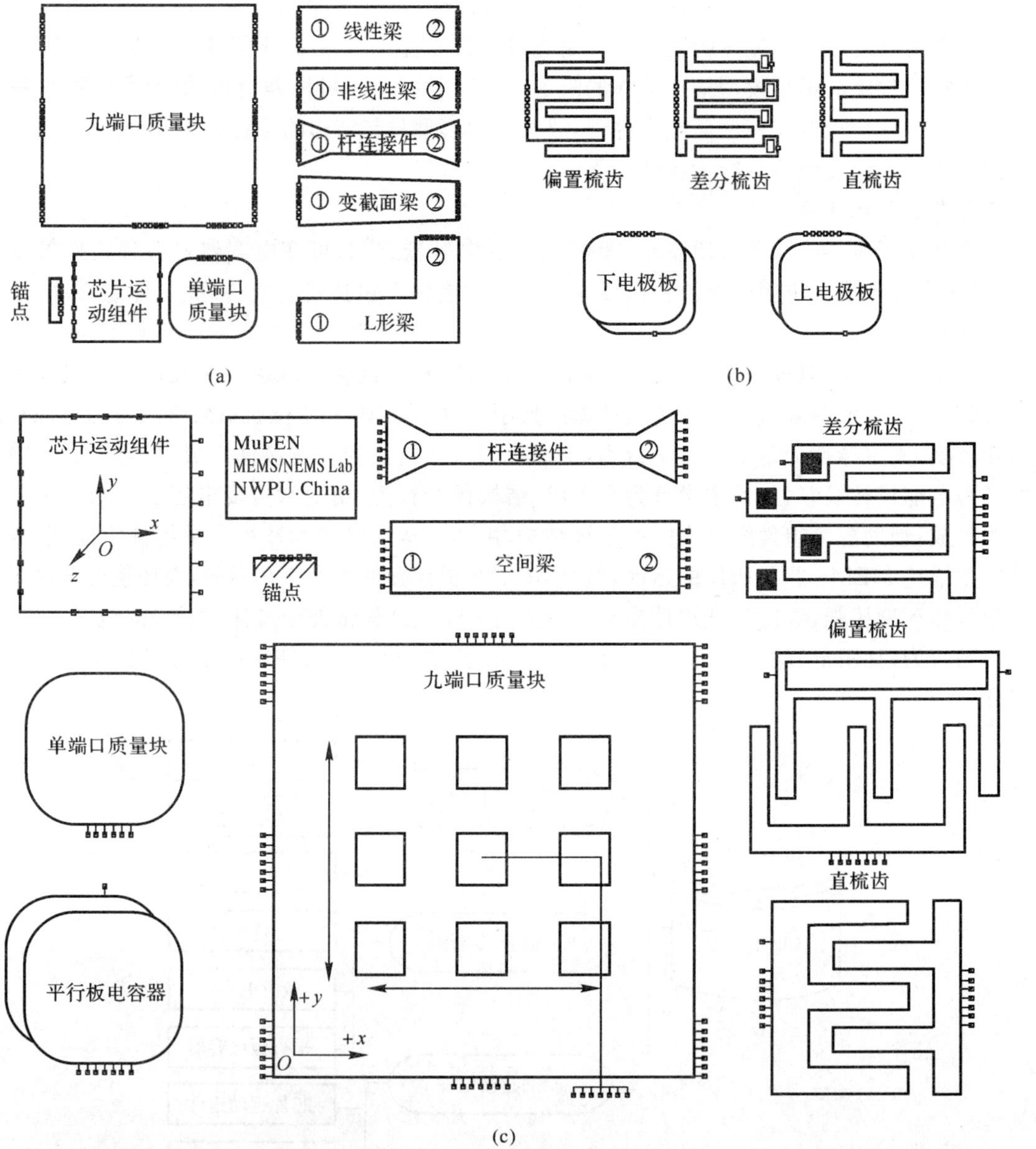

图 3-8 所开发的多端口三维组件库

(a)基于 Zeni-VLG 的机械组件； (b)基于 Zeni-VLG 的机电耦合组件； (c)基于 Saber 的典型组件

考虑到组件模型的使用方便性和模型的不同应用范围，组件库针对同一微结构提供了多种形式组件模型，例如，线性梁有不考虑和考虑线性剪切变形两种模型、质量块有单连接端点质量块和多连接端点质量块模型。

3.2.2　典型器件的系统级仿真

3.2.2.1　音叉电容式微机械陀螺系统级仿真

图 3－9 是梳齿驱动的音叉振动式陀螺的基本结构示意图。整个结构包含两个平板质量块，每一平板质量块两侧为梳状可变电容器，提供静电驱动力，同时每一平板质量块由四根弯曲梁支撑悬浮于基体之上，通过横梁将两平板质量块连接起来，整个结构由四根与基体相连的扭转梁支撑起来。两个音叉质量块作相向或相背的振动，即驱动模态。当 MEMS 芯片以角速度 ω_y绕 y 轴转动时，质量块受到 z 向哥氏力的作用使质量块分别作向上或向下的运动，即敏感模态。通过检测质量块与基体之间电容的变化来提取外界角速度。

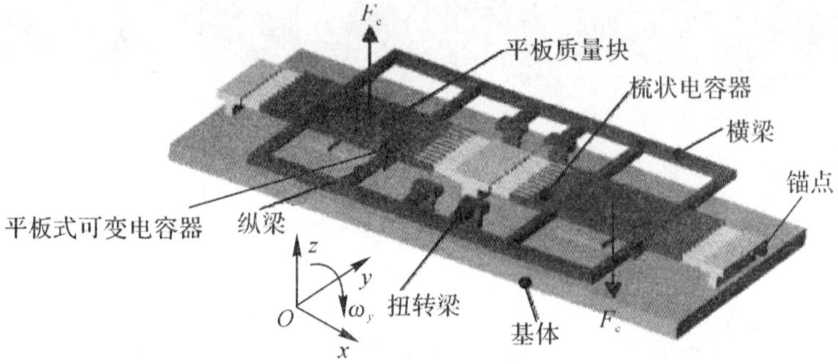

图 3－9　梳齿驱动音叉振动式陀螺的结构示意图

1. 音叉陀螺的多端口组件网络系统级模型

梳齿驱动音叉振动式陀螺可分解为锚点、梁、平板质量块、梳状可变电容器以及平板式可变电容器等功能结构部件。图 3－10 为该陀螺的结构尺寸参数示意图，尺寸参数见表 3－3。从多端口三维组件库中选用组件模型连接组件的对应端口形成的网络即为该微陀螺的系统级组件网络模型，如图 3－11 所示。组件的方位角参数由其在版图中的拓扑结构设定。

表 3－3　梳齿驱动音叉振动式陀螺尺寸参数值

参数名称	$L_b/\mu m$	$W_b/\mu m$	$L_s/\mu m$	$W_s/\mu m$	$L_m/\mu m$	$W_m/\mu m$
参 数 值	500	10	200	20	761	800
参数名称	$L_c/\mu m$	$L_{co}/\mu m$	$W_c/\mu m$	$g/\mu m$	厚度 $t/\mu m$	齿数 N/个
参 数 值	120	60	55	3	30	55

如图 3－11 所示，该微陀螺的系统级组件网络模型包括微机械结构部分和驱动电路以及检测电路部分。为了简化该模型的连线，通过定义全局端口 Vd_l，Vs_l，Vs_r 等把微机械结构组件网络模型同检测电路模型联系起来。检测电路由电压差动电路、移相电路以及解调模块等构成。

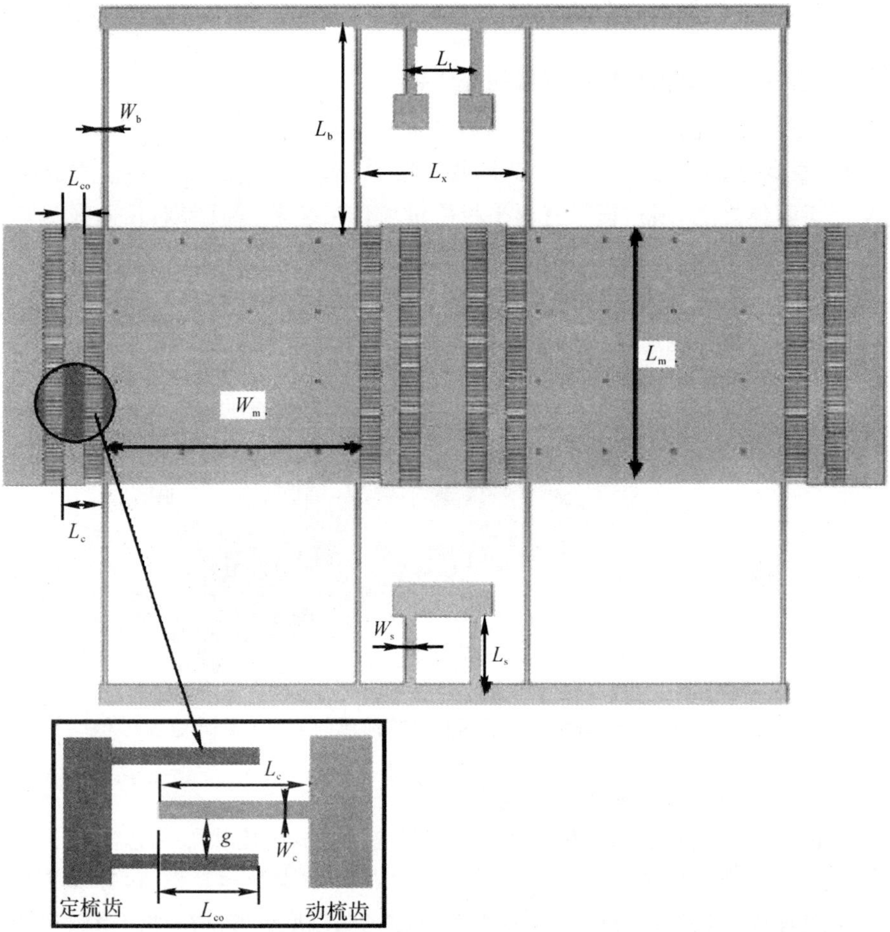

图 3-10　梳齿驱动音叉振动式陀螺的结构尺寸参数示意图

2. 音叉陀螺的频域仿真和模型精确性验证

首先对该组件网络模型进行小信号频域仿真分析。令驱动电压和芯片运动组件的 y 向角速度信号为小幅值正弦信号，此时进行小信号频域仿真，频率扫描范围为 5～15 kHz。图 3-12为质量块质心在 x 向(驱动模态)的频率特性曲线，可知质量块在驱动方向具有相同的幅频特性，而其相位始终相差180°，这正是该陀螺在驱动方向的工作方式，由该图可得微结构在驱动方向的固有频率为 8 330.0 Hz。图 3-13 为质量块质心在 z 向(检测模态)的频率特性曲线，可知质量块在该方向也具有相同的幅频特性，而其相位也始终相差180°，这也正是该陀螺在检测模态的工作方式，并由该图可知微结构在检测方向的固有频率为 9 516.9 Hz。

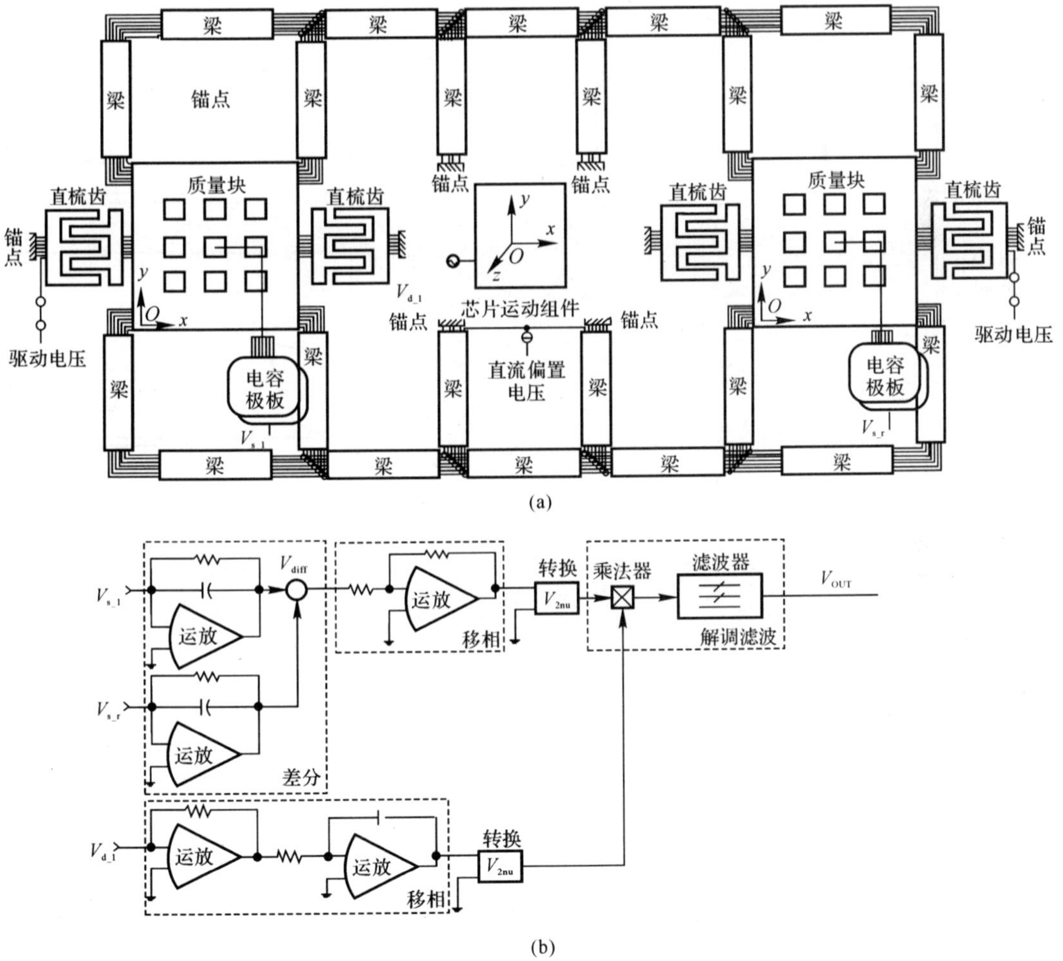

图 3-11　梳齿驱动音叉振动式陀螺的组件网络模型

(a)敏感结构的组件网络模型；(b)检测电路的组件网络模型

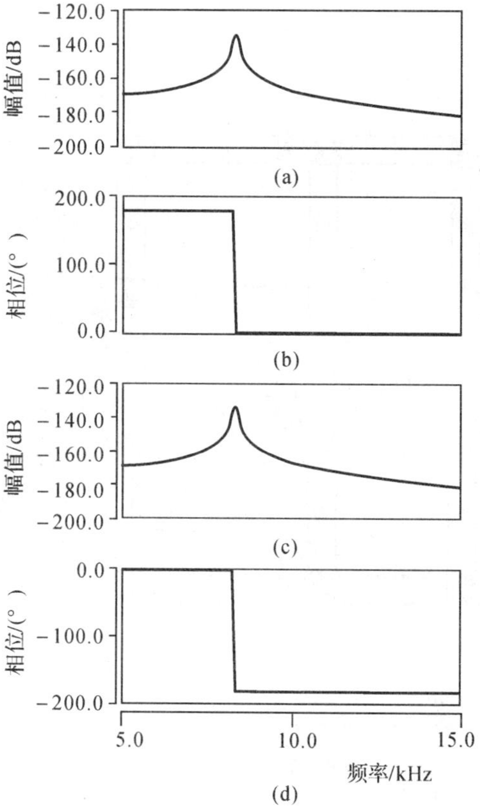

图 3-12　陀螺质心在 x 向的频率特性

(a)右边质量块幅频特性曲线

(b)右边质量块相频特性曲线

(c)左边质量块幅频特性曲线

(d)左边质量块相频特性曲线

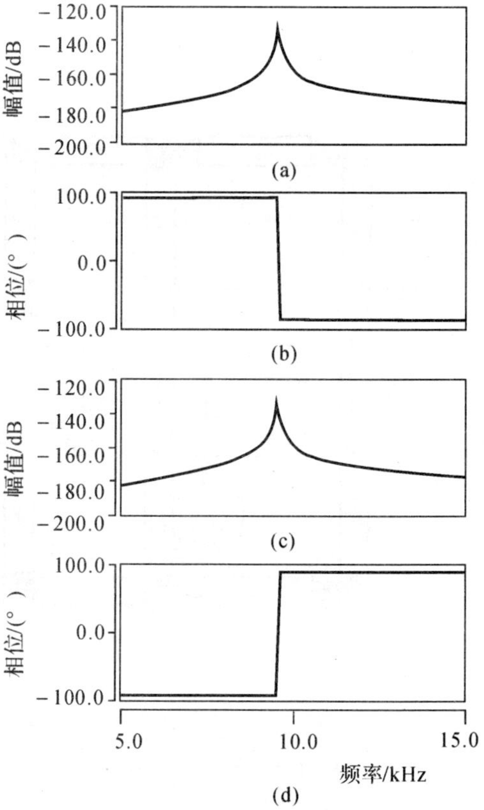

图 3-13　陀螺质心在 z 向的频率特性

(a)右边质量块幅频特性曲线

(b)右边质量块相频特性曲线

(c)左边质量块幅频特性曲线

(d)左边质量块相频特性曲线

基于有限元分析软件 ANSYS 计算该陀螺的模态振型和固有频率，并与所建立的系统级网络模型对比。图 3-14 所示为该微陀螺基于 ANSYS 的模态分析结果，其中第二阶和第三阶模态分别为期望的驱动模态和敏感模态，对应的模态频率分别为 8 371.0 Hz 和 9 551.0 Hz。把基于组件网络模型的仿真结果得到的固有频率与有限元分析结果得到的模态频率相比较，可得其相对误差小于 1.0%，说明该陀螺的系统级组件网络模型能够精确地描述其动态行为特性，同时仿真速度也得到了很大的提高。

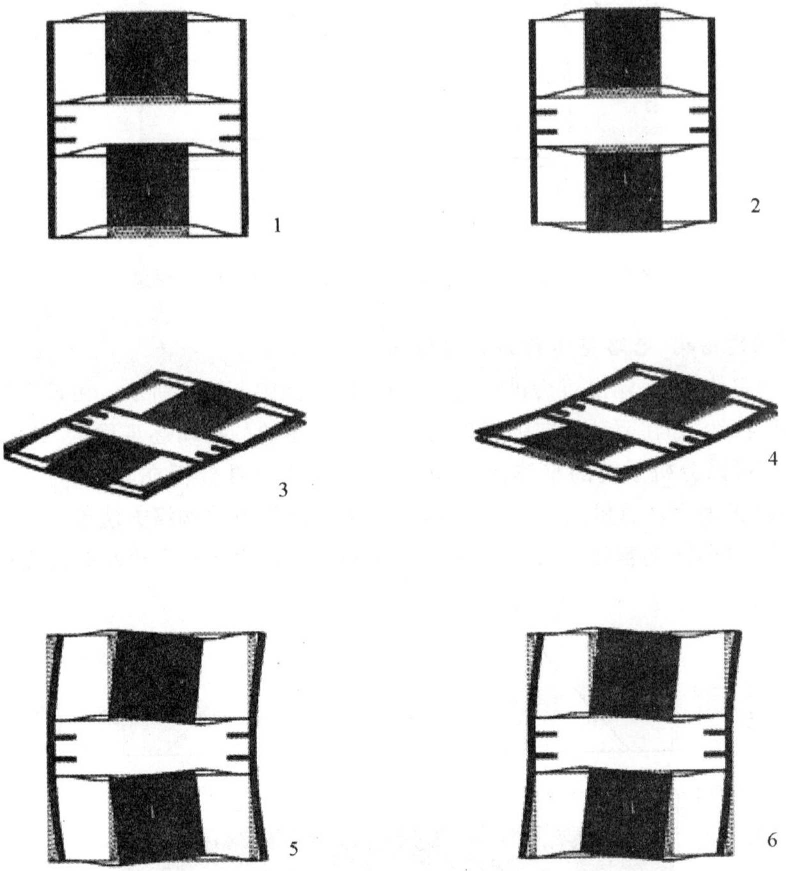

图 3-14　音叉微陀螺的前 6 阶模态分析结果图

3. 音叉陀螺的静电吸合电压分析

在检测电路中，须在质量块上施加一直流偏置电压来检测电容的变化。当作用在平板式可变电容器间的电压大到一定的程度时，由于平板式电容器在 z 向静电力与位移之间的非线性关系会导致静电吸合现象的发生，这是微陀螺正常工作时所不希望发生的现象，因此须要确定导致静电吸合现象发生的临界电压值。在设计电路参数时，直流偏置电压必须远远地小于这个临界电压，以避免静电吸合现象发生。令作用在质量块上的直流偏值电压以 0.1 V 的步长由 0 V 增加到 15 V，进行静电吸合现象仿真，如图 3-15 所示。可知静电吸合的临界电压为 10 V，故在陀螺的工作中，作用在质量块与基体间的电压不能大于这个临界电压值。

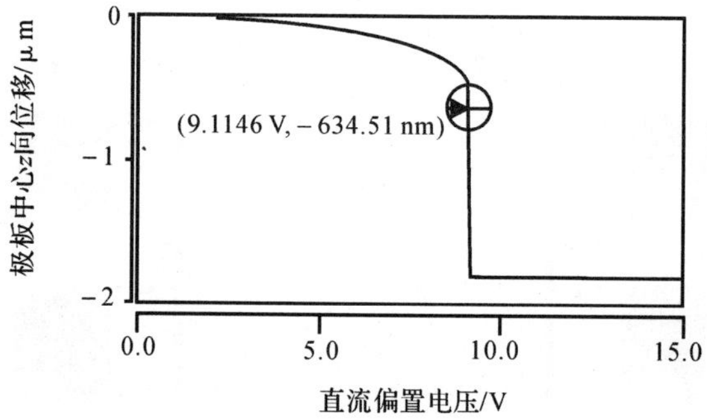

图 3 - 15　音叉微陀螺检测模态方向的静电吸合现象

4. 音叉陀螺的结构-电路整体行为时域仿真

对微陀螺的整体输入-输出行为进行时域仿真分析，如图 3 - 16 所示。由该图不仅可以分析系统行为的局部特性，如在驱动方向随着时间的增加，质量块的振动逐步稳定，最后为稳幅振动，更为重要的是还可以分析系统的整体输入-输出行为。该仿真分析在 CPU 为 P4 - 2.60 GHz，RAM 为 512 MB 的兼容计算机上运行了约 2 h，说明了这种组件网络方法能够快速地仿真具有多域耦合特性的 MEMS 的整体行为，这是有限元分析等方法很难在几个小时内完成的。

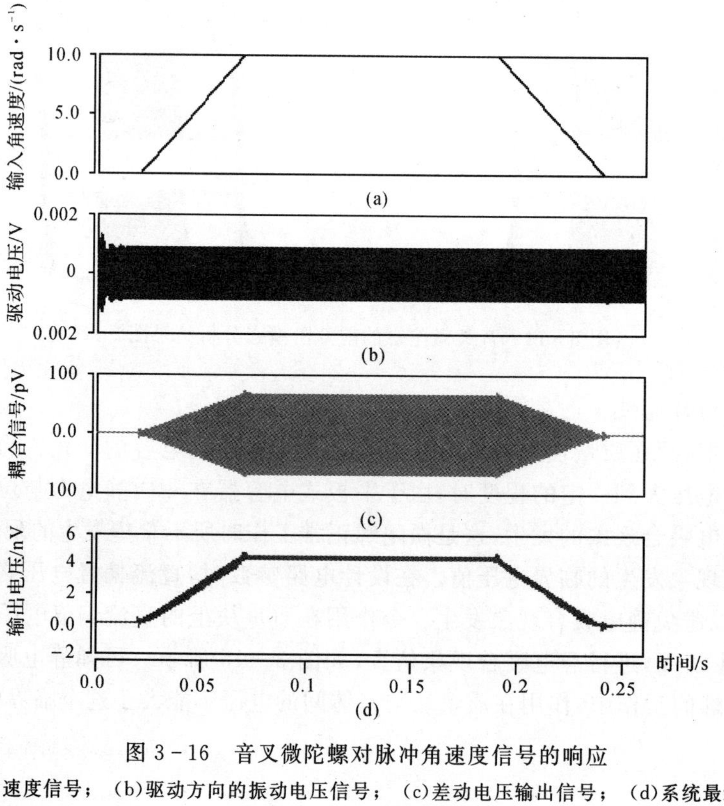

图 3 - 16　音叉微陀螺对脉冲角速度信号的响应

(a)被测角速度信号；（b)驱动方向的振动电压信号；（c)差动电压输出信号；（d)系统最终输出信号

3.2.2.2　跷跷板微加速度计系统级仿真

1. 加速度计的系统级建模

图 3-17 是一种跷跷板式微加速度计的示意图。它由左右两对电容、支撑梁和锚点构成，当外界输入沿 z 轴方向加速度时，由于两侧电极质量不同，导致加速度计结构绕 y 轴扭转，从而使得一侧电容增加，另一侧电容相应地减少，形成差动输出。

对加速度计的系统级建模过程与上述的陀螺类似，此处采用国产 Zeni-VLG 平台对其仿真。但由于该平台尚不具备模拟电路的元器件，因此欲对其进行系统级建模。除了要对其结构组件进行建模外，还须采用多端口组件网络方法对电学组件进行建模。常用的模拟电路组件有电阻、电容、二极管、放大器、滤波器等，下面以运算放大器建模过程详细说明。

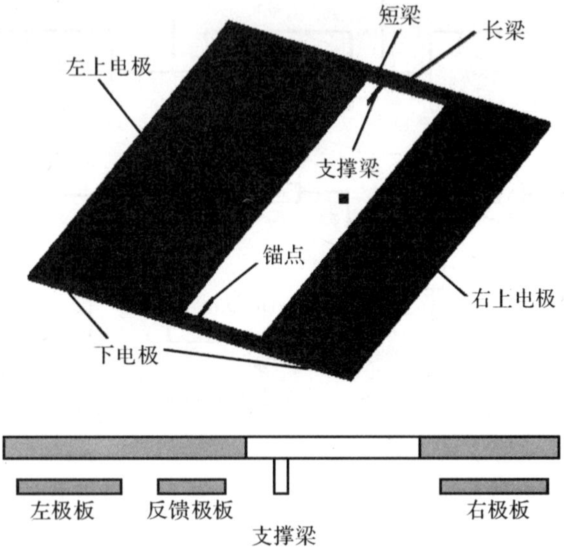

图 3-17　跷跷板加速度计的原理示意图

运算放大器是模拟电路中最为常见的组件。根据行为级建模方法，首先选定模型指标，此处主要考虑其开环增益、单位带宽积、电压转换率等。通用运算放大器按功能结构通常可以划分为三级，依次分别为压流转换、反相放大和电流输出。根据其功能结构，构造该运算放大器的电路结构模型，如图 3-18 所示。输入级由一个加载到内阻 R_{in} 上的双端差分输入实现；中间级由一个控制电压源与 RC 形成的串联闭合环路组成，其中控制电压源的乘积系数 gain 实现开环增益建模，转换率建模通过电容 C_c 的充放电特性来实现，而带宽积建模则由控制电压源的拉氏函数和 RC 电路的滤波函数乘积实现；输出级由电容分压控制的电压源来实现，见下式：

$$\left.\begin{aligned}&I(\text{in\_p},\text{in\_n})=V(\text{in\_p},\text{in\_n})/R_{\text{in}}\\&V(\text{A})=\text{Laplace\_nd}(\text{gain}*V(\text{in\_p},\text{in\_n}),[1.0],[1.0,5.0\text{E}-7])\\&I(\text{A},\text{B})=V(\text{A},\text{B})/r_{\text{gm}}\\&I(\text{B},\text{ground})=\text{ddt}(C_{\text{c}}*V(\text{B}))\\&V(\text{out})=V(\text{B})\end{aligned}\right\}\tag{3.9}$$

其中，$I()$，$V()$，Lapalace_nd()和 ddt()分别为 Verilog-A HDL 的取电流、取电压、拉氏函数和微分函数；in_p、in_n，out，A、B 和 ground 分别为输入端口、输出端口、内部节点和接地；gain 为增益倍数。同理，可建立其他模拟电路组件的行为级模型。

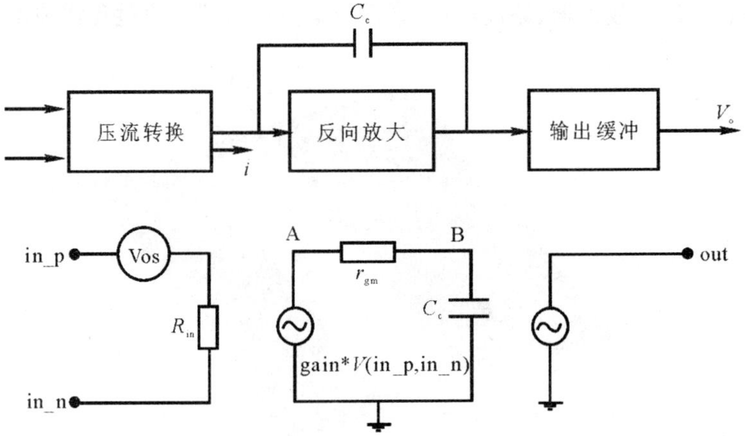

图 3-18　运算放大器的结构模型和功能模型

2. 加速度计的系统级仿真结果

以下完成了一个跷跷板加速度计分别与开环电路和闭环带载波电路的共同仿真。图 3-19 是采用的两种电路的示意图，实线部分为开环仿真电路，完整电路为闭环带载波仿真采用的电路。其中，接口电路部分采用的是电荷放大检测方案，放大模块为反相比例放大，低通滤波为二阶低通滤波。

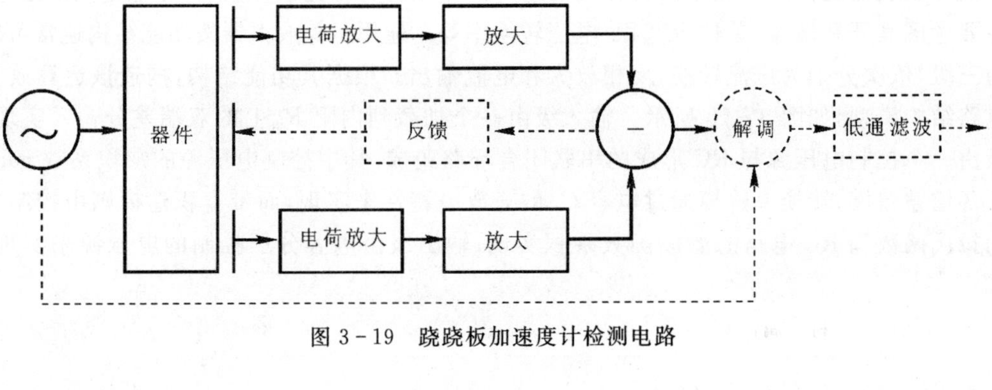

图 3-19　跷跷板加速度计检测电路

在 Zeni VLG 中分别建立该跷跷板加速度计器件与开环电路(见图 3-20)和闭环电路(见图 3-21)的系统模型,各组件的参数及器件材料属性见表 3-4。

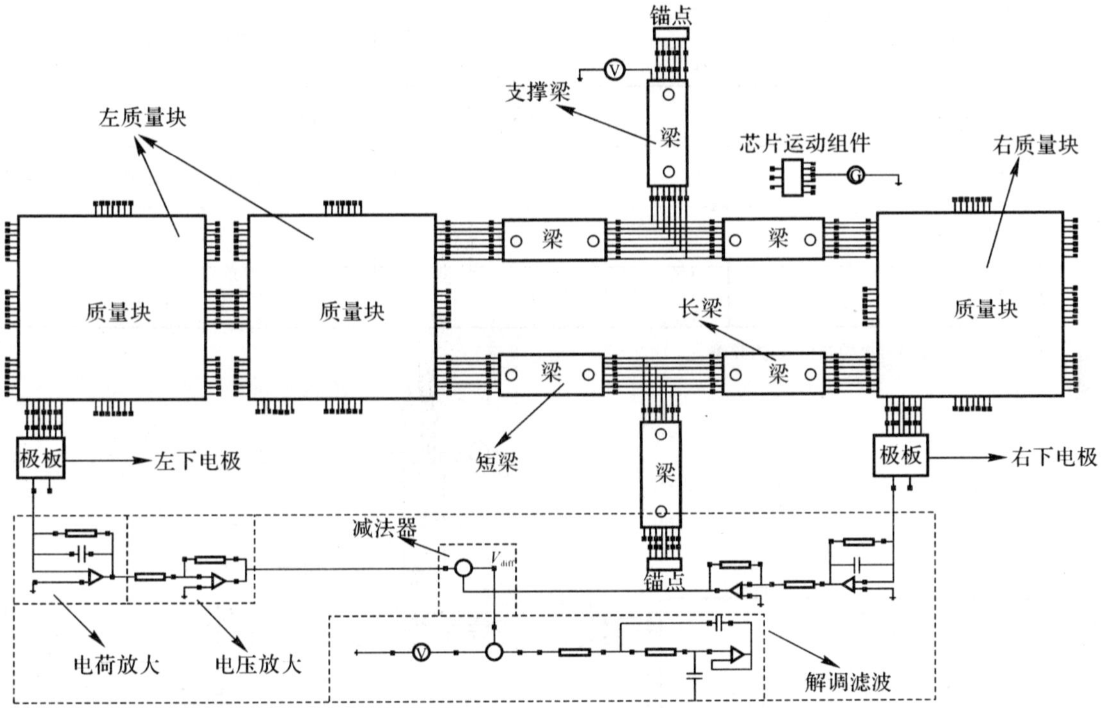

图 3-20　跷跷板加速度计与开环电路的系统级模型

表 3-4　跷跷板加速度计的尺寸参数

组件名	参　数
长梁/μm	$L_l=400, w_l=100, t=60$
短梁/μm	$L_s=100, w_s=100, t=60$
支撑梁/μm	$L=240,\ w=12, t=60$
左质量板/μm	$L=2\ 500, w=900$, gap=3
右质量板/μm	$L=2\ 500, w=600$, gap=3
下电极/μm	$L=2\ 500, w=400$
反馈电极/μm	$L=2\ 500, w=200$
材料属性	$E=130$ GPa, $\lambda=0.22, \rho=2\ 330$ kg/m^3

根据表 3-5 的仿真设置分别对两系统执行瞬态仿真，仿真结果如图 3-22 所示。

表 3-5　跷跷板加速度计的系统级仿真设置及结果对比

选项 \ 电路	开　环	闭环带载波
外部 z 向加速度	正弦信号，$A=8\ \text{m/s}^2$，$f=10\ \text{Hz}$	
驱动信号	DC，5 V	正弦信号，$A=5\ \text{V}$，$f=2\ \text{kHz}$
仿真时长/ms	400	600
步长设置/ms	0.01	0.025～0.05

注：DC 为恒压信号，A 为幅值，f 为频率。

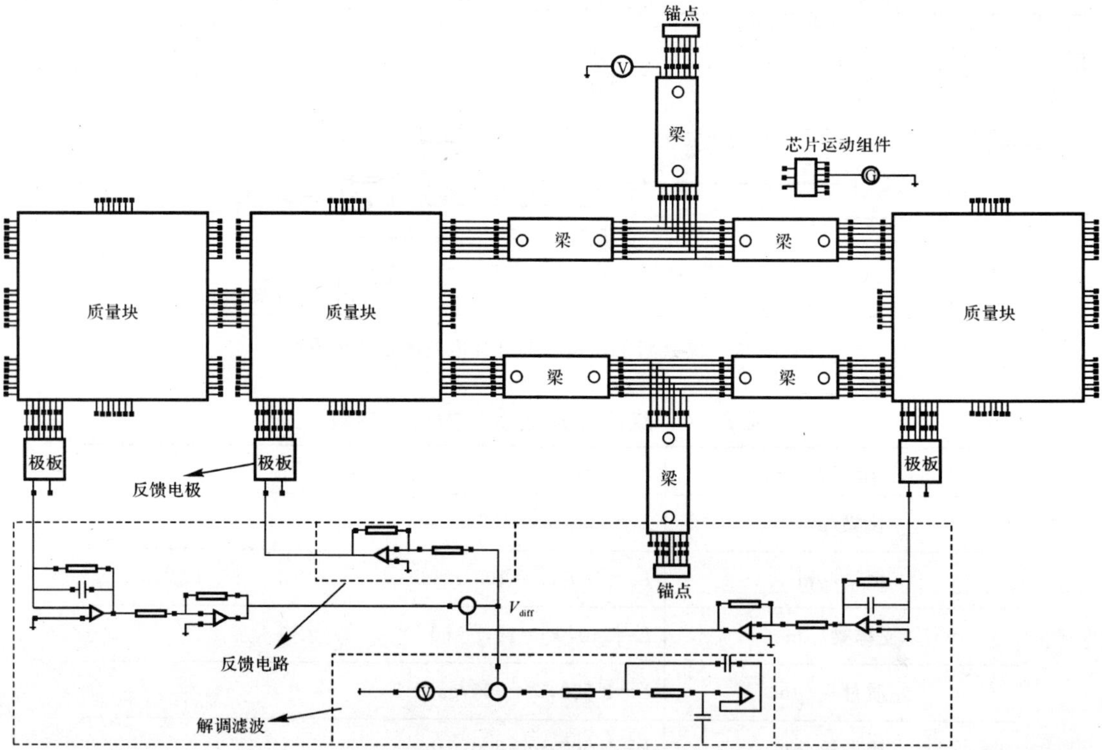

图 3-21　跷跷板加速度计与闭环带载波电路的系统级模型

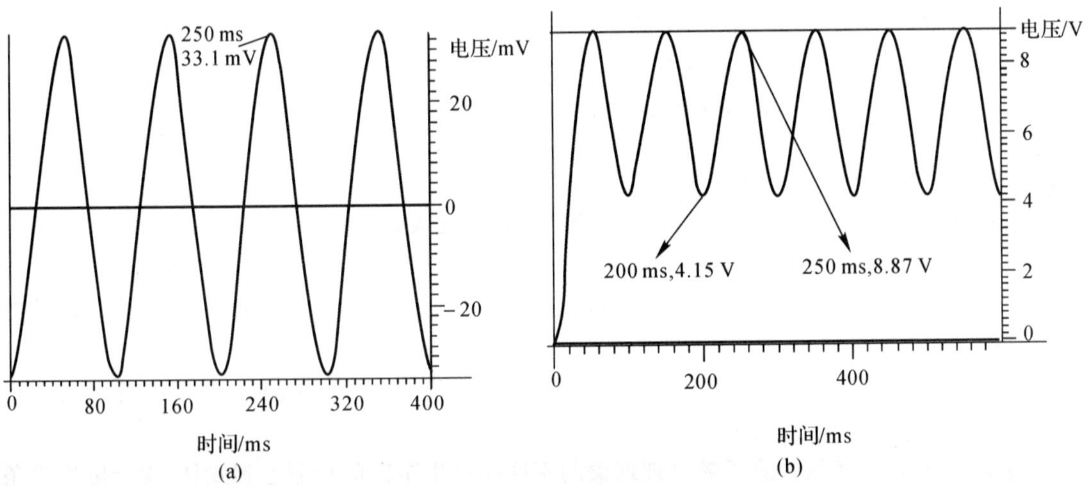

图 3-22　跷跷板加速度计的瞬态仿真结果

(a)开环；（b)闭环

3.3　器件级设计

MEMS 器件级设计主要对所设计的器件进行结构、电磁、热、流体和耦合场分析。这些分析都可归结为在给定边界条件下求解其控制方程的问题，但能用解析法求出精确解的只有方程性质比较简单，且几何边界相当规则的少数问题。对于大多数 MEMS 问题，由于方程和几何形状的复杂性，很少得到解析解。这类问题的解决通常有两种途径。一种是引入简化假设，将方程和边界简化为能够处理的问题，从而得到它在简化状态的解。这种方法只有在有限的情况下是可行的，因为过多的简化可能导致不正确的甚至错误的解。另一种是借助计算机获得满足分析要求的数值解，即数值模拟技术。目前在工程技术领域内常用的数值模拟方法有有限元法、边界元法、有限差分法，但就其实用性和应用的广泛性而言，主要还是有限元法。

因此，在泛结构化 MEMS 集成设计方法的器件级设计中，其主要任务就是基于数值模拟技术的各类仿真问题的建模及求解。正因为如此，器件级的设计内容是最丰富多彩的，在商业化的 MEMS 设计软件中可以看到几十种不同类型的仿真模块。这里仅对其理论基础和典型的分析模块作一简单论述。

3.3.1　器件级设计的理论基础

3.3.1.1　偏微分方程

在常微分方程（ODE）中，未知函数只是单变量函数，而在偏微分方程（PDE）中，未知函数则为多变量函数。在实际的工程或物理问题中，所欲分析的物理量（即未知函数）常受到不只一个变量的影响，所以一般多以 PDE 来表示。偏微分方程的阶由偏微分方程中出现的最高阶偏导数确定。实际应用中比较重要的偏微分方程一般都是二阶的，可以用统一的模型来表示。

$$a\frac{\partial^2 u}{\partial x^2}+b\frac{\partial u}{\partial x}\frac{\partial u}{\partial y}+c\frac{\partial^2 u}{\partial y^2}+d\frac{\partial u}{\partial x}+e\frac{\partial u}{\partial y}+fu+g=0 \tag{3.10}$$

根据判别式 b^2-4ac，可将二阶线性偏微分方程分成三类：

$b^2-4ac>0$：双曲型(Hyperbolic)，以波动方程为代表，描述的是与时间相关的、守恒的物理过程；

$b^2-4ac=0$：抛物型(Parabolic)，以热传导方程为代表，描述的是与时间相关的、消耗性的物理过程；

$b^2-4ac<0$：椭圆型(Elliptic)，以拉普拉斯方程为代表，描述的是已经达到稳定状态的系统或均衡系统，因而与时间无关。

偏微分方程式的问题，除了随物理现象的不同而产生不同的控制方程式外，更会随边界条件及初始条件的改变而改变。比较经典的三种边界条件如下：

Dirichlet 边界条件，有时也称其为必要边界条件，这种条件给出的是解的值 u。

Neumann 边界条件，有时也称其为自然边界条件，这种条件给出的是一阶导数的值。

Robin 边界条件，这种条件是对前两种边界条件的加权组合。

对于初值条件或 Cauchy 条件，是指与时间相关的方程在零时刻变量的值或变量对时间导数的值。

下面介绍一些偏微分方程中常见的算子。

在三维直角坐标系下，∇代表哈密顿算子，即

$$\nabla=\frac{\partial}{\partial x}\boldsymbol{i}+\frac{\partial}{\partial y}\boldsymbol{j}+\frac{\partial}{\partial z}\boldsymbol{k} \tag{3.11}$$

∇u 代表梯度，即

$$\nabla u=\left\{\frac{\partial u}{\partial x},\frac{\partial u}{\partial y},\frac{\partial u}{\partial z}\right\} \tag{3.12}$$

$\nabla\cdot\boldsymbol{u}$ 代表散度，即

$$\nabla\cdot\boldsymbol{u}=\frac{\partial u_x}{\partial x}+\frac{\partial u_y}{\partial y}+\frac{\partial u_z}{\partial z} \tag{3.13}$$

Δ 代表拉普拉斯算子，即

$$\Delta=\frac{\partial^2}{\partial x^2}+\frac{\partial^2}{\partial y^2}+\frac{\partial^2}{\partial z^2} \tag{3.14}$$

Δu 可以表示为

$$\Delta u=\nabla^2 u=\nabla\cdot(\nabla u)=\frac{\partial^2 u}{\partial x^2}+\frac{\partial^2 u}{\partial y^2}+\frac{\partial^2 u}{\partial z^2} \tag{3.15}$$

$\nabla\times\boldsymbol{u}$ 代表旋度，即

$$\nabla\times\boldsymbol{u}=\left\{\frac{\partial u_z}{\partial y}-\frac{\partial u_y}{\partial z},\frac{\partial u_x}{\partial z}-\frac{\partial u_z}{\partial x},\frac{\partial u_y}{\partial x}-\frac{\partial u_x}{\partial y}\right\} \tag{3.16}$$

3.3.1.2　有限元方法的基本原理

有限元是那些集合在一起能够表示实际连续域的离散单元。有限元分析的基本概念是用较简单的问题代替复杂问题后再求解。它将求解域看成是由许多称为有限元的小的互连子域组成的,对每一单元假定一个合适的(较简单的)近似解,然后推导求解这个域总的满足条件(如结构的平衡条件),从而得到问题的解。但这个解不是准确解,而是近似解,因为实际问题被较简单的问题所代替。由于大多数实际问题难以得到准确解,而有限元不仅计算精度高,而且能适应各种复杂形状,因而成为行之有效的工程分析手段。

有限元方法的数学基础是变分法或加权余量法,由此导出的变分表达式或加权余量积分式是有限元方法的求解出发点。有限元方法的求解思想是将场函数的总体泛函或总体求解域上的弱形式积分看成是由于子域(单元)的泛函或弱形式积分所集成的。首先利用自然坐标系建立起单元的插值函数,将场函数表示成单元节点的插值形式;再利用数值积分计算出单元的泛函或弱形式积分;然后通过单元集成形成以节点场函数值为未知量的代数方程组,求解该代数方程组即得求解域场函数的近似解。

1. 偏微分方程的形式

工程或物理学中的许多问题,通常是以未知场函数应满足的微分方程和边界条件的形式提出来的,可以一般地表示为未知函数 $\boldsymbol{u}$ 应满足偏微分方程组

$$\boldsymbol{A}(\boldsymbol{u})=\begin{pmatrix}\boldsymbol{A}_1(\boldsymbol{u})\\ \boldsymbol{A}_2(\boldsymbol{u})\\ \vdots\end{pmatrix}=\boldsymbol{0}\quad(\text{在 }\Omega\text{ 内})\tag{3.17}$$

域 Ω 可以是体积域、面积域等,如图 3-23 所示。同时,未知函数 $\boldsymbol{u}$ 还应满足边界条件

$$\boldsymbol{B}(\boldsymbol{u})=\begin{Bmatrix}\boldsymbol{B}_1(\boldsymbol{u})\\ \boldsymbol{B}_2(\boldsymbol{u})\\ \vdots\end{Bmatrix}=\boldsymbol{0}\quad(\text{在 }\Gamma\text{ 上})\tag{3.18}$$

Γ 是域 Ω 的边界。

要求解的未知函数 $\boldsymbol{u}$ 可以是标量场(例如温度),也可以是几个变量组成的向量场(例如位移、应变、应力等)。$\boldsymbol{A}$,$\boldsymbol{B}$ 是对于独立变量(例如空间坐标、时间坐标等)的微分算子。微分方程数应和未知场函数的数目相对应,因此,上述微分方程可以是单个的方程,也可以是一组方程,所以在式(3.17)和式(3.18)中采用了矩阵形式。

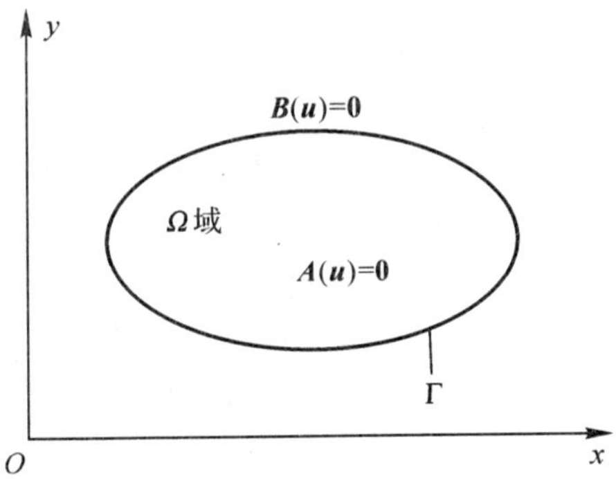

图 3-23　域 Ω 和边界 Γ 示意图

偏微分方程组(3.17)称为系统控制方程组的"强"形式。与"弱"形式相比,"强"形式对相关的场变量要求强的连续性。定义这些场的变量必须可微,

而可微的次数必须等于存在于强形式的系统方程中的偏微分方程的阶数，对于实际问题，通常很难得到“强”形式的系统方程的精确解。

通常使用如下广泛使用的方法之一来建立“弱”形式的系统方程：能量原理和加权残值法。能量原理包括最小势能原理和虚功原理。能量原理从物理意义出发，是特别适用于求解固体力学和结构力学问题的变分原理的一种特殊形式；加权残值法从数学原理出发，基于试函数来求取对原始方程的最佳逼近。

“弱”形式通常是积分形式，且对场变量要求较弱的连续性。由于对场变量的要求较弱并采用了积分运算，基于“弱”形式的公式通常可以得到一组更能逼近真实解的离散的系统方程，尤其对具有复杂几何形状的问题更是如此。因此，许多人都喜欢采用“弱”形式来得到近似解，有限元法是成功使用“弱”形式公式的一个典型例子。如果可以把问题域离散为一些单元，那么使用“弱”形式通常可以得到一组性能良好的代数方程组。因为问题域可以离散为不同类型的单元，所以有限元法可以用于几何形状复杂和边界条件多样的许多工程实际问题。

2. 虚位移原理

虚位移原理是力学中应用范围最广的原理之一，因为该原理表达了弹性体平衡的普遍规律。所谓弹性体位移是指满足变形协调条件和边界约束条件的任意的无限小的位移。

虚位移原理可表达为：一个弹性体在外力的作用下处于平衡状态，则对于任何约束允许的虚位移来说，外力所做的虚功等于内力的虚功。这里的虚功是指真实的力在虚位移上所做的功。

下面结合虚位移原理介绍偏微分方程的弱解积分形式的建立。

由于偏微分方程组(3.17)在域 Ω 中每一点为零，因此就有

$$\int_{\Omega} \boldsymbol{v}^{\mathrm{T}} \boldsymbol{A}(\boldsymbol{u})\,\mathrm{d}\Omega = \int_{\Omega} (v_1 \boldsymbol{A}_1(\boldsymbol{u}) + v_2 \boldsymbol{A}_2(\boldsymbol{u}) + \cdots)\,\mathrm{d}\Omega = 0 \tag{3.19}$$

其中，$\boldsymbol{v} = (v_1 \quad v_2 \quad \cdots)^{\mathrm{T}}$，称为向量函数或虚位移函数，它是一组和偏微分方程个数相等的任意函数。

虚位移原理表明，如果虚位移发生之前，物体就处于平衡状态，那么在虚位移发生时，外力所做虚功等于物体的虚应变能，即系统上所有的虚功总和恒为零。

式(3.19)是偏微分方程组(3.17)的积分形式。假如 $\boldsymbol{A}(\boldsymbol{u})$ 是一光滑函数，若积分方程(3.19)对于任意的 $\boldsymbol{v}$ 都成立，则偏微分方程组(3.17)必然在域内任一点得到满足。这个结论的证明是显然的，假如 $\boldsymbol{A}(\boldsymbol{u})$ 在域内某些点或一部分子域中不满足，即出现 $\boldsymbol{A}(\boldsymbol{u}) \neq \boldsymbol{0}$，马上可以找到适当的函数 $\boldsymbol{v}$，使式(3.19)积分形式亦不等于零。可见，当 $\boldsymbol{A}(\boldsymbol{u})$ 是一光滑函数时，式(3.19)和式(3.17)是等价的。

在很多情况下，可以对式(3.19)进行分部积分，得到另一种形式：

$$\int_{\Omega} \boldsymbol{C}^{\mathrm{T}}(\boldsymbol{v}) \boldsymbol{D}(\boldsymbol{u})\,\mathrm{d}\Omega + \int_{\Gamma} \boldsymbol{E}^{\mathrm{T}}(\boldsymbol{v}) \boldsymbol{F}(\boldsymbol{u})\,\mathrm{d}\Gamma = 0 \tag{3.20}$$

其中，$\boldsymbol{C}, \boldsymbol{D}, \boldsymbol{E}, \boldsymbol{F}$ 是微分算子，它们所包含的导数的阶数较式(3.19)的微分算子 $\boldsymbol{A}$ 低，这样对函

数 $\boldsymbol{u}$ 只须要求较低阶的连续性就可以了。在式(3.20) 中降低 $\boldsymbol{u}$ 的连续性要求是以提高 $\boldsymbol{v}$ 的连续性要求为代价的，由于原来对 $\boldsymbol{v}$(在式(3.19) 中) 并无连续性要求，因此适当提高对其连续性的要求并不困难，这是因为它们是可以选择的已知函数。这种降低对函数 $\boldsymbol{u}$ 连续性要求的做法在近似计算中，尤其是在有限元法中是十分重要的。式(3.20) 为微分方程组(3.17) 和边界条件(3.18) 的弱解积分形式或“弱”形式。值得指出的是，从形式上看，“弱”形式对函数 $\boldsymbol{u}$ 的连续性要求降低了，但对实际的物理问题却常常较原始的微分方程更逼近真正解，这是因为原始微分方程往往对解提出了过分“平滑”的要求。

3. 形函数

连续体离散化是有限元分析的基础。所谓离散化的过程，就是将分析的连续体划分成有限个单元体，并在单元的指定点设置节点，把相邻的单元体在节点处连接起来组成单元的组合体，以代替原来的连续体，这也叫划分网格。结构离散化后，就可以对典型的单元进行特性分析。此时，为了能用节点位移表示单元体内任意一点的位移、应变和应力，从而将无限自由度问题化为有限自由度问题，在分析连续体问题时，必须对单元中的位移分布作出一定的假定，也就是假定单元位移是坐标的某种简单函数，这种函数称为位移模式或位移函数。有限元分析中最常用的单元是以单元内位移可以用简单的多项式来描述这一假设为基础的。

根据选定的位移模式，就可以导出用节点位移表示单元内任一点位移的关系式，其矩阵形式是

$$\boldsymbol{q} = \boldsymbol{N}\boldsymbol{q}^{e} \tag{3.21}$$

式中，$\boldsymbol{q}$ 为单元内任一点的位移向量；$\boldsymbol{q}^{e}$ 为单元的节点位移向量；$\boldsymbol{N}$ 称为单元形函数矩阵，是位置坐标的函数。

3.3.2　器件级仿真的主要类型及方法

对于不同物理性质和数学模型的问题，有限元求解法的基本步骤是相同的，只是具体公式推导和运算求解不同。有限元求解问题的基本步骤如下：

第一步，问题及求解域定义。根据实际问题近似确定求解域的物理性质和几何区域。

第二步，求解域离散化。将求解域近似为具有不同有限大小和形状且彼此相连的有限个单元组成的离散域，习惯上称为有限元网络划分。显然，单元越小(网络越细)，则离散域的近似程度越好，计算结果也越精确，但计算量及误差都将增大，因此求解域的离散化是有限元法的核心技术之一。

第三步，确定状态变量及控制方法。一个具体的物理问题通常可以用一组包含问题状态变量边界条件的微分方程式表示，为适合有限元求解，通常将微分方程化为等价的泛函形式。

第四步，单元推导。对单元构造一个适合的近似解，即推导有限单元的列式，其中包括选择合理的单元坐标系，建立单元试函数，以某种方法给出单元各状态变量的离散关系，从而形成单元矩阵(结构力学中称刚度阵或柔度阵)。为保证问题求解的收敛性，单元推导有许多原则要遵循。 对工程应用而言，重要的是应注意每一种单元的解题性能与约束。例如，单元形

状应以规则为好，畸形时不仅精度低，而且有缺秩的危险，将导致无法求解。

第五步，总装求解。将单元总装形成离散域的总矩阵方程(联立方程组)，反映对近似求解域的离散域的要求，即单元函数的连续性要满足一定的连续条件。总装是在相邻单元节点进行，状态变量及其导数(可能的话)连续性建立在节点处。

第六步，联立方程组求解和结果解释。有限元法最终导致联立方程组。联立方程组的求解可用直接法、迭代法和随机法。求解结果是单元节点处状态变量的近似值。对于计算结果的质量，将通过与设计准则提供的允许值比较来评价并确定是否需要重新计算。

简言之，有限元分析可分成三个阶段，前处理、解算和后处理。前处理是建立有限元模型，完成单元网格划分；后处理则是采集处理分析结果，使用户能简便提取信息，了解计算结果。

下面分别以静力分析、模态分析、谐响应分析、瞬态分析等几种典型器件级分析类型为例，介绍其离散和求解过程。

3.3.2.1 静力分析

在各种结构分析类型中，静力分析是非常重要的形式，同时也是最简单最基本的分析形式，是动力学分析的基础。

结构静力分析计算在固定不变的载荷作用下结构的响应，如反力、位移、应变、应力等。静力分析主要从静力平衡条件、位移协调条件、胡克定律三方面对结构进行分析。静力分析既可以是线性的，也可以是非线性的。下面主要结合线弹性问题进行分析。

弹性力学中的基本变量为体力、面力、应力、位移、应变。体力是分布在物体体积内的力，例如重力和惯性力。面力是分布在物体表面上的力，例如接触压力、流体压力。物体受到约束和外力作用，其内部将产生内力，而物体内某一点的内力就是应力。

应力$\boldsymbol{S}$在其作用截面上的法向分量称为正应力，用$\boldsymbol{\sigma}$表示；在作用截面上的切向分量称为剪应力，用$\boldsymbol{\tau}$表示。物体内任意一点的应力状态可以用6个独立的应力分量$\boldsymbol{\sigma}_x,\boldsymbol{\sigma}_y,\boldsymbol{\sigma}_z,\boldsymbol{\tau}_{xy},\boldsymbol{\tau}_{yz},\boldsymbol{\tau}_{zx}$来表示。

位移就是位置的移动。物体内任意一点的位移，用位移$\boldsymbol{q}$表示。位移$\boldsymbol{q}$在x,y,z坐标轴上的投影分别用u,v,w表示。

各线段的单位长度的伸缩，称为正应变，用$\boldsymbol{\varepsilon}$表示。两个垂直线段之间的直角的改变，用弧度表示，称为剪应变，用$\boldsymbol{\gamma}$表示。物体内任意一点的变形，可以用$\boldsymbol{\varepsilon}_x,\boldsymbol{\varepsilon}_y,\boldsymbol{\varepsilon}_z,\boldsymbol{\gamma}_{xy},\boldsymbol{\gamma}_{yz},\boldsymbol{\gamma}_{zx}$ 6个应变分量表示。

对于线弹性问题，满足如下平衡方程、几何方程和本构方程。

平衡方程：弹性力学中，在物体中取出一个微小单元体建立平衡方程。平衡方程代表了力的平衡关系，建立了应力分量和体力分量之间的关系。

$$\left.\begin{aligned}\frac{\partial\sigma_{xx}}{\partial x}+\frac{\partial\sigma_{xy}}{\partial y}+\frac{\partial\sigma_{xz}}{\partial z}+f_x=0\\\frac{\partial\sigma_{xy}}{\partial x}+\frac{\partial\sigma_{yy}}{\partial y}+\frac{\partial\sigma_{yz}}{\partial z}+f_y=0\\\frac{\partial\sigma_{xz}}{\partial x}+\frac{\partial\sigma_{yz}}{\partial y}+\frac{\partial\sigma_{zz}}{\partial z}+f_z=0\end{aligned}\right\}\tag{3.22}$$

几何方程:由几何方程可以得到位移和变形之间的关系。

$$\left.\begin{aligned}\varepsilon_{xx}&=\frac{\partial u}{\partial x}\\\varepsilon_{yy}&=\frac{\partial v}{\partial y}\\\varepsilon_{zz}&=\frac{\partial w}{\partial z}\\\varepsilon_{yz}&=\frac{\partial w}{\partial y}+\frac{\partial v}{\partial z}\\\varepsilon_{xz}&=\frac{\partial w}{\partial x}+\frac{\partial u}{\partial z}\\\varepsilon_{xy}&=\frac{\partial u}{\partial y}+\frac{\partial v}{\partial x}\end{aligned}\right\}\tag{3.23}$$

几何方程的矩阵形式为

$$\boldsymbol{\varepsilon}=\boldsymbol{Lq}\tag{3.24}$$

本构方程:弹性力学平面问题的物理方程由广义胡克定律可得

$$\begin{Bmatrix}\sigma_{xx}\\\sigma_{yy}\\\sigma_{zz}\\\sigma_{yz}\\\sigma_{xz}\\\sigma_{xy}\end{Bmatrix}=\frac{E}{(1+\nu)(1-2\nu)}\begin{pmatrix}1-\nu&\nu&\nu&&&\\\nu&1-\nu&\nu&&&\\\nu&\nu&1-\nu&&&\\&&&0.5-\nu&&\\&&&&0.5-\nu&\\&&&&&0.5-\nu\end{pmatrix}\begin{Bmatrix}\varepsilon_{xx}\\\varepsilon_{yy}\\\varepsilon_{zz}\\\varepsilon_{yz}\\\varepsilon_{xz}\\\varepsilon_{xy}\end{Bmatrix}\tag{3.25}$$

即

$$\boldsymbol{\sigma}=\boldsymbol{D\varepsilon}\tag{3.26}$$

其中,E 为材料的弹性模量;ν 为材料的泊松比;$\boldsymbol{D}$ 为弹性矩阵。

第一类边界条件:

$$u=u_0,\quad v=v_0,\quad w=w_0\tag{3.27}$$

第二类边界条件:

$$T_x=f_1,\quad T_y=f_2,\quad T_z=f_3\tag{3.28}$$

第三类边界条件:

$$T_x = f_1(u,v,w),\quad T_y = f_2(u,v,w),\quad T_z = f_3(u,v,w) \tag{3.29}$$

将式(3.21)代入几何方程(3.24),得到应变和节点位移的关系式

$$\boldsymbol{\varepsilon} = \boldsymbol{Lq} = \boldsymbol{LNq}^e = \boldsymbol{Bq}^e \tag{3.30}$$

其中,$\boldsymbol{B} = \boldsymbol{LN}$ 称为单元几何矩阵,表示应变与节点位移的关系。

将式(3.30)代入本构方程(3.26)中,得

$$\boldsymbol{\sigma} = \boldsymbol{DBq}^e = \boldsymbol{Sq}^e \tag{3.31}$$

这就是应力与节点位移的关系式,其中 $\boldsymbol{S} = \boldsymbol{DB}$ 称为单元应力矩阵。

由虚功原理求偏微分方程的弱形式:由平衡方程得

$$\int_V \left(\left(\frac{\partial\sigma_{xx}}{\partial x} + \frac{\partial\sigma_{xy}}{\partial y} + \frac{\partial\sigma_{xz}}{\partial z} + f_x\right)\delta u + \left(\frac{\partial\sigma_{xy}}{\partial x} + \frac{\partial\sigma_{yy}}{\partial y} + \frac{\partial\sigma_{yz}}{\partial z} + f_y\right)\delta v + \left(\frac{\partial\sigma_{xz}}{\partial x} + \frac{\partial\sigma_{yz}}{\partial y} + \frac{\partial\sigma_{zz}}{\partial z} + f_z\right)\delta w\right) \mathrm{d}V = 0 \tag{3.32}$$

将其化为"弱"形式,可得

$$\int_V (\sigma_{xx}\delta\varepsilon_{xx} + \sigma_{yy}\delta\varepsilon_{yy} + \sigma_{zz}\delta\varepsilon_{zz} + \sigma_{yz}\delta\varepsilon_{yz} + \sigma_{xz}\delta\varepsilon_{xz} + \sigma_{xy}\delta\varepsilon_{xy})\mathrm{d}V = \int_V (f_x\delta u + f_y\delta v + f_z\delta w)\mathrm{d}V + \int_\Gamma (T_x\delta u + T_y\delta v + T_z\delta w)\mathrm{d}\Gamma \tag{3.33}$$

$$\int_V \delta\boldsymbol{\varepsilon}^{\mathrm{T}}\boldsymbol{\sigma}\mathrm{d}V = \int_V \delta\boldsymbol{q}^{\mathrm{T}}\boldsymbol{f}\mathrm{d}V + \int_\Gamma \delta\boldsymbol{q}^{\mathrm{T}}\boldsymbol{T}\mathrm{d}\Gamma \tag{3.34}$$

其中,$\delta\boldsymbol{q}$ 表示虚位移,$\delta\boldsymbol{\varepsilon}$ 表示虚位移引起的虚应变。

将式(3.30)和式(3.31)代入式(3.34),应用矩阵运算法则,并注意到弹性矩阵 $\boldsymbol{D}$ 的对称性,则有

$$\begin{aligned}&\int_V \delta\boldsymbol{\varepsilon}^{\mathrm{T}}\boldsymbol{D\varepsilon}\,\mathrm{d}V = \int_V \delta\boldsymbol{q}^{\mathrm{T}}\boldsymbol{f}\mathrm{d}V + \int_\Gamma \delta\boldsymbol{q}^{\mathrm{T}}\boldsymbol{T}\mathrm{d}\Gamma \\ &\int_V \delta\boldsymbol{q}^{e\mathrm{T}}\boldsymbol{B}^{\mathrm{T}}\boldsymbol{DBq}^e\mathrm{d}V = \int_V (\boldsymbol{N}\delta\boldsymbol{q}^e)^{\mathrm{T}}\boldsymbol{f}\mathrm{d}V + \int_\Gamma (\boldsymbol{N}\delta\boldsymbol{q}^e)^{\mathrm{T}}\boldsymbol{T}\mathrm{d}\Gamma\end{aligned} \tag{3.35}$$

由于 $\delta\boldsymbol{q}^e$ 和 $\boldsymbol{q}^e$ 是常量,因此可以提到积分号的外面,即

$$\delta\boldsymbol{q}^{e\mathrm{T}}\int_V \boldsymbol{B}^{\mathrm{T}}\boldsymbol{DBq}^e\mathrm{d}V = \delta\boldsymbol{q}^{e\mathrm{T}}\int_V \boldsymbol{N}^{\mathrm{T}}\boldsymbol{f}\mathrm{d}V + \delta\boldsymbol{q}^{e\mathrm{T}}\int_\Gamma \boldsymbol{N}^{\mathrm{T}}\boldsymbol{T}\mathrm{d}\Gamma \tag{3.36}$$

由虚位移的任意性可知,要使式(3.36)成立,必有

$$\boldsymbol{K}^e\boldsymbol{q}^e = \boldsymbol{f}^e + \boldsymbol{T}^e \tag{3.37}$$

其中,$\boldsymbol{K}^e = \int_V \boldsymbol{B}^{\mathrm{T}}\boldsymbol{DB}\mathrm{d}V$,称为单元刚度矩阵;$\boldsymbol{f}^e = \int_V \boldsymbol{N}^{\mathrm{T}}\boldsymbol{f}\mathrm{d}V$,称为单元体力的等效节点力;$\boldsymbol{T}^e = \int_\Gamma \boldsymbol{N}^{\mathrm{T}}\boldsymbol{T}\mathrm{d}\Gamma$,称为单元面力的等效节点力。

从单元刚度矩阵 $\boldsymbol{K}^e$ 的表达式可以看出,由于矩阵 $\boldsymbol{D}$ 是弹性模量 E 的函数,因此可以从$\boldsymbol{K}^e$ 提出公共因子E。同样可以从等效节点力 $\boldsymbol{f}^e$ 和$\boldsymbol{T}^e$ 分别提取施加体力和面力的大小,其位置信息包含在形成的分布矩阵中。

如果弹性体受到集中力，通常在划分网格时可将集中力的作用点设置为节点，于是单元集中力的节点力为

$$\boldsymbol{P}^e = \boldsymbol{P} \tag{3.38}$$

如果考虑初始应力和应变的情况，则有

$$\int_V \delta\boldsymbol{\varepsilon}^{\mathrm{T}}\boldsymbol{\sigma}\mathrm{d}V - \int_V \delta\boldsymbol{\varepsilon}^{\mathrm{T}}\boldsymbol{D}\boldsymbol{\varepsilon}_0\mathrm{d}V + \int_V \delta\boldsymbol{\varepsilon}^{\mathrm{T}}\boldsymbol{\sigma}_0\mathrm{d}V = \int_V \delta\boldsymbol{q}^{\mathrm{T}}\boldsymbol{f}\mathrm{d}V + \int_\Gamma \delta\boldsymbol{q}^{\mathrm{T}}\boldsymbol{T}\mathrm{d}\Gamma + \delta\boldsymbol{q}^{\mathrm{T}}\boldsymbol{P}$$

$$\int_V \delta\boldsymbol{q}^{e\mathrm{T}}\boldsymbol{B}^{\mathrm{T}}\boldsymbol{D}\boldsymbol{B}\boldsymbol{q}^e\mathrm{d}V = \int_V \delta\boldsymbol{q}^{e\mathrm{T}}\boldsymbol{B}^{\mathrm{T}}\boldsymbol{D}\boldsymbol{\varepsilon}_0\mathrm{d}V - \int_V \delta\boldsymbol{q}^{e\mathrm{T}}\boldsymbol{B}^{\mathrm{T}}\boldsymbol{\sigma}_0\mathrm{d}V + \int_V \delta\boldsymbol{q}^{\mathrm{T}}\boldsymbol{f}\mathrm{d}V + \int_\Gamma \delta\boldsymbol{q}^{\mathrm{T}}\boldsymbol{T}\mathrm{d}\Gamma + \delta\boldsymbol{q}^{\mathrm{T}}\boldsymbol{P} \tag{3.39}$$

$$\boldsymbol{K}^e(E)\boldsymbol{q}^e = \boldsymbol{f}^e_{\varepsilon 0} + \boldsymbol{f}^e_{\sigma 0} + \boldsymbol{f}^e + \boldsymbol{T}^e + \boldsymbol{P}^e$$

其中，$\boldsymbol{f}^e_{\varepsilon 0} = \int_V \boldsymbol{B}^{\mathrm{T}}\boldsymbol{D}\boldsymbol{\varepsilon}_0\mathrm{d}V$，为初应变引起的等效节点载荷；$\boldsymbol{f}^e_{\sigma 0} = \int_V \boldsymbol{B}^{\mathrm{T}}\boldsymbol{\sigma}_0\mathrm{d}V$，为初应力引起的等效节点载荷。同样，可以从等效节点载荷 $\boldsymbol{f}^e_{\varepsilon 0}$ 和 $\boldsymbol{f}^e_{\sigma 0}$ 提取初始应变 $\boldsymbol{\varepsilon}_0$ 和初始应力 $\boldsymbol{\sigma}_0$ 的大小，使其参数化。

单元的总的等效节点力为

$$\boldsymbol{F}^e = \boldsymbol{f}^e_{\varepsilon 0} + \boldsymbol{f}^e_{\sigma 0} + \boldsymbol{f}^e + \boldsymbol{T}^e + \boldsymbol{P}^e \tag{3.40}$$

于是可得单元平衡方程

$$\boldsymbol{K}^e(E)\boldsymbol{q}^e = \boldsymbol{F}^e \tag{3.41}$$

对于每个单元都可以建立单元平衡方程，然后将这些方程组装在一起，就得到结构的整体平衡方程。对于多种载荷输入的情况，为了保护每个载荷的输入信息，可以分别对其组装。

$$\boldsymbol{K}(E)\boldsymbol{q} = \boldsymbol{F} \tag{3.42}$$

其中，$\boldsymbol{K}$ 称为整体刚度矩阵；$\boldsymbol{F}$ 称为整体节点载荷向量；$\boldsymbol{q}$ 称为整体节点位移向量。整体刚度矩阵具有稀疏性、带状性、奇异性和对称性。

3.3.2.2　动力分析

动载荷的特征是载荷（大小、方向、作用位置）随时间而变化。如果单纯从载荷本身性质来看，严格地讲，绝大多数实际载荷都应属于动载荷。但是，如果从载荷对结构产生的影响这个角度来说，则分为两种情况。一种情况是载荷虽然随时间在变，但是变得很慢，载荷对结构所产生的影响与静载荷相比相差甚微，因此在这种载荷作用下的结构计算问题，实际上仍属于静载荷作用下的结构计算问题，可以用上一节的结构静力分析方法求解。另一种情况是载荷不仅随时间在变，而且变得较快，载荷对结构所产生的影响与静载荷相比相差甚大，因此，这种载荷必须看做动载荷，在这种载荷作用下的结构计算问题属于动力分析问题。

结构动力分析一般可以分为模态分析、谐响应分析、瞬态动力学分析。

1. 模态分析

与前述的静力学问题不同，弹性动力学基本方程应当考虑诸如惯性、阻尼等时间项的影响，平衡方程可以表示为

$$\left.\begin{aligned}\frac{\partial\sigma_{xx}}{\partial x}+\frac{\partial\sigma_{xy}}{\partial y}+\frac{\partial\sigma_{xz}}{\partial z}+f_x=\rho\ddot{u}+\eta\dot{u}\\\frac{\partial\sigma_{xy}}{\partial x}+\frac{\partial\sigma_{yy}}{\partial y}+\frac{\partial\sigma_{yz}}{\partial z}+f_y=\rho\ddot{v}+\eta\dot{v}\\\frac{\partial\sigma_{xz}}{\partial x}+\frac{\partial\sigma_{yz}}{\partial y}+\frac{\partial\sigma_{zz}}{\partial z}+f_z=\rho\ddot{w}+\eta\dot{w}\end{aligned}\right\}\tag{3.43}$$

几何方程、本构方程、边界条件与静力问题相同。

初始条件为

$$\begin{aligned}&u(x,y,z,0)=u^0(x,y,z),\quad v(x,y,z,0)=v^0(x,y,z),\quad w(x,y,z,0)=w^0(x,y,z)\\&\dot{u}(x,y,z,0)=\dot{u}^0(x,y,z),\quad \dot{v}(x,y,z,0)=\dot{v}^0(x,y,z),\quad \dot{w}(x,y,z,0)=\dot{w}^0(x,y,z)\end{aligned}\tag{3.44}$$

运用虚位移原理求位移，由平衡方程得

$$\begin{aligned}\int_V\left(\frac{\partial\sigma_{xx}}{\partial x}+\frac{\partial\sigma_{xy}}{\partial y}+\frac{\partial\sigma_{xz}}{\partial z}+f_x\right)\delta u+\left(\frac{\partial\sigma_{xy}}{\partial x}+\frac{\partial\sigma_{yy}}{\partial y}+\frac{\partial\sigma_{yz}}{\partial z}+f_y\right)\delta v+\\\left(\frac{\partial\sigma_{xz}}{\partial x}+\frac{\partial\sigma_{yz}}{\partial y}+\frac{\partial\sigma_{zz}}{\partial z}+f_z\right)\delta w\mathrm{d}V=\\\int_V((\rho\ddot{u}+\eta\dot{u})\delta u+(\rho\ddot{v}+\eta\dot{v})\delta v+(\rho\ddot{w}+\eta\dot{w})\delta w)\mathrm{d}V\end{aligned}\tag{3.45}$$

将其化为“弱”形式，可得

$$\begin{aligned}\int_V(\sigma_{xx}\delta\varepsilon_{xx}+\sigma_{yy}\delta\varepsilon_{yy}+\sigma_{zz}\delta\varepsilon_{zz}+\sigma_{yz}\delta\varepsilon_{yz}+\sigma_{xz}\delta\varepsilon_{xz}+\sigma_{xy}\delta\varepsilon_{xy})\mathrm{d}V+\\\int_V((\rho\ddot{u}+\eta\dot{u})\delta u+(\rho\ddot{v}+\eta\dot{v})\delta v+(\rho\ddot{w}+\eta\dot{w})\delta w)\,\mathrm{d}V=\\\int_V(f_x\delta u+f_y\delta v+f_z\delta w)\,\mathrm{d}V+\int_\Gamma(T_x\delta u+T_y\delta v+T_z\delta w)\,\mathrm{d}\Gamma\end{aligned}\tag{3.46}$$

其中，ρ 是质量密度；η 是阻尼系数。在动力分析中，由于引入了时间坐标，所以问题的维数有所增加，在离散技术上一般采用空间和时间分别离散的办法。对空间离散，步骤和静力分析相同，插值函数为

$$q_i(t)=\sum_{k=1}^{n}N_k q_{ik}(t)\tag{3.47}$$

其中，n 为单元节点数；N_k 为单元的形状函数；节点位移参数 $q_{ik}(t)$ 是时间的函数。

将式(3.47)代入式(3.46)中，可得动力问题分析的控制方程

$$\boldsymbol{M}\ddot{\boldsymbol{q}}(t)+\boldsymbol{C}\dot{\boldsymbol{q}}(t)+\boldsymbol{K}\boldsymbol{q}(t)=\boldsymbol{F}(t)\tag{3.48}$$

其中，$\ddot{\boldsymbol{q}}(t)$ 为加速度向量；$\dot{\boldsymbol{q}}(t)$ 为速度向量；$\boldsymbol{q}(t)$ 为位移向量；$\boldsymbol{M}$,$\boldsymbol{C}$,$\boldsymbol{K}$ 和 $\boldsymbol{F}(t)$ 分别为质量矩阵、阻尼矩阵、刚度矩阵和载荷向量，分别由各自单元的矩阵和向量组装获得，表达式为

$$\boldsymbol{M}=\sum_{e=1}^{n}\boldsymbol{M}^e,\quad \boldsymbol{C}=\sum_{e=1}^{n}\boldsymbol{C}^e,\quad \boldsymbol{K}=\sum_{e=1}^{n}\boldsymbol{K}^e,\quad \boldsymbol{F}=\sum_{e=1}^{n}\boldsymbol{F}^e$$

其中

$$\boldsymbol{M}^e=\int_{V^e}\rho\boldsymbol{N}^{\mathrm{T}}\boldsymbol{N}\mathrm{d}V,\quad \boldsymbol{C}_e=\int_{V^e}\eta\boldsymbol{N}^{\mathrm{T}}\boldsymbol{N}\mathrm{d}V$$

$$\boldsymbol{K}^e=\int_{V^e}\boldsymbol{B}^{\mathrm{T}}\boldsymbol{D}\boldsymbol{B}\mathrm{d}V,\quad \boldsymbol{F}^e=\int_{V^e}\boldsymbol{N}^{\mathrm{T}}\boldsymbol{f}\mathrm{d}V+\int_{S_p}\boldsymbol{N}^{\mathrm{T}}\boldsymbol{T}\mathrm{d}S \tag{3.49}$$

n 为单元数。

弹性动力学有限元分析推导出来的刚度矩阵的形式与静力学问题是相同的，增加项主要是质量矩阵和阻尼矩阵。从其表达式可以看出，可以从刚度矩阵 $\boldsymbol{M}$ 和阻尼矩阵 $\boldsymbol{C}$ 中分别提取公共因子材料密度 ρ 和阻尼系数 η。

式(3.49) 表达的单元质量矩阵 $\boldsymbol{M}^e$ 的导出过程，与刚度矩阵导出所根据的原理和采用的位移插值函数是一致的，故一般称为协调质量矩阵或一致质量矩阵。在有限元分析中为使问题简化，还经常用到集中质量矩阵或对角质量矩阵，它假定单元的质量集中在节点上，这样所获得的质量矩阵是对角阵。

在实际分析过程中，协调质量矩阵和集中质量矩阵都有应用。当单元位移协调而单元刚度矩阵的积分也是精确的时候，采用协调质量矩阵，自由振动分析时可以求得真实频率的上限。

阻尼的存在是动力学问题的固有特性，考虑动力分析的阻尼问题对结构分析结果的重要性至关重要。

式(3.49) 中所表达的单元阻尼矩阵 $\boldsymbol{C}^e$ 和协调质量矩阵有同样的处理方式，因而可称为协调阻尼矩阵，它是假定阻尼力正比于质点运动速度的结果。

一般来说，阻尼的存在将引起能量耗散，在大多数情况下，与结构动力状态下的速度相关。最简单的阻尼器是减振器，此时的阻尼力 $\boldsymbol{F}_{\mathrm{c}}$ 与速度差 $\dot{\boldsymbol{u}}_2-\dot{\boldsymbol{u}}_1$ 成正比，即

$$\boldsymbol{F}_{\mathrm{c}}=\eta(\dot{\boldsymbol{u}}_2-\dot{\boldsymbol{u}}_1) \tag{3.50}$$

其中，η 是黏性阻尼常数；$\dot{\boldsymbol{u}}_2$，$\dot{\boldsymbol{u}}_1$ 为阻尼器两端的速度。

此外，还有比例于应变速度的阻尼，材料内摩擦引起的结构阻尼就是这种情况，此时阻尼力可以表示为

$$\boldsymbol{C}^e=\eta\int_{V^e}\boldsymbol{B}^{\mathrm{T}}\boldsymbol{D}\boldsymbol{B}\mathrm{d}V \tag{3.51}$$

该单元阻尼矩阵正比例于单元刚度矩阵。

工程中比较常用的是瑞利(Rayleigh) 比例阻尼，该模型将结构的阻尼简化为 $\boldsymbol{M}$ 和 $\boldsymbol{K}$ 的线性组合，就是单元阻尼矩阵与单元质量矩阵和单元刚度矩阵成正比，即

$$\boldsymbol{C}^e=\alpha^e\boldsymbol{M}^e+\beta^e\boldsymbol{K}^e \tag{3.52}$$

当所有单元的 α^e 和 β^e 均相等时，有

$$\boldsymbol{C}=\alpha\boldsymbol{M}+\beta\boldsymbol{K} \tag{3.53}$$

其中

$$\alpha=\frac{2(\xi_i\omega_j-\xi_j\omega_i)\omega_i\omega_j}{(\omega_j+\omega_i)(\omega_j-\omega_i)},\quad \beta=\frac{2(\xi_j\omega_j-\xi_i\omega_i)}{(\omega_j+\omega_i)(\omega_j-\omega_i)}$$

ω_i,ω_j 分别为第 i,j 阶固有频率；ξ_i,ξ_j 分别为第 i,j 阶振型阻尼比。

模态分析用于确定设计结构的振动特性，即固有频率和振形，它们是承受动态载荷结构设计中的重要参数。同时，也是其他动力学分析的起点。

结构不承受外载荷时，如果再忽略阻力，则动力方程式(3.48) 变为

$$\boldsymbol{M}\ddot{\boldsymbol{q}}(t)+\boldsymbol{K}\boldsymbol{q}(t)=\boldsymbol{0} \tag{3.54}$$

弹性体结构的振动本身是连续体的振动，位移是连续的，具有无限多个自由度。经有限元离散之后，单元内的位移按假定的位移形式来振动，可用节点位移插值表示。这样，连续系统的振动就离散化为有限个自由度系统的振动。如果全部节点有 n 个自由度，则式(3.54) 就是 n 阶自由度系统的自由振动微分方程了。

设式(3.54) 所表示的常系数齐次微分方程组具有下列形式的解：

$$\boldsymbol{q}(t)=\boldsymbol{\varphi}\mathrm{e}^{\mathrm{i}\omega t} \tag{3.55}$$

其中，$\boldsymbol{\varphi}$ 是节点位移的振幅；ω 是自由振动的频率；而 t 是时间。把式(3.55) 代入式(3.54) 后，得

$$(\boldsymbol{K}-\omega^2\boldsymbol{M})\boldsymbol{\varphi}=\boldsymbol{0} \tag{3.56}$$

记 $\lambda=\omega^2$，有

$$(\boldsymbol{K}-\lambda^2\boldsymbol{M})\boldsymbol{\varphi}=\boldsymbol{0} \tag{3.57}$$

式(3.57) 称为特征方程。求解式(3.57) 的问题称为广义特征值问题。

满足方程组式(3.57) 的解 $\lambda=\omega^2$ 及其相应的向量 $\boldsymbol{\varphi}$ 分别称为特征值和特征向量，求得的 ω 就是结构振动的固有频率，而 $\boldsymbol{\varphi}$ 是相应的固有振型。

为了求 $\boldsymbol{\varphi}$ 的非零解，必须令矩阵的行列式的值为零，即

$$\det(\boldsymbol{K}-\lambda^2\boldsymbol{M})=0 \tag{3.58}$$

如果 $\boldsymbol{K}$ 的阶数为 n，则广义特征方程是 λ 的 n 次代数方程，由此可以解出 n 个广义特征值 λ_i，从而可以得到 n 个固有频率 $\omega_i=\sqrt{\lambda_i}$。固有频率是承受动载荷作用系统的一个重要的特征。

把特征值 λ_i 代回式(3.57) 中，得

$$(\boldsymbol{K}-\lambda_i^2\boldsymbol{M})\boldsymbol{\varphi}_i=\boldsymbol{0} \tag{3.59}$$

求解上述代数方程组就可以得到 n 维列向量 $\boldsymbol{\varphi}_i$，它与第 i 个特征值 λ_i 相对应并称为第 i 个特征向量，也称之为第 i 阶模态或第 i 阶振型。

在式(3.57) 中，因为质量矩阵 $\boldsymbol{M}$ 是对称的、正定的，并且刚度矩阵也是对称、正定或半正定的，所以特征值都是正实数或零，某些特征值也可能相同，对应的特征值方程有多重特征值。如果有 m 个相同的特征值，就称特征值是 m 重的。对于 m 重特征值，就有 m 个向量满足式(3.59)。

2. 谐响应分析

谐响应分析用于分析持续的周期载荷在结构系统中产生的持续的周期响应(谐响应)。确定线性结构承受时间按简谐规律变化的载荷是稳态响应。这种分析只计算结构的稳态受迫振

动，发生在激励开始时的瞬态振动不在谐响应分析中考虑。

简谐载荷作用下的动力方程可以表示为

$$\boldsymbol{M}\ddot{\boldsymbol{q}}(t)+\boldsymbol{C}\dot{\boldsymbol{q}}(t)+\boldsymbol{K}\boldsymbol{q}(t)=\boldsymbol{F}\mathrm{e}^{\mathrm{i}\omega t} \tag{3.60}$$

令 $\boldsymbol{q}(t)=\bar{\boldsymbol{q}}\mathrm{e}^{\mathrm{i}\omega t}$，则式(3.60)变为

$$(-\omega^2\boldsymbol{M}+\mathrm{i}\omega\boldsymbol{C}+\boldsymbol{K})\bar{\boldsymbol{q}}=\boldsymbol{F}$$

$$\boldsymbol{K}_c\bar{\boldsymbol{q}}=\boldsymbol{F} \tag{3.61}$$

其中

$$\boldsymbol{K}_c=-\omega^2\boldsymbol{M}+\mathrm{i}\omega\boldsymbol{C}+\boldsymbol{K}$$

如果无阻尼存在，则问题变得十分简单，因为此时的形式与静力的问题的表达式是完全相同的。但阻尼矩阵不为零时，则须要在复数空间对复数矩阵 $\boldsymbol{K}_c$ 进行分解，而后进行 $\bar{\boldsymbol{q}}$ 的分解。

3. 瞬态分析

瞬态分析用于确定承受任意随时间变化载荷的结构动力响应。瞬态动力学分析就是求解动力方程(3.48)，即在载荷 $\boldsymbol{F}(t)$ 的作用下，求出作为时间函数的 $\boldsymbol{q}(t)$，$\dot{\boldsymbol{q}}(t)$，$\ddot{\boldsymbol{q}}(t)$。瞬态响应的常用解法有两种：一种是振型叠加法，它是用系统的无阻尼自由振动的振型矩阵作为变换矩阵，从而使方程(3.48)变换成一组非耦合的微分方程，逐个地求解这些方程，并将这些结果叠加而得方程(3.48)的解；一种是直接积分法，它直接将动力方程(3.48)对时间分段数值离散，然后计算每一时刻的位移、速度、加速度的值，这一过程实际上是将时间的积分区间进行离散化，因此叫做积分算法。直接积分法有两种格式：隐式积分和显式积分。对于相对变化比较慢的现象，用隐式积分法通常更有效；而对于变化很快的现象，用显式积分法更有效。

3.4　工艺级设计

工艺级设计是 MEMS CAD 系统中不可或缺的组成部分。工艺集成设计充分利用各种数据库和设计规则，通过工艺可视化和具体工艺的物理模拟，设计完成器件加工工艺流程和制造器件的二维掩模版图，是器件实际加工前对工艺版图和工艺路线进行的最后验证。

3.4.1　MEMS 工艺集成设计框架

MEMS 工艺集成设计主要包括版图编辑及设计规则检查、工艺流程编辑及工艺规则检查、工艺流程仿真等模块。图 3-24 为一个 MEMS 集成工艺设计的框架组成示意图。处于核心的是版图编辑器和工艺编辑器。用户进行多层次、多单元的版图编辑，确定 MEMS 器件的加工掩模。在绘制版图过程中，参数化版图库给设计者提供典型 MEMS 结构的版图，以支持快速绘制器件的版图。绘制版图完毕后，调用设计规则检查(DRC)工具，实现在线的版图验证功能，快速检查版图设计中不合理的尺寸并将尺寸错误标于版图中。工艺编辑器让用户根据设计创意和器件版图来编写器件的工艺流程，并可将新的工艺流程存入工艺流程数据库。工艺流程数据库包括 MEMS 典型的工艺流程，可以为用户典型的设计提供工艺流程模板。工

艺规则检查结合加工工艺中的特点和要求，根据材料属性数据库及工艺规则，对编写的工艺流程进行分析、判断、检验并提示错误。材料属性数据库处于整个工艺集成设计环境的后台，作为基本数据库提供给 MEMS 设计者，并为工艺编辑器、系统级设计、器件级设计提供统一的材料特性数据。

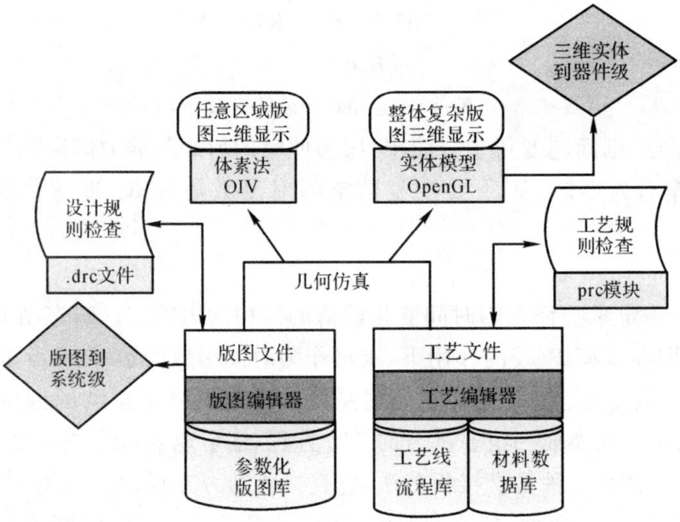

图 3-24　MEMS 工艺集成环境的框架结构图

从图 3-24 中，还可以看出，MEMS 的工艺仿真采用了几种不同的实体造型技术。其中基于 OpenGL 的造型技术用于生成有限元分析用的实体文件，而基于体素法的实体造型技术则用于检查任意区域的三维实体。这都是工艺集成设计技术的关键部分，可以模拟加工制造 MEMS 器件的全部过程并直观地看到器件的三维造型，有助于设计人员充分考虑加工实际情况，最大程度上解决设计与加工过程脱节带来的问题，以减少设计缺陷。

3.4.2　版图编辑

版图编辑是对要加工的 MEMS 器件掩模版图进行绘制，可以采用各种绘图工具来实现。

3.4.2.1　参数化版图库

参数化版图库是为方便用户进行版图设计所开发的一些典型 MEMS 结构的版图组件，基于此可进行参数化的绘制和编辑，大大加快了版图绘制的速度。基于不同的版图编辑器，可采用不同的技术进行实现。如基于 L-Edit 的 UPI 函数和基于 Zeni-PDT 的可变参数单元 (Vcell)，均可实现参数化版图库的建立。

本书所建立的参数化版图库中包含了 30 多种表面工艺和体工艺常用的结构。图 3-25 是主动件典型单元的参数化版图，图 3-26 是从动件典型单元的参数化版图，图 3-27 是各种测试件典型单元的参数化版图，图 3-28 是各种典型质量块结构的参数化版图，图 3-29 是各种典型梁结构的参数化版图。

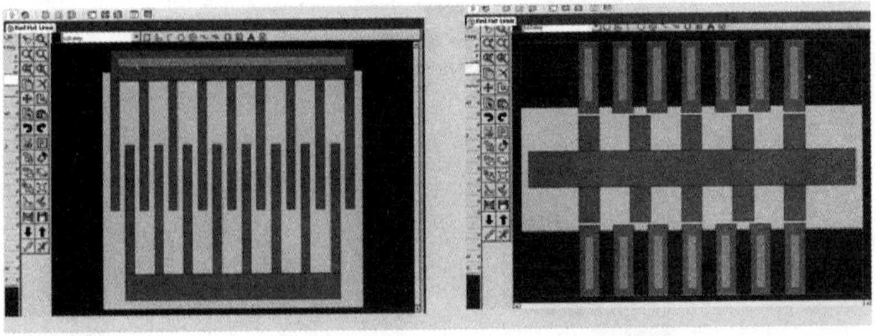

(a)　　　　(b)

图 3-25　主动件典型单元的参数化版图

(a)直线梳齿驱动马达；(b)直线边界驱动马达

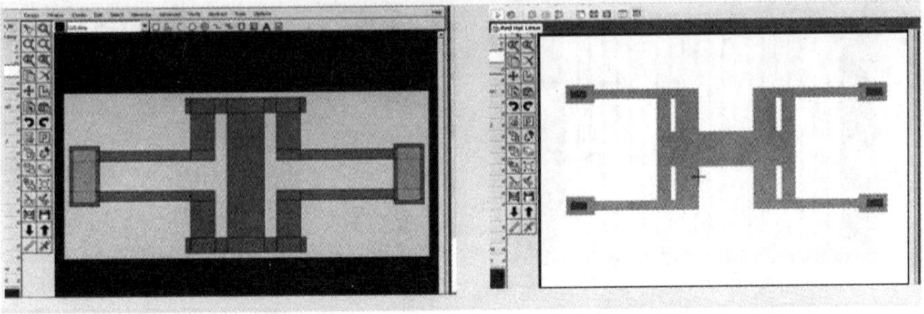

直线横向悬臂结构

图 3-26　从动件典型单元的参数化版图

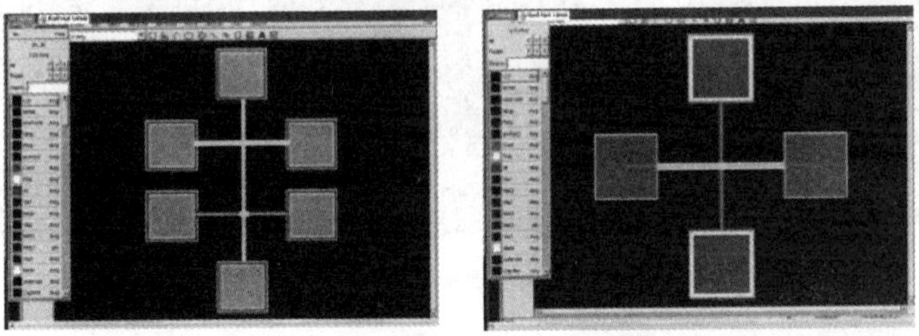

(a)

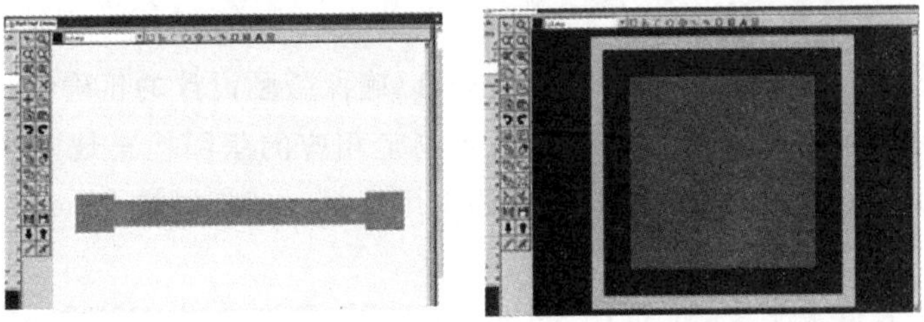

(b)　　　　(c)

图 3-27　各种测试件典型单元的参数化版图

(a)交叉测试结构；(b)欧拉圆柱结构；(c)多层衬垫结构

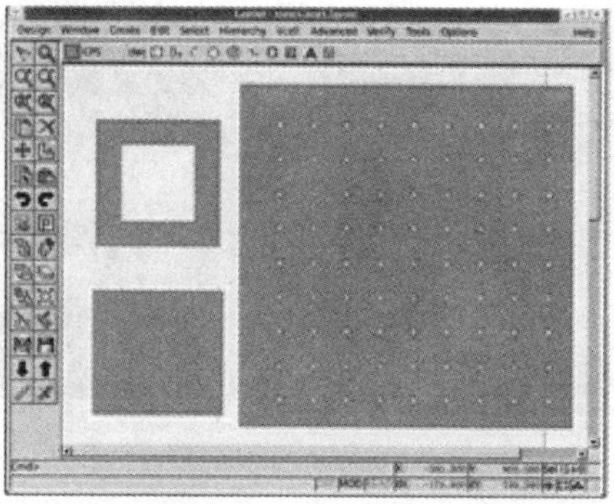

图 3-28　各种典型质量块结构的参数化版图

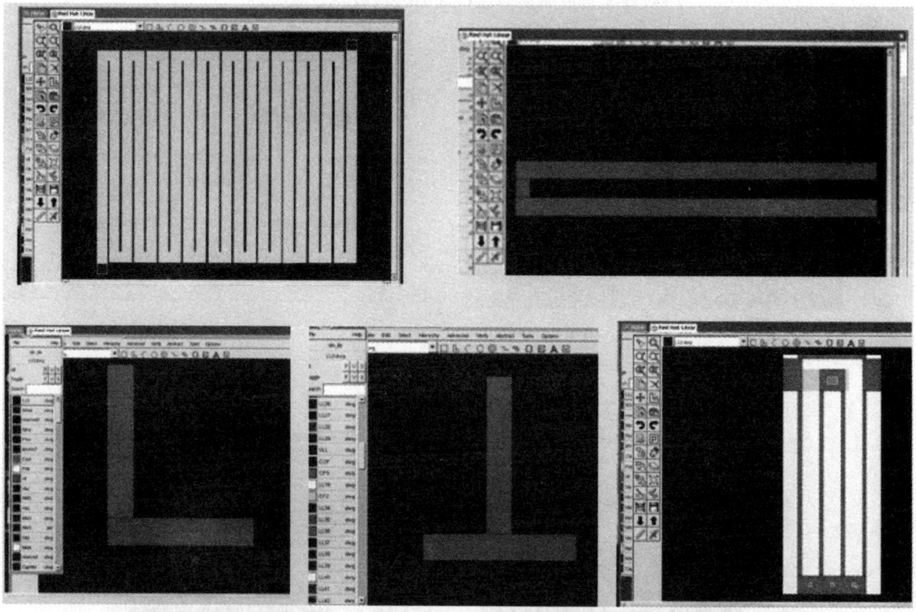

图 3-29　各种典型梁结构的参数化版图

3.4.2.2　版图设计规则检查

版图设计一旦完成，必须进行设计规则检查，以确保版图设计的正确性，以确保几何尺寸、间距和重叠符合设计规则。其中，最重要的就是制定相应的版图检查规则文件。此处建立了一套典型的 MEMS 版图设计检查规则，其描述采用 Cadence 公司的 Dracula 语言。

1. 结构层

结构层的最小宽度大于 3 μm，如图 3-30(a)所示。描述为 WIDTH CPS LT 3 OUTPUT RC1 69。结构外边间距大于3 μm，如图 3-30(b)所示。描述为 EXT CPS LT 3 OUTPUT RC2 69。

2. 锚点层

锚点的长/宽最小线宽大于 60 μm，如图 3-30(c)所示。描述为 WIDTH COF LT 60.0 OUTPUT RC3 69。如图 3-30(d)所示，锚点外边与附着的结构层部分内边的间距大于 5 μm。描述为 ENC COF CPS LT 5.0 OUTPUT RC4 69。

3. 金属层

金属层和锚点层重叠部分的尺寸规则，如图 3-30(e)所示。

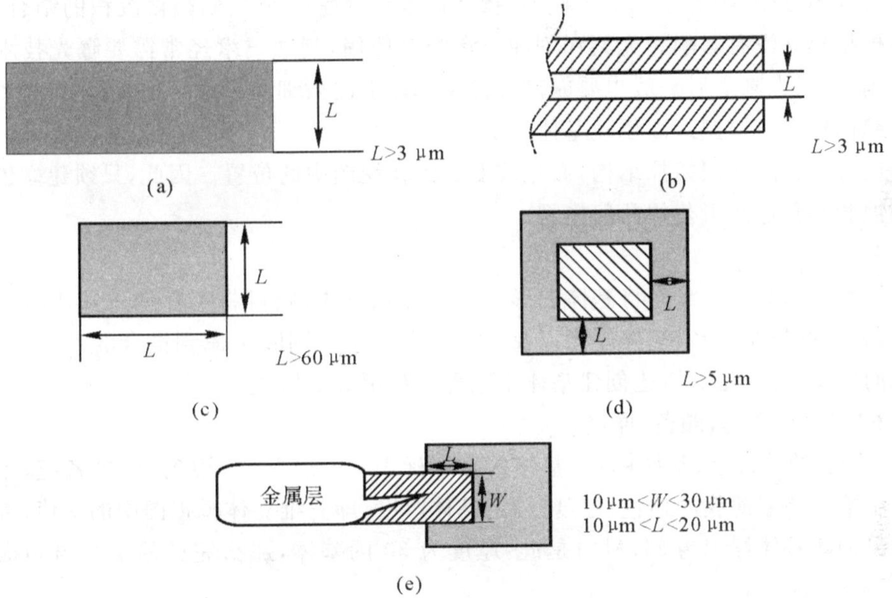

图 3-30 工艺版图检查规则

(a)结构层 WIDTH 规则示意图； (b)结构层 EXT 规则示意图； (c)锚点层 WIDTH 规则示意图
(d)锚点层 ENC 规则示意图； (e)金属层规则示意图

依据上述设计检查规则，设计者可以随时检查 MEMS 版图，不仅提高了设计版图的效率，更减少了版图设计发生错误的概率。

3.4.3 工艺编辑

工艺编辑是制定 MEMS 工艺流程的必要步骤，可以对单步工艺进行详细的参数设置，完成显示、复制、剪切、增删工艺命令步骤等基本功能，并通过一定的组合形成整套工艺流程。一般由相应的工艺编辑器实现。

3.4.3.1 单步工艺模型建立

MEMS 的单步工艺模型一般分为两类。一类是几何模型，主要是建立该步工艺在理想情况下对器件形状的改变情况，而不考虑该步工艺的具体工艺参数。如沉积工艺的几何模型，仅是在基体上沉积了一层多厚的材料，而不关心这层材料是通过化学气相沉积(CVD)还是溅射(Sputtering)形成的。而另一类模型是物理模型，则须要对具体的工艺参数、工艺条件进行建模来对工艺结果进行预测。这种工艺模型就比较复杂，也得到了广泛和深入的研究，在本书中的工艺仿真部分进行了简单介绍。此处，主要建立单步工艺的几何模型，用于工艺流程的可视化仿真。

MEMS加工工艺主要包括基体创建、抛光、掺杂、沉积、光刻、刻蚀、清洗、释放和键合等。其中，抛光、清洗不改变MEMS的实体模型，掺杂可以认为是一个先刻蚀再沉积的结合工序，这些对实体模型建立没有影响。光刻和刻蚀经常配对使用，刻蚀技术经常需要曝光技术形成特定的抗蚀剂膜，而光刻之后一般也要靠刻蚀得到基体上的微细图形或结构，因而将光刻和刻蚀结合在一起构建几何模型。而创建基体和沉积肯定会改变MEMS器件的实体模型。键合不改变实体模型本身的任何拓扑结构，而是改变实体在视图中的位置。因此，只须建立创建基体、沉积、刻蚀和键合这些工艺的几何模型。

1. 创建基体

创建基体是工艺的第一步。将基体的形状定义为长方体，则可将实际创建基体的工艺信息抽象为：长方体的长宽，给定基体厚度以及基体材料信息。同时考虑到键合的需要，这里还要定义基体的标识符。因此，描述创建基体工艺可以利用如下格式：

DF，基体标识，材料名，颜色，厚度；

DF：工艺描述的关键字；基体标识：基体的唯一标识符，在键合时用到；材料名：基体材料的名称；颜色：给定该层薄膜的颜色；厚度：给定基体厚度，即三维立体模拟图中的 z 值，以微米为单位。如果创建基体标识为SI，材料是硅，厚度为30的基体，那么完整的工艺语句描述为DF，SI，Si，ForeGreen，30。

2. 沉积

沉积是在材料的表面附加一层材料，其几何模型可以表示为在一个已经知道的几何模型表面(平面或者非平面)上再生成一个新的几何图形。根据新的几何图形的类型，沉积可以分为以下几种(见图3-31)：

(1)保形沉积(Conformal)：保形沉积得到的新层具有统一的厚度。

(2)平面沉积(Planar)：平面沉积得到的新层的上表面是一个平面，同时新的沉积层与原来的几何表面没有空隙。

(3)盖板式沉积(Stacked)：Stacked类型的沉积得到的层上、下表面都是平面，原来的层具有的凹槽不会被填满。

(4)填充沉积(Via)：Via类型与Stacked类型刚好相反，它只填满原来的层的凹槽部分，其他部分不沉积任何材料。

沉积模型的输入参数为沉积表面、沉积类型、沉积材料、沉积厚度(所标 t 即为厚度)。输出的结果可以表示为在整个模型中添加一层新的材料。因此，可以运用如下工艺描述格式描述沉积工艺：

GD,基体标识,沉积类型,材料名,颜色,厚度,保形系数,作用面;

基体标识:本工艺所对应的基体;沉积类型:上述四种类型之一;材料名:生长薄膜材料的名称;颜色:给定该层薄膜的颜色,单一选择;厚度:给定生长薄膜的厚度,即三维立体模拟图中的 z 值,以微米为单位;作用面:给定材料生长对应的面,TOP 为在正面上长,BOTTOM 为在背面上长,BOTH 为两面同时长。如果在基体标识为 SI 的硅片上表面保形沉积一层材料为 SiO_2,厚度为 2 μm 的薄膜,则完整的工艺语句描述为 GD,SI,Conformal,SiO2,Gray,2,1,TOP。

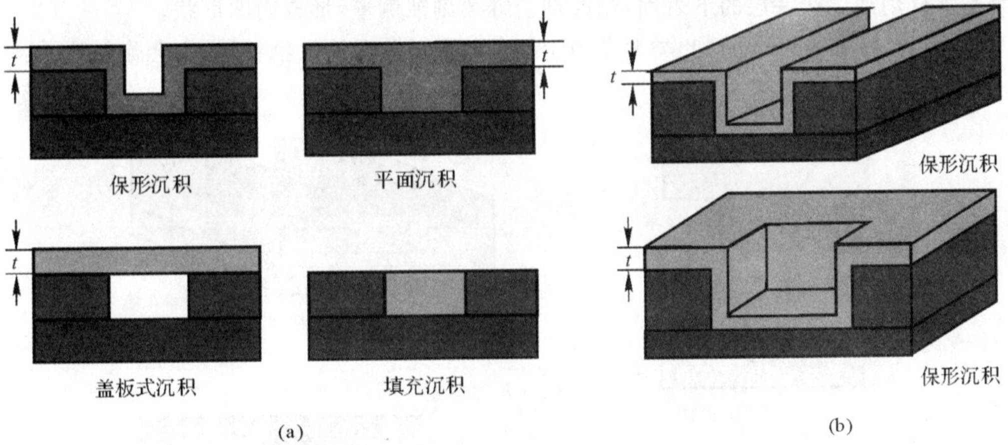

图 3-31 沉积类型示意图

3. 光刻和刻蚀结合模型

如图 3-32 所示为光刻和刻蚀结合工艺示意图,不难发现该工艺的最终目的是要在衬底上获得与掩模版(正胶版)一致的图形,而中间那些步骤实际上都是辅助工序,并不对衬底结构产生任何影响。因此,建模时可以忽略那些中间步骤,直接利用掩模版刻蚀衬底获得需要的结构。

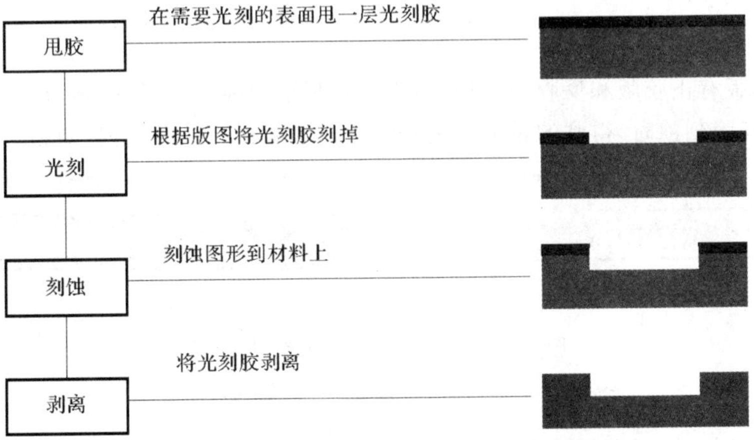

图 3-32 光刻和刻蚀的结合工艺示意图

另外，单独对于刻蚀工艺也有不同的类型，一般常见的类型有以下几种（见图 3－33）：

（1）层刻蚀（ByLayer）：该类型的刻蚀是在刻蚀区域被刻蚀层的材料都全部被除去，直到另一层为止。

（2）定深刻蚀（ByDepth）：该类型的刻蚀是在刻蚀区域会除去一定厚度的材料，极有可能刻蚀掉多层，也可能只刻蚀去一层的一部分。

（3）侧向钻蚀（Undercut Etch）：该类型的刻蚀与层刻蚀不同，层刻蚀是垂直刻蚀，侧向钻蚀不是垂直刻蚀。在一层的下表面，刻蚀剂会继续刻蚀侧壁，形成内凹形状。

（4）释放（Release Etch）：此类型专用于工艺的最后阶段除去牺牲层，它会除去整个层的材料，形成最后的 MEMS 器件。

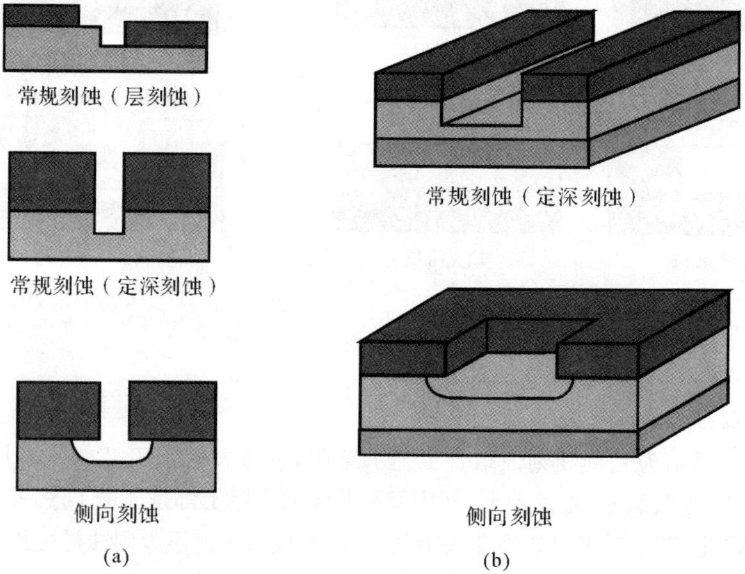

图 3－33　刻蚀类型示意图

光刻掩模版有正胶版和反胶版两种：当用正胶版来刻蚀时，得到的是与正胶版图形一致的结构；当用反胶版刻蚀时，得到的是去掉正胶版所在区域材料后的结构，如图 3－34 所示。

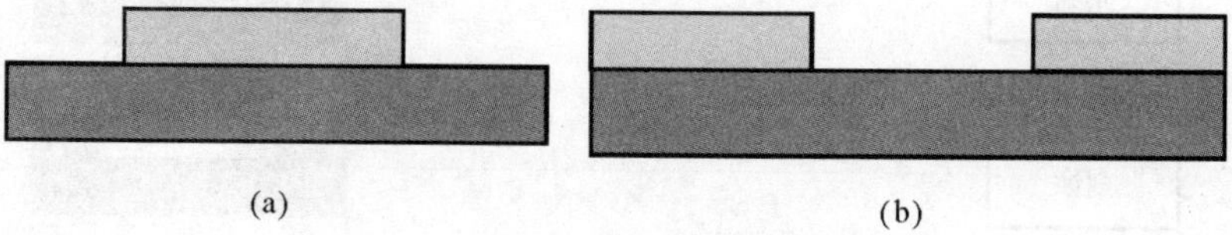

图 3－34　正胶刻蚀与反胶刻蚀示意图

(a)正胶版刻蚀；　(b)反胶版刻蚀

因此，在此利用如下工艺描述格式来描述光刻和刻蚀结合工艺：

ET,基体标识,刻蚀类型,材料,颜色,掩模名称,掩模极性,刻蚀角度,刻蚀深度,作用面;

其中,基体标识:本工艺所对应的基体;刻蚀类型:上述两种 Regular Etch 类型之一;材料:刻蚀材料的名称,单项选择;掩模名称:掩模版的名称,即版图的名称,给出光刻图形的平面尺寸;掩模极性: T 为正胶版,F 为反胶版;刻蚀角度:刻蚀的角度,这里为垂直刻蚀,角度为90°;刻蚀深度:刻蚀的厚度,即三维立体模拟图中的 z 值,以微米为单位;作用面:给定刻蚀的作用面,TOP 为从正面刻,BOTTOM 为从背面刻,BOTH 为两面同时刻。

如果在基体标识为 SI 的硅片上表面用掩模版图 GPLT 正胶垂直定深刻蚀 2 μm,那么完整的工艺语句描述如下:

ET,SI,ByDepth,SiO2,Gray,GPLT,T,90,2,TOP;

4. 键合

键合就是将两个独立制作的片子面对面地键合在一起。描述键合工艺可以运用如下格式:

BD,基体标识 1,基体标识 2;

其中,基体标识 1:键合后放在下面的层;基体标识 2:键合后放在上面的层。

如图 3-35 所示,将玻璃和硅片面对面键合在一起。工艺描述语句如下:

BD, Glass ,SI;

图 3-35　玻璃和硅片键合示意图

工艺建模完成后,就可以根据器件版图使用工艺编辑器编写其工艺流程文件。全部工艺编辑完毕后,可将工艺命令导出为工艺文件,工艺文件以 PRC 格式保存。

3.4.3.2　整体工艺流程建立

器件整体工艺流程的设计是将单步工艺按照一定的顺序组合,以加工出最终的器件结构。以基于 SOI 的薄膜式微变形镜的工艺设计为例(见图 3-36),说明整体工艺流程的设计过程。另外,当前已经有一些比较成熟的标准 MEMS 工艺,如 MUMPS,SUMMIT 等。为了让设计者更加方便、快速地借鉴已有的工艺流程,可将这些典型工艺流程编写成工艺流程文件,建立工艺流程数据库。

该微变形镜包括镜面层和基体层两部分，其中镜面层由一张 SOI 硅片经过三次刻蚀完成，依次包括器件层 3 刻蚀、基板层(Handle)1 刻蚀及绝缘层 2 刻蚀。SOI 硅片各层厚度可根据需要定制，器件层 3 厚度应为镜面至驱动电极空腔 5 及镜面 4 厚度之和，绝缘层 2 应能提供足够的厚度抵抗 ICP 刻蚀，以保证其下方器件层 3 硅体不被破坏。本例中采用的 SOI 硅片规格为 4 in①，总厚 400 μm，其中器件层 3 厚 20 μm，绝缘层 2 厚 0.3 μm。器件层 3 的刻蚀深度即镜面至驱动电极空腔 5 距离由变形镜调制光波最大波长决定，本例中器件层 3 刻蚀深度为 15 μm，采用感应耦合离子刻蚀方法(ICP)，其在浅硅刻蚀中刻蚀深度可以得到有效的控制，变形镜镜面 4 厚度误差小。Handle 层 1 刻蚀深度一般在 300 μm 以上，采用 ICP 干法刻蚀，当进行到绝缘层 2 时刻蚀停止，保护其下方的变形镜镜面 4 不被破坏。绝缘层 2 刻蚀可用反应离子刻蚀(RIE)或氟化氢(HF)溶液湿法刻蚀，本例中采用的为 RIE 干法刻蚀；基体层包括玻璃基体 7 及驱动电极 6，驱动电极由沉积在玻璃基体上的金属层经过刻蚀完成，本例中电极金属为铝，采用湿法刻蚀，刻蚀溶液为磷酸＋硝酸溶液。电极形状为圆形，排布形式采用正交形排列，驱动形式为平板电容式。其工作原理为：在驱动电极 6 与镜面 4 之间施加电压，产生的静电力使镜面 4 在驱动电极的相应位置发生下拉，在不同的电极上施加不同的电压，就会使镜面 4 产生界面连续的变形，从而调制光波的波长。

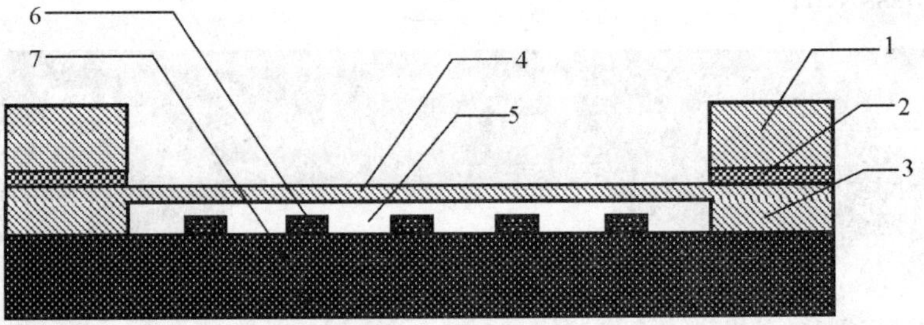

图 3-36　基于 SOI 的薄膜式微变形镜的结构示意图

1—SOI 硅片 Handle 层；　2—SOI 硅片绝缘层；　3—SOI 硅片器件层；　4—镜面

5—镜面至驱动电极空腔；　6—驱动电极；　7—玻璃基体

根据对基于 SOI 的薄膜式微变形镜的工艺分析，其工艺流程设计步骤如下：

(1)清洗。对 SOI 硅片进行去有机物和去金属离子清洗，分别采用浓硫酸＋双氧水($H_2SO_4+H_2O_2$)溶液和盐酸＋双氧水($HCl+H_2O_2$)溶液。

(2)光刻。在器件层上涂覆光刻胶，经曝光显影，得到器件层刻蚀的掩模；浅硅刻蚀，采用感应耦合离子刻蚀方法对器件层进行刻蚀，刻蚀深度为 15 μm，如图 3-37(b)所示；清洗，再次对 SOI 硅片进行清洗，参照步骤(1)。

(3)光刻。在 Handle 层上涂覆光刻胶，经曝光显影，得到 Handle 层刻蚀的掩模；深硅刻

① 1 in＝2.54 cm。

蚀，采用 ICP 对器件层进行刻蚀，当进行到绝缘层时刻蚀停止，如图 3－37(d)所示。

(4)SiO_2刻蚀。采用反应离子刻蚀(RIE)去除绝缘层图，如图 3－37(c)所示。

(5)金属溅射。在 Pyrex7740 玻璃基体上溅射一层铝，薄膜溅射厚度约为 400 nm，如图 3－37(h)所示。

(6)光刻。在铝上涂覆光刻胶，经曝光显影，得到金属层的刻蚀掩模；金属刻蚀，采用磷酸＋硝酸溶液对铝进行湿法刻蚀，可得到驱动电极，如图 3－37(f)所示。

(7)硅玻键合。应用阳极键合技术将玻璃基体与 SOI 硅片进行键合，如图 3－37(e)所示。

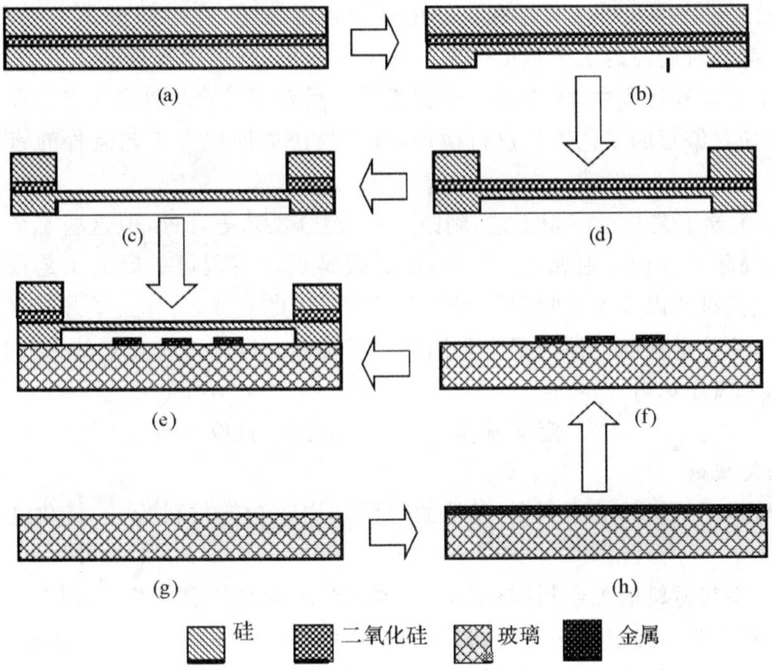

图 3－37 基于 SOI 的薄膜式微变形镜的工艺流程示意图

基于上述的工艺模型定义，可以将该微变形镜的工艺流程编写成工艺流程文件，如下：

```
#******************************
#Processing Simulation File
#******************************
0,DF,SI,Si,Gray3,379.7;
1,DF,SIO2,SiO2,Cyan1,0.3;
2,DF,SI2,Si,Gray3,20;
3,ET,SI2,Layer,Si,Gray3,CPS,True,90,15,Bottom;
4,ET,SI,Layer,Si,Gray3,CPS,True,90,379.7,Top;
5,ET,SIO2,Layer,SiO2,Cyan1,COF,True,90,0.3,Top;
```

6,DF,Pyr,Glass,SkyBlue,50;

7,GD,Pyr,Conformal,Al,Blue,0.4,1,Top;

8,ET,Pyr,Layer,Al,Blue,CCM,True,90,0.4,Top;

9,BD,Pyr,SI2;

从以上实例可以看出,典型 MEMS 器件的工艺流程基本上可以通过上述的工艺模型来表示。

3.4.3.3 工艺规则检查

MEMS 工艺流程中每个工艺步骤之间的相关性非常强,在时间上是不可逆的,前面每一步工艺的结果都会对后面的工艺造成一定的影响和制约,任何纰漏都会造成不可挽回的后果。因此,在设计工艺流程过程中,要充分考虑到工艺前后顺序的合理性和工艺之间的兼容性。利用工艺检查规则对编写的工艺流程进行检查,可有效快速地检查工艺流程的错误并提高工艺流程的正确性。

MEMS 的主要工艺包括沉积工艺、刻蚀工艺、键合工艺等几种,但这些工艺包括几百种工艺方法。如果局限于各种规则现象的罗列,那么很难真正实现可扩展的工艺规则检查。此处从工艺顺序、工艺材料以及工艺常识性问题来寻找其中的规律,并用这些规律来检查设计者编写的工艺流程,从一定程度上保证了工艺流程的正确性。以下是所建立的工艺检查规则。

1. 基本工艺顺序规则

定义基体—沉积—刻蚀—释放

2. 材料相关规则

(1)工艺与使用材料的关系判据:基体的常用结构和功能材料为硅、氧化硅、氮化硅、多晶硅、铝、金等。

(2)工艺顺序与材料的关系判据:沉积、刻蚀工艺之前必须定义基体;释放工艺定义的材料须要之前的沉积工艺已经定义该材料;刻蚀的材料须要在基体或者沉积工艺中已经定义。

(3)化学试剂与材料反应关系判据:主要出现在刻蚀工艺中,列出常用工艺材料与常用化学试剂之间的反应关系,判断记录的表面材料与试剂的反应,必须有不反应的材料做保护。牺牲层工艺和去胶工艺除外,可以解释的现象还有 KOH 腐蚀硅须有氮化硅保护等。

3. 其他细节

(1)定义不同基体时,标识不能重复定义;各工艺的基体标识已定义;键合工艺的基体须要已定义,且两个基体命名不能重复。

(2)刻蚀的厚度不能大于基体或者沉积的厚度,命令中的基体标识须要已定义。

以上的工艺检查规则可以解释工艺流程中的一些比较常见的工艺流程冲突,随着工艺的不断细化和规则化,材料特性及其相互的关系也会逐渐明确,因此,工艺判断规则还须进一步扩充和实用化。为了方便设计者使用工艺检查规则,可将该模块嵌入到工艺编辑器中,在设计者完成编写工艺流程后或者在编辑期间,都可以进行工艺规则检查,以便及时发现工艺流程错误。图 3-38 显示了对工艺流程进行工艺规则检查后得到的结果。

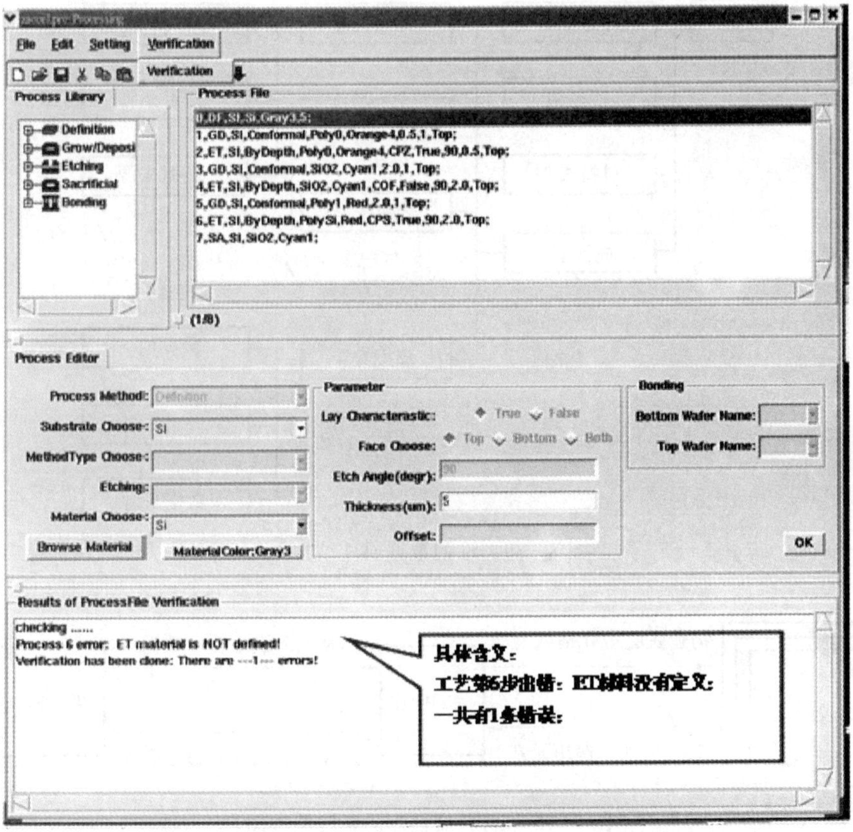

图 3－38　工艺规则检查与工艺编辑器的集成示意图

3.4.4　材料属性库

MEMS 的材料属性与工艺设备、工艺条件、器件性能都密切相关，建立相应的材料属性库，可为高效的工艺设计和器件设计提供支撑。在这里，结合 MEMS 材料属性的半结构化和 XML 语言自描述性的特点，采用 XML 技术实现了材料属性数据库的设计。用 XML 语言描述其数据文档结构，进行了数据模式设计，采用每种材料对应一个 XML 格式的文档，并将这些文档作为数据库的底层数据。常用材料 Si 的数据属性结构和具体文档，如图 3－39 所示。

数据库的用户界面、数据操作、底层数据文档的系统结构，如图 3－40 和图3－41所示。同时用 Tcl 语言完成与数据库链接的应用程序，设计了维护功能数据库数据，如添加、修改、删除等功能。

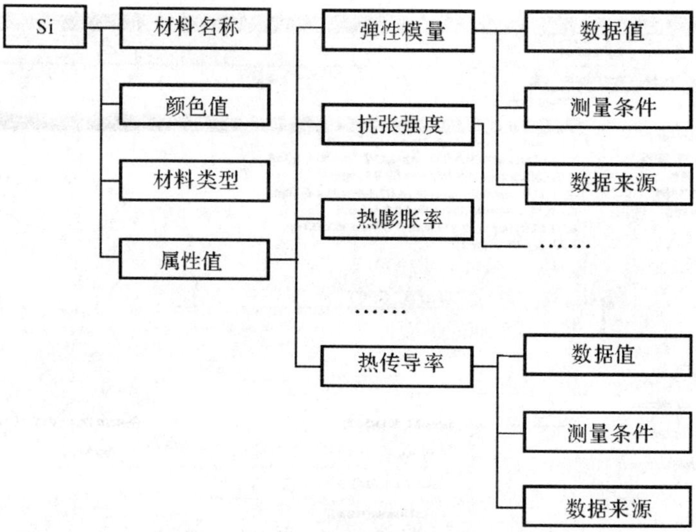

图 3-39　Si 的数据属性结构树

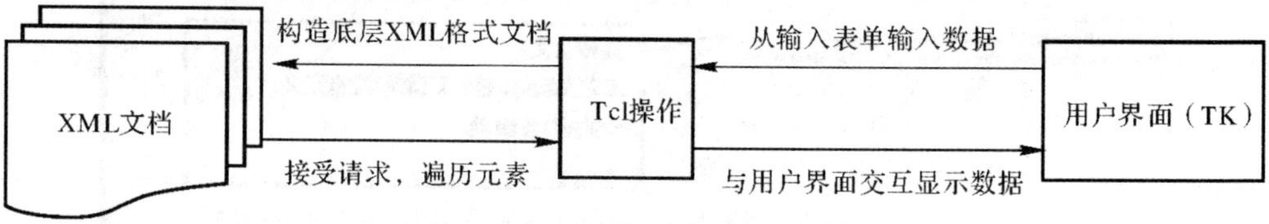

图 3-40　材料属性库的系统结构图

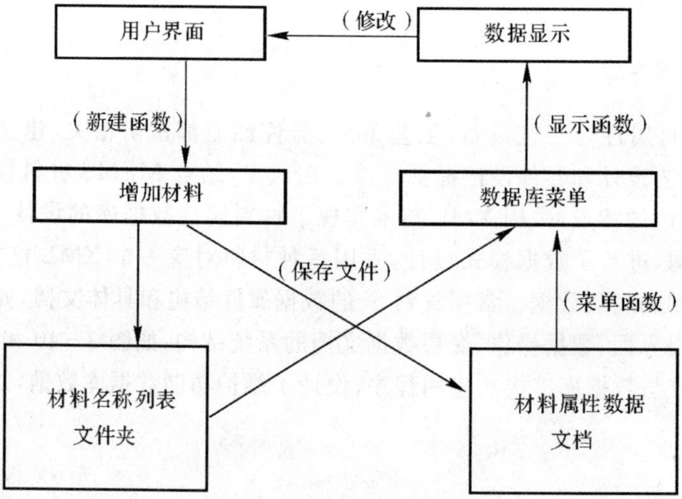

图 3-41　材料属性主要的功能模块及其函数关系

3.4.5　工艺仿真

工艺仿真是基于相应的工艺模型模拟该工艺的效果。对应前述的工艺模型,工艺仿真也可以分为工艺流程可视化和物理仿真两类。MEMS 的工艺可视化是直接依据器件的版图和相应的工艺流程构造出理想状况下器件的三维实体模型,其对应的就是前述的单步工艺模型。这种工艺仿真可使设计人员清楚地看到模拟的加工过程,直观地展现版图和工艺设计中存在的问题与不足。而将实体模型导入到器件级软件进行性能分析,也可以找出不合理的结构,为版图及工艺设计方案的修改提供依据。

MEMS 工艺过程的物理仿真则是对单步工艺,在具体参数下,实际工艺过程的模拟和结果显示。这种物理仿真可为 MEMS 的单步工艺设计提供依据,但通常都需要较大的计算量。此处仅对 MEMS 工艺物理仿真的技术进行简单讨论,而工艺可视化技术将在柔性设计体系中工艺级二维版图到三维实体的转换接口中进行论述。工艺物理仿真的类型很多,几乎每一部单步工艺都可以建立其仿真模型,典型地有电感耦合等离子刻蚀、静电键合、湿法腐蚀等工艺的物理过程仿真。此处,仅举一个湿法腐蚀的例子说明工艺物理仿真的过程。

物理仿真是把晶体看做是一些相互连接的原子的集合,这些原子按照晶体的晶格点阵排列,相邻原子之间用化学键连接,一个原子及其连接状态就是一个单元,这些在空间离散的单元构成了整个晶体。物理仿真简化了问题,它假设刻蚀反应仅仅涉及那些与刻蚀液相接触的处于晶体表面上的单元,而晶体内部的单元不参与反应。因此,晶体的各向异性刻蚀实际上就是处于晶体表面上的单元被消除的过程。物理仿真常见的有两种方法:蒙特卡洛(Monte Carlo)方法和细胞自动机法(Cellular Automata)。

蒙特卡洛方法是用来解决数学和物理问题的非确定性的数值方法,也称为统计试验方法,是用一系列随机数来近似解决问题的一种方法,是通过寻找一个概率统计的相似体并用实验取样过程来获得该相似体的近似解的处理数学问题的一种手段。蒙特卡洛方法的应用有两种途径:仿真和取样。仿真是指提供实际随机现象的数学上的模仿的方法。在硅各向异性刻蚀仿真中是对硅表面原子进行判断保留或者去除,来模拟硅晶体加工的结果。取样是指通过研究少量的随机的子集来演绎大量元素的特性的方法。在应用中就是计算硅原子周围有限个数的邻居状态。

任何本质上属随机过程或系统的仿真都需要一种产生或获得随机数的方法,在这里产生的随机数用于确定某个原子保留或者去除,即去除原子的概率。硅原子刻蚀时的去除概率与第一对邻居和第二对邻居有关,仿真中计算去除原子的概率是[11]

$$p(n_1,n_2)=p_0\frac{1}{1+e^{\beta\varepsilon_1(n_1-n_1^0)}}\frac{1}{1+e^{\beta\varepsilon_2(n_2-n_2^0)}} \tag{3.62}$$

其中,$\beta=1/K_BT$;$p_0=(1+e^{-\beta\varepsilon_1 n_1^0})(1+e^{-\beta\varepsilon_2 n_2^0})$用来满足 $p(0,0)=1$;$\varepsilon_1,\varepsilon_2$ 分别是第一对邻居和第二对邻居之间用来打破共价键所需的平均作用能量;n_1,n_2 分别为第一邻居和第二邻居的化学能;n_1^0,n_2^0 分别是第一邻居和第二邻居在 $T=0$ 时的化学能。给定一个阈值或者确定一个置信区间，就可以决定该原子是否去除了。

细胞自动机是一种时间和空间都离散的动力系统，散布在规则网格(Lattice Grid)中的每一细胞(Cell)取有限的离散状态，遵循同样的作用规则，依据确定的局部规则作同步更新。大量细胞通过简单的相互作用而构成动态系统的演化。细胞自动机不是由严格定义的物理方程或函数确定，而是用一系列构造模型的规则构成。凡是满足这些规则的模型都可以算做是细胞自动机模型。因此，Cellular Automata 是一类模型的总称，或者说是一个方法框架。其特点是时间、空间、状态都离散，每个变量只取有限多个状态，且其状态改变的规则在时间和空间上都是局部的。

在刻蚀仿真的应用中，处于金刚石结构中的每一个硅原子可以认为是一个细胞，它有两种状态——“存在”或者“缺失”，而且其状态受到与其相连的其他四个原子的状态的影响。基于这种考虑，计算其连接的原子数目，给定一种规则，就可以确定此原子是去除或者保留。

蒙特卡洛方法和细胞自动机方法都能达到同样的仿真效果，它们的区别在于：对时间演化中晶体表面处理方法不同。蒙特卡洛方法中，只对表面 N 个单元或原子更新；细胞自动机方法中，每个时间步，表面的所有离散单元或原子都一次更新。

3.5 小　　结

分层设计体系既是结构化 MEMS 设计方法，又是泛结构化 MEMS 集成设计的核心。本章所论述的系统级、器件级和工艺级三级设计体系是常规 MEMS 集成设计工具所包含的三大设计层级，基本上涵盖了 MEMS 设计工具的主要功能模块，本章对这三个层级的关键技术进行了论述。

参考文献

[1] Lorenz G, Morris A, Lakkis I. A Top-Down Design Flow for MOEMS [C]// Proceedings of SPIE. Cannes: SPIE, 2001:126 - 137.

[2] Zhou Ningning. Simulation and Synthesis of Micro Electro Mechanical Systems [D]. Berkeley: University of California, 2002.

[3] Fedder G K, Qi Jing. Hierarchical Circuit-level Design Methodology for Microelectromechanical Systems [J]. IEEE Transactions on Circuits and Systems II: Analog Digital Signal Process, 1999, 46(10): 1309 - 1315.

[4] Senturia S D. Microsystem design [M]. Boston: Kluwer Academic Publishers, 2002.

[5] Dewey A, Hanna J, Hillman B, et al. VHDL-AMS Modeling Considerations and Styles for Composite Systems, Version 2.0 [EB/OL]. [2008 - 12 - 30]. http://www.ee.duke.edu/research/IMPACT/documents/model_g.pdf.

[6] Synopsys Inc. MAST Language Reference Manual Release [EB/OL]. [2008 - 12 -

30]. http://www.openmast.org/overview/overview.html.

[7] Zhang Xia, Tang W C. Viscous Air Damping in Laterally Driven Microresonators [J]. Sensors and Materials, 1995, 7(6):415 - 430.

[8] Veijola T, Turowski M. Compact Damping Models for Laterally Moving Microstructures with Gas-Rarefaction Effects [J]. Journal of Microelectromechanical Systems, 2001,10(2): 263 - 273.

[9] Blech J J. On Isothermal Squeeze Films [J]. Journal of Lubrication Technology, 1983,105(4): 615 - 620.

[10] Bernstein J, Cho S, King A T, et al. Micromachined Comb-drive Tuning Fork Rate Gyroscope [C]//Proceedings of the 1993 Micro Electro Mechanical Systems-MEMS. Fort Lauderdale: IEEE, 1993:143 - 148.

[11] Gosalvez M A, Nieminen R M, Kilpinen P, et al. Anisotropic Wet Chemical Etching of Crystalline Silicon: Atomistic Monte-Carlo Simulations and Experiments [J]. Applied Surface Science, 2001, 178: 7 - 26.

第4章　柔性设计体系及实现技术

4.1　引　　言

在泛结构化MEMS集成设计方法中，柔性设计主要体现在设计流程上的柔性，因此，任意设计流程的实现，可以保障设计流程选择上的最大灵活性。用户无须根据固定的一种模式来进行MEMS器件的设计，而是根据具体的器件类型及特点来选择最优的设计流程，给用户提供任意流程的选择。

如前所述，这种支持任意流程的柔性设计体系主要是通过对设计任务的恰当分层以及设计不同设计层级之间的数据自动传递方法来实现的。在泛结构化MEMS集成设计方法中，其采用了系统级一器件级一工艺级三级设计体系。这三个设计层级已涵盖了MEMS设计所需要进行的全部功能。不同设计层级之间的数据自动传递接口是实现MEMS器件任意流程设计的关键。如图2-3所示，在系统级、器件级和工艺级这三个设计层级之间，提供了网表到实体、实体到版图、版图抽取、网表到版图、版图到实体和宏建模六个数据自动传递接口，连接任意两个设计层级。为了实现任意两个设计层级之间的数据自动传递，须选择合适的数据表现形式以及定义相应的接口规则。在泛结构化MEMS集成设计方法中，对于系统级、物理级和工艺级分别采用网表、实体模型和工艺模型作为其设计模型的最佳表达形式。这样，这些标准格式的文件就将作为不同设计层级之间数据流入流出的载体及入口，配以适当的信息，通过合适的算法，即可实现这些不同层级之间的数据自动传递。

4.2　系统级网表到工艺级二维版图的转换方法

4.2.1　系统级模型及网表文件

如前所述，系统级模型由端口、示意图(Schematic)、参数以及行为模型构成。端口是组件的边界，用来实现与其他组件进行能量与信号的转换以及组件之间的连接关系。示意图是在系统级设计软件中方便用户设计的图形符号。组件模型的参数化是多端口组件网络方法可对MEMS进行系统级快速建模的关键，组件参数一般包括材料属性参数、版图参数和加工工艺参数等。行为模型用来描述组件内部能量和信号的流动与交互在其所有端口变量上的映射关系。

网表文件是由系统级分析生成的包含系统级模型信息的文本文件，信息以硬件描述语言格式存储。其中的信息包括文件名称、创建时间、软件版本、宏参数、组件模型信息等。宏参数是系统级设计中用户定义的全局变量，宏参数的定义便于用户对于系统级模型参数的修改。组件模型信息包括模型中包含的组件类型、组件名称、组件参数、组件之间的连接关系等。其中组件参数包括组件的端口连接关系、几何参数、位置参数、阻尼参数等信息。

系统级与工艺级之间的数据转换就是通过读取网表文件信息实现的，该模块信息处理流程如图 4－1 所示。

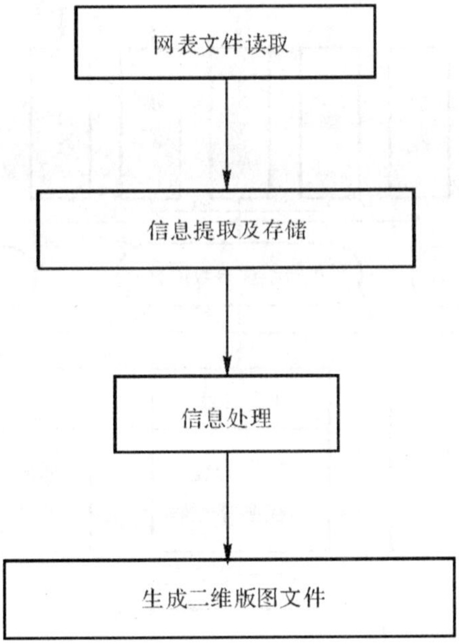

图 4－1　系统级到版图转换过程示意图

4.2.2　系统级模型信息提取及存储

提取的组件模型信息以结构体方式存储。结构体中包含组件的具体几何参数，如组件长度、宽度、初始偏转角度等；组件位置信息，如组件中心点坐标；组件材料属性参数，如材料弹性模量、密度等；组件工艺信息，如工艺厚度、封装压强等。组件参数根据组件的结构特性定义。如梁和质量平板的几何信息仅包括组件长度、宽度等，而梳齿电容器还包括活动梳齿个数、梳齿长度和梳齿重叠长度等信息。信息读取及存储流程如图 4－2 所示。

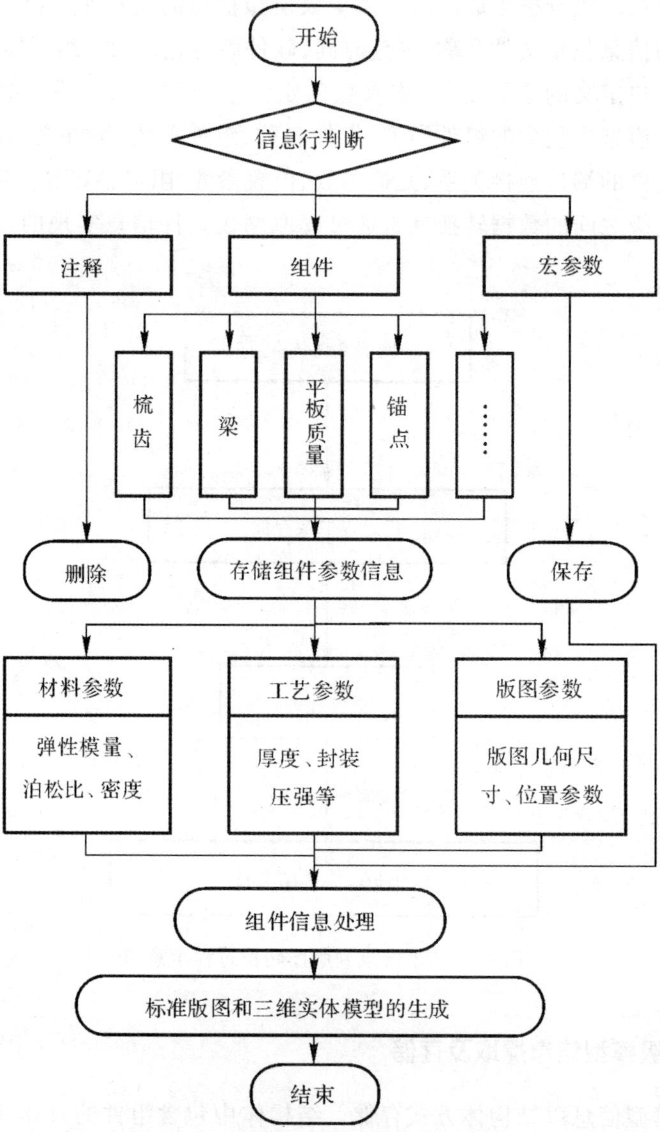

图 4-2 系统级信息读取及存储流程

4.2.3 系统级模型信息处理

信息处理模块完成组件完整信息计算,包括梳齿电容器、杆连接件、平板电容器位置信息计算,锚点几何参数及位置信息计算。详细的信息处理流程如图 4-3 所示。因为梳齿电容器的信息处理最具有代表性,此处以梳齿电容器的信息处理为例详细介绍信息处理的方法及过程。

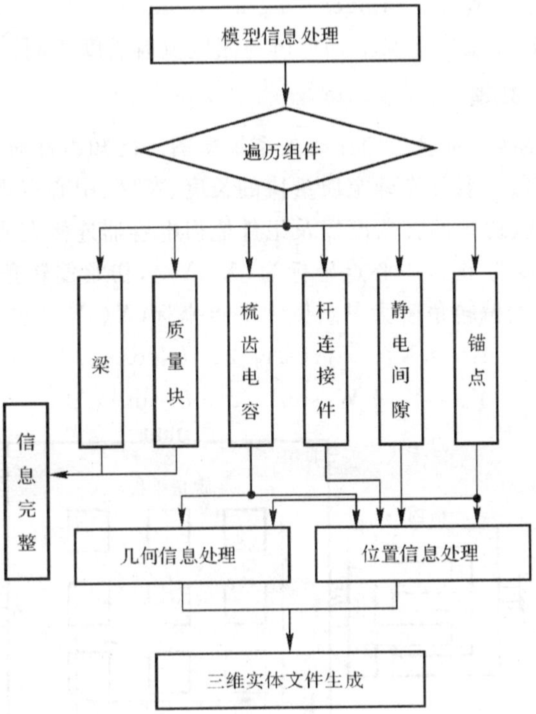

图 4-3　系统级信息的详细处理过程

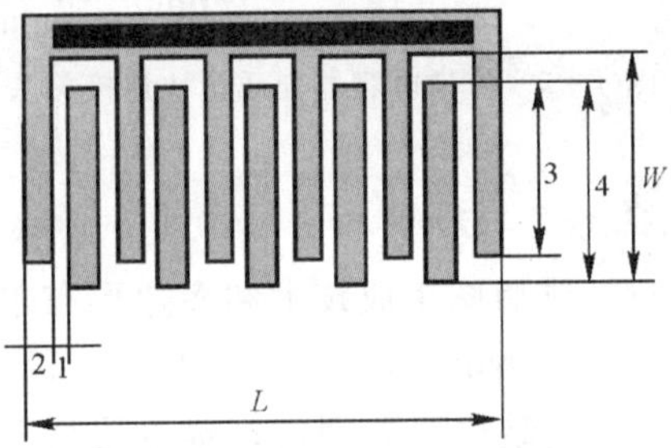

图 4-4　梳齿结构示意图

1—间隙；　2—宽度；　3—重叠长度；　4—梳齿长度

4.2.3.1　几何信息处理

系统级模型中梳齿组件的几何信息是按照单个梳齿的参数定义的，即已知单个梳齿的长度(finger_length)、宽度(finger_width)、间隙(finger_gap)以及梳齿的重叠部分长度(finger_overlap)等信息，如图 4-4 所示。在信息处理过程中，须要得到梳齿的整体尺寸参数。整体尺寸根据单个梳齿参数计算得到，梳齿整体长(L)、宽(W)的计算公式为

$$L = 2n \times \text{finger\_gap} + (2n+1) \times \text{finger\_width} \tag{4.1}$$

$$W = 2 \times \text{finger\_length} - \text{finger\_overlap} \tag{4.2}$$

其中，n 为活动梳齿个数，模型中定义活动梳齿与固定梳齿长度相同。

4.2.3.2 位置信息处理

图 4-5 为梳齿电容器与质量块的连接关系示意图。已知组件质量块的所有参数信息，要求梳齿电容器的位置信息。须首先确定质量块的长度、宽度、中心点坐标、初始偏转角度，梳齿电容器的整体长度、宽度、初始偏转角度以及组件梳齿电容器连接在质量块的哪一个端口。设质量块的长度为 L_B，宽度为 W_B，中心点坐标为(X_B, Y_B)，初始偏转角度为 A_B，梳齿电容器长度为 L_A，宽度为 W_A，初始偏转角度为 A_A，则中心点坐标(X_A, Y_A)分别为

$$\left.\begin{aligned} X_A &= X_B - L_B\cos A_B/2 - L_A\cos A_A/2 \\ Y_A &= Y_B + W_B\sin A_B/2 + L_A\sin A_A/2 \end{aligned}\right\} \tag{4.3}$$

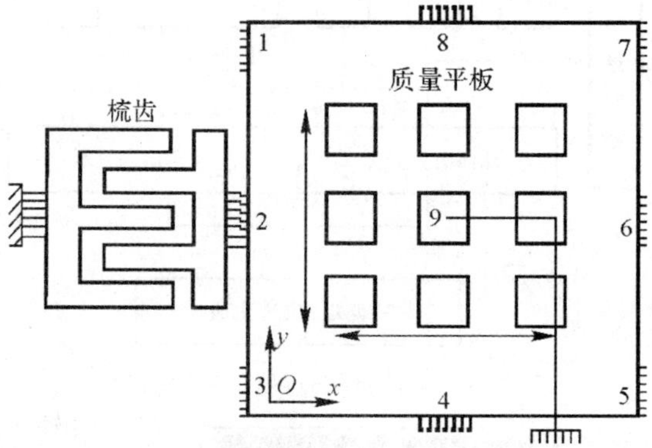

图 4-5 梳齿电容器与质量块连接关系

4.2.4 二维版图模型生成

基于组件的完整信息，通过二维版图生成技术和多边形布尔运算生成标准二维掩模版图文件。以梳齿电容器为例，首先将梳齿电容器分为活动梳齿、固定梳齿、固定端结构层和固定端锚点层，如图 4-6 所示。固定端结构层与固定端锚点层为简单矩形，其尺寸与锚点相同。固定梳齿与活动梳齿都是由多个矩形组成的，根据单个梳齿距组件中心点位置可以确定每一个梳齿的具体参数。版图具体生成流程如图 4-7 所示。

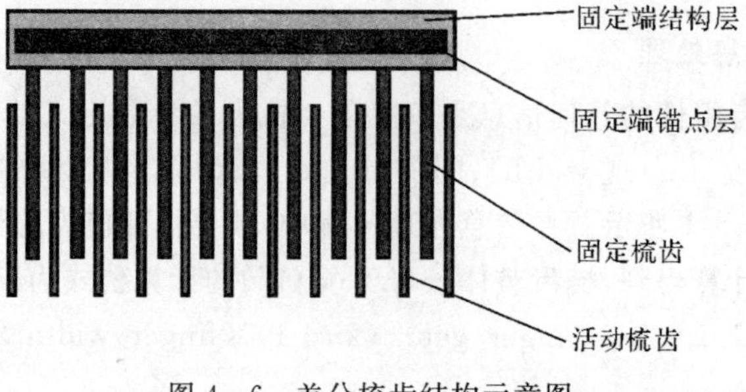

图 4-6 差分梳齿结构示意图

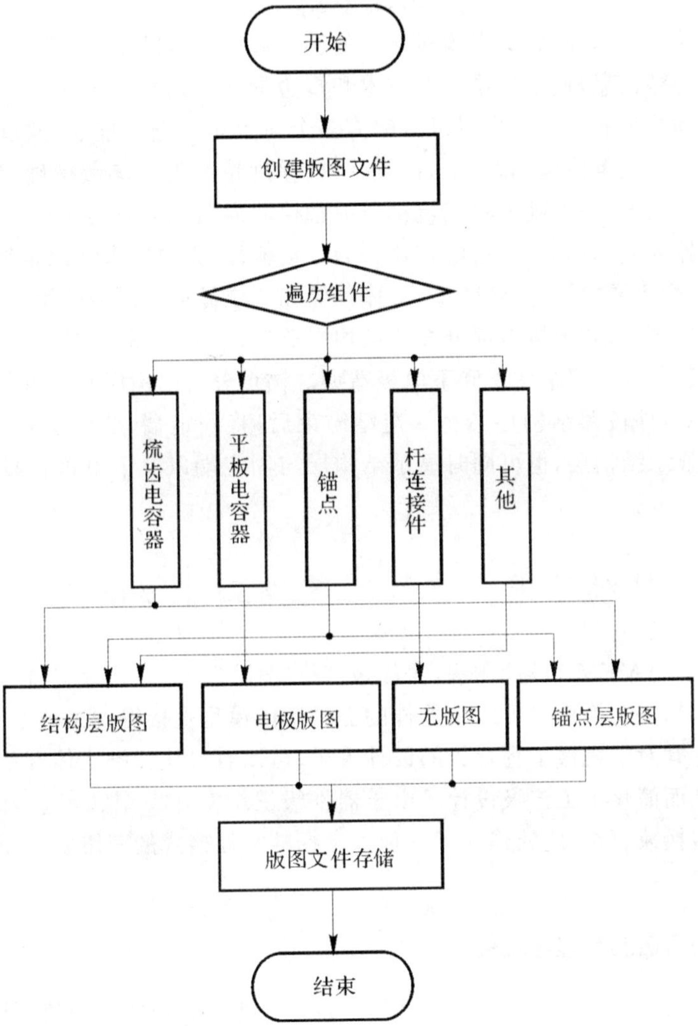

图 4-7　系统级到版图接口的版图文件生成流程

4.3　系统级网表到器件级三维实体的转换方法

为实现 MEMS 设计中系统级到器件级三维实体模型的转换，这里提出了一种系统级仿真结果网表文件到三维实体模型的转换方法。在该方法中，第一，读取系统级仿真结果网表文件；第二，提取其中的组件信息，组件信息包括组件的几何参数信息、位置信息、连接关系信息等；第三，针对组件中信息不完整的现象进行组件完整信息计算；第四，采用实体造型技术进行器件实体造型；第五，根据不同用途进行相应的实体结构显示。

由于在该方法中的网表文件信息读取、信息提取、存储以及信息处理均与系统级到工艺级二维掩模版图的接口技术相同，这里仅对最终的实体造型和结果显示进行详细讨论。

基于组件的完整信息，通过三维造型技术和多边形布尔运算生成标准三维实体模型及三维实体文件。活动梳齿和固定梳齿可以分解为多个简单矩形进行描述，通过矩形对角线上两个定点坐标确定矩形在整体坐标系中的位置，结构厚度按照工艺参数中确定。固定端分为造型和剪裁两次操作，在造型基础上将凹坑部分剪裁掉即得到固定端实体模型。

以梳齿电容器为例，首先将梳齿电容器分为活动梳齿、固定梳齿和固定端。在进行三维造型时，具体分为三个主要模块：实体造型、实体存储和三维显示。造型开始，将梳齿电容器分为梳齿部分和锚点层部分，其中梳齿部分按照结构层造型，锚点层部分按照锚点造型。平板电容器分为上、下极板，分别按照结构层和下电极造型。锚点分为结构层和锚点层造型。杆连接件不进行造型，其他组件按照结构层造型。造型结束后，将固定端、结构层和下电极分别存储。显示时可以单独显示结构层，也可同时显示结构层与固定端以及下电极。具体造型过程如图 4－8 所示。

4.4 器件级三维实体到工艺级二维版图的转换方法

对于自顶向下的 MEMS 设计方法，器件级三维实体模型到工艺级二维版图之间的数据传递是必需的。同时，该转换接口可以由器件的三维实体模型直接得到工艺版图，更符合现代直观设计的理念，尤其对于机械工程背景的设计人员，可以直接从三维实体开始 MEMS 设计，而不用绘制版图，从而简化了工艺级设计。由于器件级三维实体模型和工艺级版图的文件格式多样，为了提高转换兼容性，此处建立了一种基于标准文件格式的三维实体模型到工艺版图的转换方法。

4.4.1 转换方法的原理与流程

如图 4－9 所示是提出的三维实体模型到二维掩模版图转换的算法流程图。首先，读取三维实体格式的文件，进行三维实体文件信息提取。其次，进行文件信息分类。文件信息包括文件头信息、实体记录信息和文件结束信息。其中，文件头信息包括文件的版本号、实体数、长度单位、精度等信息；实体记录信息包括实体的拓扑信息、几何信息和属性信息，它们还可进行细分，即实体记录信息分类；文件结束信息即结束符。再次，对分类后的实体记录信息按层次进行树状重构，即实体记录信息重构，建立信息之间的层次结构图，并将这个层次结构图称为记录树。然后逐层遍历记录树，根据记录树对象之间的层次关系，提取三维实体文件中的所有顶面信息，确定三维实体相应顶点的坐标。最后，根据顶点坐标创建器件的完整版图，并以标准 CIF 格式输出，即生成标准版图文件。

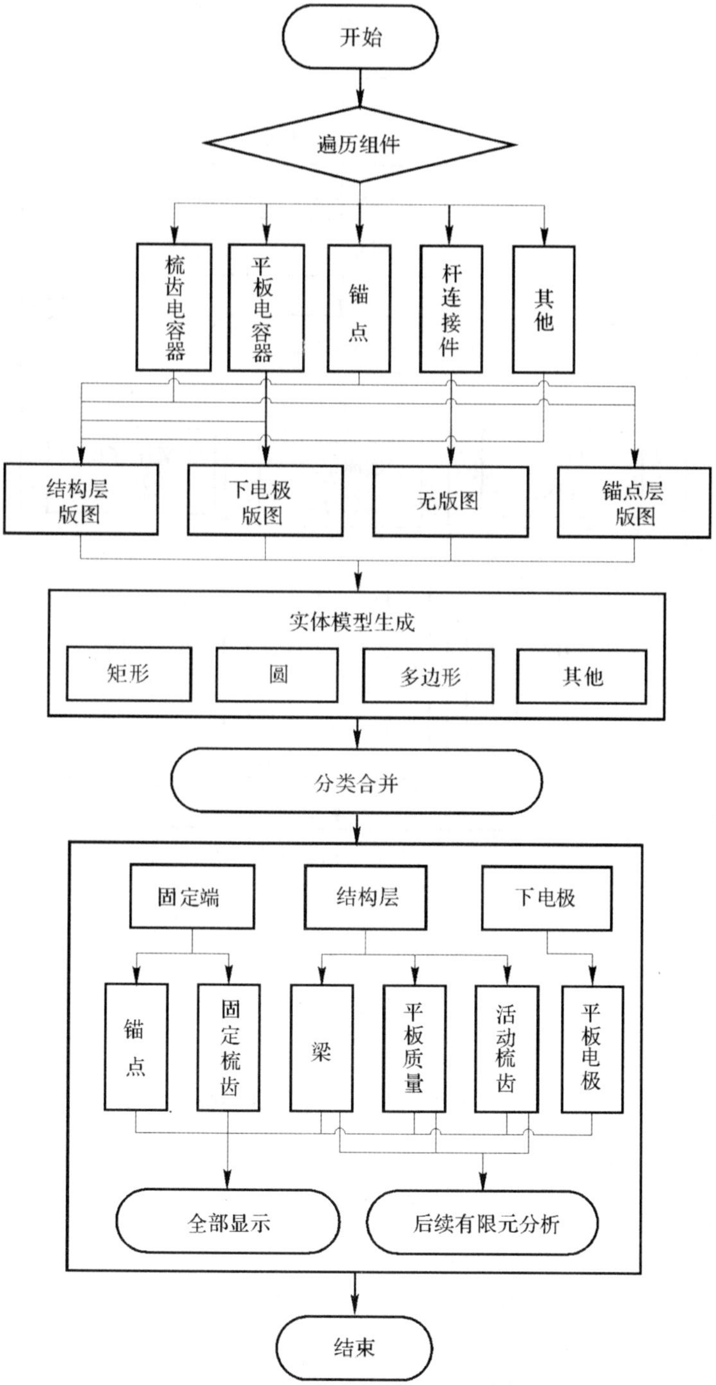

图 4－8　系统级到三维实体接口中的实体生成流程图

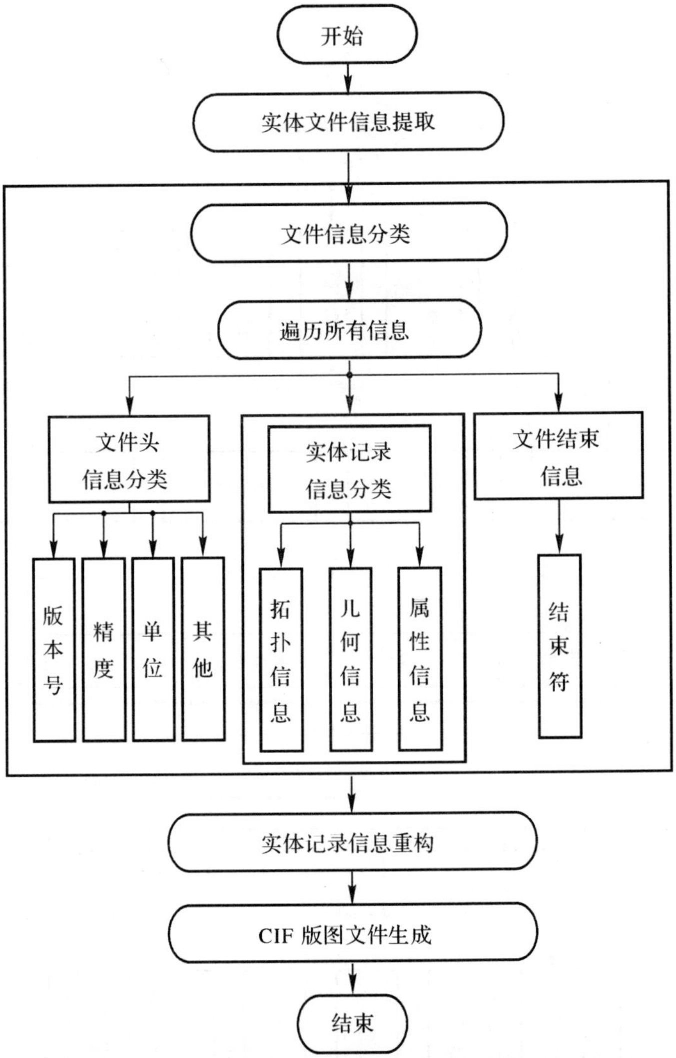

图 4-9 三维实体模型到二维掩模版图转换的算法流程图

4.4.2 三维实体的信息提取与重构

对三维实体文件的信息提取与重构，可以分为以下三个步骤。

步骤一，进行三维实体文件信息提取和文件信息分类，并在此基础上进行实体记录信息分类。

首先，按行读取一种三维实体格式的文件，提取所有文件信息并存储在相应的寄存器中。

其次，对寄存器中的文件信息进行分类。文件信息可分解为文件头、实体记录信息和文件结束标识符三部分。其中文件头又可再分为文件的版本号、实体数、长度单位、精度等信息；实体记录信息是文件的关键组成部分，包括实体的拓扑信息、几何信息和属性信息；文件结束标识符是文件读取结束的标志，不必再分。

再次，对实体记录信息进行细分。其中拓扑信息指出了实体对象之间的层次关系，按层次从高到低依次可分解为体、块、壳、面、环、有向边、边和顶点；几何信息指出了各几何元素的尺寸参数和位置参数等几何信息，包括面、线、点；属性信息表征实体的某些属性，可以分解为实体的颜色、偏移等，可用于区分不同实体。须要说明的是，尽管有的拓扑信息对象和几何信息对象的名称一样，但它们的含义不同。例如，在拓扑信息里，顶点只是拓扑层次中的一个对象，而几何信息的点表示的是顶点坐标值。将细分后的实体记录信息按记录名称分别存储在相应的寄存器中。实体记录信息分类如图 4-10 所示。

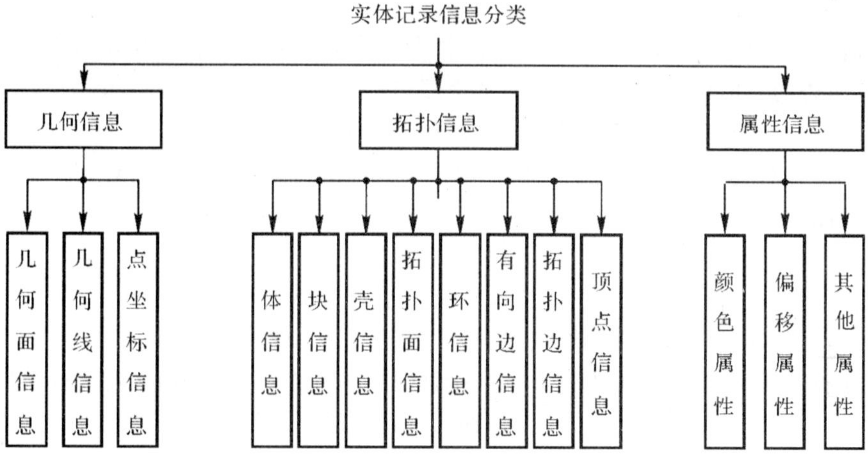

图 4-10　实体记录信息分类

步骤二，进行实体记录信息重构，将重构结果称为记录树。重构方法如下(见图 4-11)：

(1)遍历所有体，根据体与相应属性的指针对应关系查找每个体的属性，包括颜色、偏移等，将所有属性信息存入相应体中，并将所有体置于记录树的最顶层。一个三维实体文件可能包含多个体，这些体在拓扑结构中位于同一层次。

(2)再次遍历所有体，根据体与块的指针对应关系查找属于每个体的所有块，并将这些块分别存储在相应体的下一层中，置于记录树的第二层。

(3)遍历所有块，根据块与壳的指针对应关系查找属于每个块的所有壳，并将这些壳分别存储在相应块的下一层，置于记录树的第三层。

(4)遍历所有壳，根据壳与面的指针对应关系查找属于每个壳的所有面，并将这些面存储在相应壳的下一层，置于记录树的第四层。

(5)将面分为拓扑面与几何面，并依此分别形成拓扑面子记录树 6 和几何面子记录树 7，拓扑面和几何面分别置于相应子记录树的顶层。

(6)遍历所有拓扑面,根据拓扑面与环的指针对应关系查找属于每个拓扑面的所有环,并将这些环存储在相应拓扑面的下一层中,置于记录树的第五层,拓扑面子记录树 6 的第二层。同时将几何面分为平面与曲面,由于三维实体文件到标准工艺版图文件的转换只针对规则几何体,因此可以忽略对曲面的进一步操作。

(7)遍历所有环,根据环与有向边的指针对应关系查找属于每个环的所有有向边,并将这些有向边存储在相应环的下一层,置于记录树的第六层,拓扑面子记录树 6 的第三层。然后转到几何面子记录树 7,遍历所有平面,根据平面与线的指针对应关系查找属于每个平面的所有线,再将线分为直线和圆两类,其他类型的线可以忽略;将直线和圆存储在相应平面的下一层,置于记录树的第五层,几何面子记录树 7 的第二层。

(8)遍历所有有向边,根据有向边与边的指针对应关系查找每条有向边所对应的边,并将其存入相应有向边的下一层,置于记录树的第七层,拓扑面子记录树 6 的第四层。在三维实体的拓扑结构中,有向边和边的含义是不一样的,有向边表示的是边在环中出现的情况,它是有方向的,有向边的方向和其所在面的法向量遵守右螺旋规则,而边是没有方向的,它完全由端点界定。因此,一条有向边只能和唯一一条边相对应,反之则不成立。例如,一个长方体含有 12 条边,但却有 24 条有向边。然后转到几何面子记录树 7,遍历所有直线和圆,对于直线,获取其端点坐标;对于圆,获取圆心坐标与半径,并存储在相应线的下一层,置于几何面子记录树 7 的最底层。

(9)遍历所有边,根据边与顶点的指针对应关系查找属于每条边的两个顶点,并将其存入相应边的下一层,置于记录树的第八层,拓扑面子记录树 6 的第五层。

(10)遍历所有顶点,根据顶点与坐标的指针对应关系查找每个顶点的坐标,并将其存入相应顶点的下一层,置于记录树的最底层,拓扑面子记录树 6 的最底层。

至此,实体记录信息全部重构完毕,图 4 - 11 是实体记录信息重构的详细流程图。

步骤三,从步骤二的实体记录信息重构结果中提取用于转换的顶面信息。根据组成面的所有顶点的 z 坐标值,可把面分成侧面、顶面和底面。由于三维实体文件到标准工艺版图文件的转换从几何上看实际上是三维实体顶面的投影,因此,进行面分类的目的就是要找到每个体的顶面信息。具体方法如下:遍历所有体,对于每个体,比较每个面的所有顶点 z 坐标。如果存在两个点的 z 坐标不相等,则此面必定为侧面,可以忽略;如果组成面所有点的 z 坐标都相等,则此面或者是顶面,或者是底面。然后从提取的所有顶面和底面中各取一点,比较 z 坐标,则 z 坐标值大的都记为顶面,也即是转换为标准工艺版图文件所需的面。将得到的所有面存入其所属的壳中,同时删除其他面信息。

步骤四,对步骤三所得到的面按边进行排序。具体排序方法如下:遍历所有面,对于任意一个面,首先将每条边的顶点按提取的坐标先后顺序分别设为始点和终点,然后任取一条边作为初始边,遍历所有剩余边。如果某条边的始点和第一条边的终点完全重合,就将其作为该面的第二条边,再以第二条边为当前边,遍历所有剩余边;如果找到某条边的始点和第二条边的终点完全重合,就将其存为第三条边。如此循环,直到所有边排序完毕。如果面的边界由圆构成，那么无须排序，因为只要确定圆心坐标和半径，圆的位置就完全确定。将排序结果存入相应寄存器中。

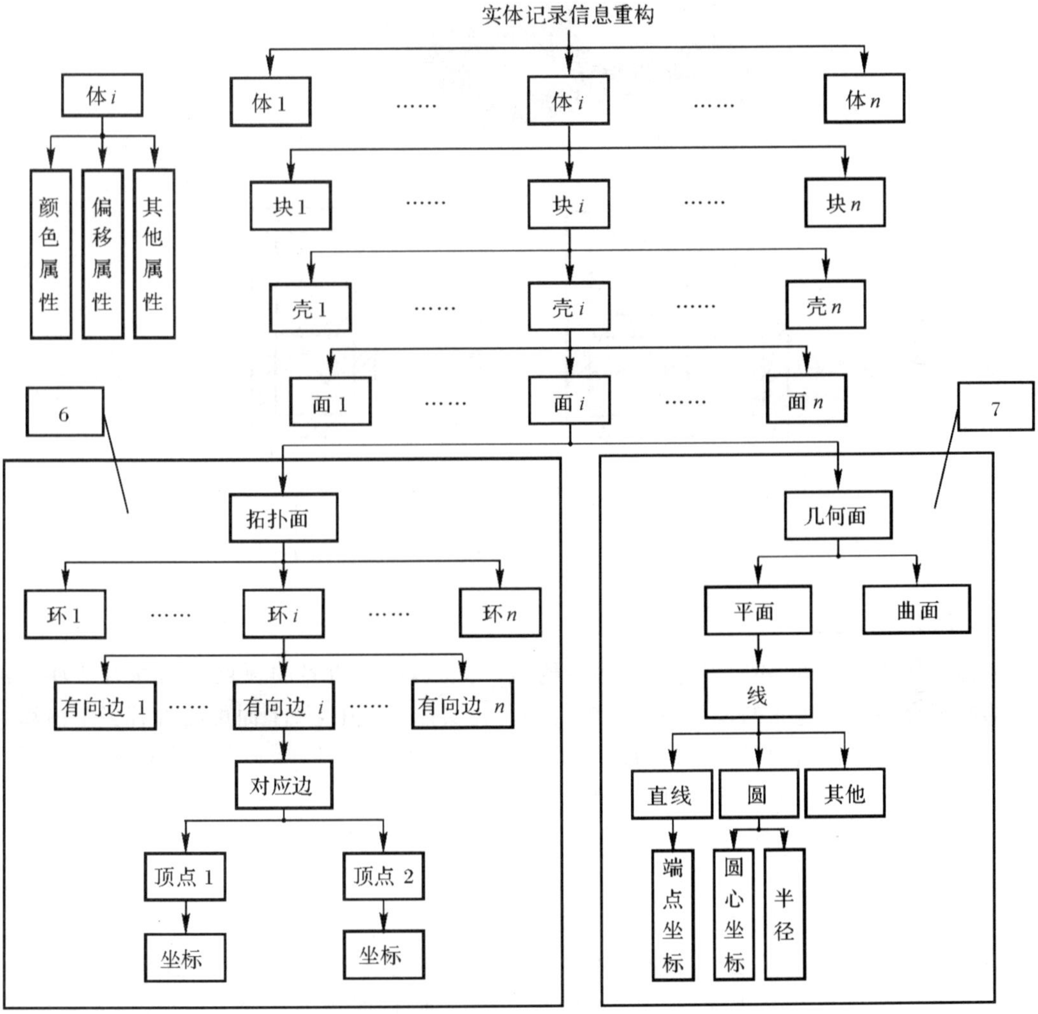

图 4－11　实体记录信息重构的详细流程

4.4.3　含内孔的多边形剖分算法

顶面信息提取完毕之后，须要判断顶面多边形是否含有内孔。如果是，就须要将含内孔多边形剖分为多个不含内孔的多边形的组合，这样才能得到正确的器件版图，否则内孔将被外部多边形淹没。例如，对于如图 4－12(a)所示的三维实体模型，其顶面含有四个内孔，如果不对提取的顶面多边形进行剖分，那么得到的器件版图如图 4－12(b)所示，而正确版图如图 4－12(c)所示。

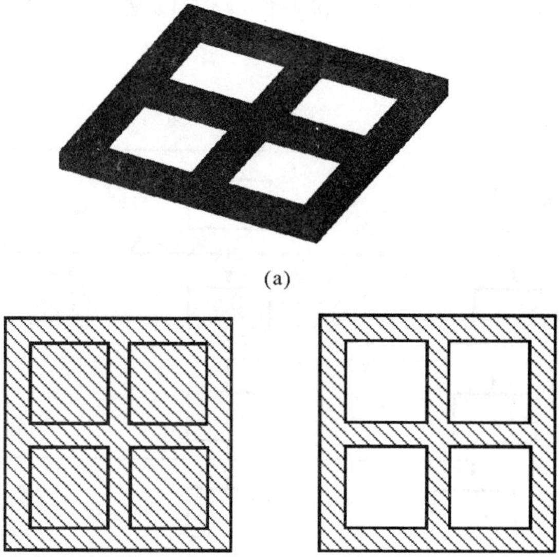

(a)

(b) (c)

图 4-12 含内孔的三维实体模型到版图的转换

(a)含内孔的三维实体模型； (b)未剖分内孔得到的版图； (c)剖分内孔得到的版图

4.4.3.1 预处理

根据拓扑学的术语，环由多边形的边界构成；构成多边形边界的顶点系列称为外环，而构成内部的闭合多边形边界的顶点系列称为内环。在实体文件中，一个面可能含有多个内环，但有且仅有一个外环。因此，如果一个面所拥有的环的个数大于1，就必定含有内环，否则只有外环。在进行多边形剖分之前，作以下假设：

(1)外环与内环不相交。

(2)内环之间不相交。

(3)外环顶点按顺时针排列，内环顶点按逆时针排列。

为了剖分的方便，还须要对环进行排序。内环按环的最大 y 坐标由大到小进行排列，对于最大 y 坐标相同的内环，按最大 x 坐标由小到大排列，同时将外环置于最后，存入一个环链表中，如图 4-13 所示。

4.4.3.2 多边形剖分算法

详细剖分步骤如下：

(1)初始化。遍历各个环，查找各环的 y 坐标最大点，将各个内环按最大 y 坐标值由大到小排列，即内环由高到低排列。如图 4-13 所示，四个内环的排列顺序为 R5,R6,R7,R8，环链表中所包含的环的顺序是 R5,R6,R7,R8,外环。

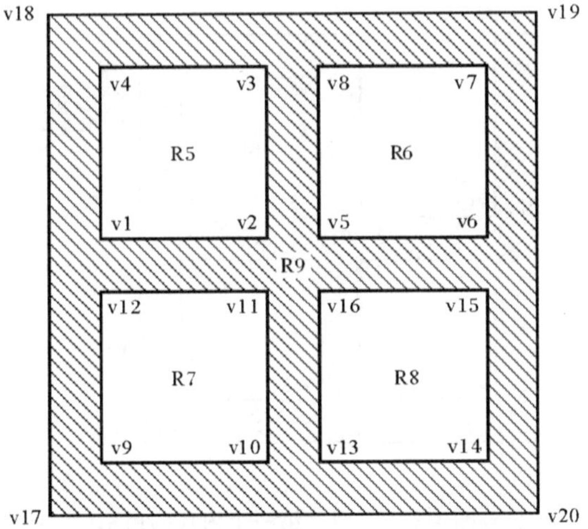

图 4-13　内环和内环顶点排序示意图

(2)剖分当前内环。将环链表中第一个内环作为当前内环,查找 y 坐标最大点 v3,y 坐标次大点 v4。将环链表中最后一个外环作为当前外环,通过 v3,v4 作竖直向上的射线,与外环相交得到交点 p1,p2,如图 4-14 所示。如果交点不止一个,则分别取距离 v3,v4 最近的交点保存。

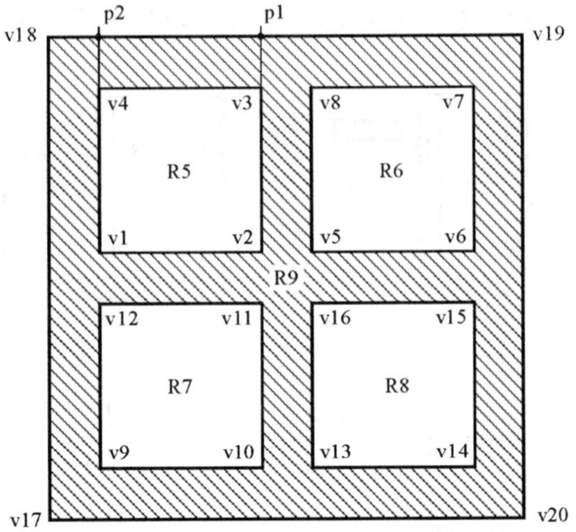

图 4-14　剖分第一个内环示意图

(3)将上面求得的交点 p1,p2 依次插入到当前外环中,遍历当前内环中位于 v3,v4 之间和外环中位于 p2,p1 之间的所有顶点,将这些顶点按顺时针顺序,由 v3,v4,p2,p1 和它们之间的点构成一个新的多边形外环,如图 4-15(b)所示。然后遍历当前外环的所有顶点和当前内环的剩余顶点,按顺时针顺序构成另外一个多边形外环,如图 4-15(a)所示。点的顺序为 v17,v18,p2,v1,v2,p1,v19,v20。

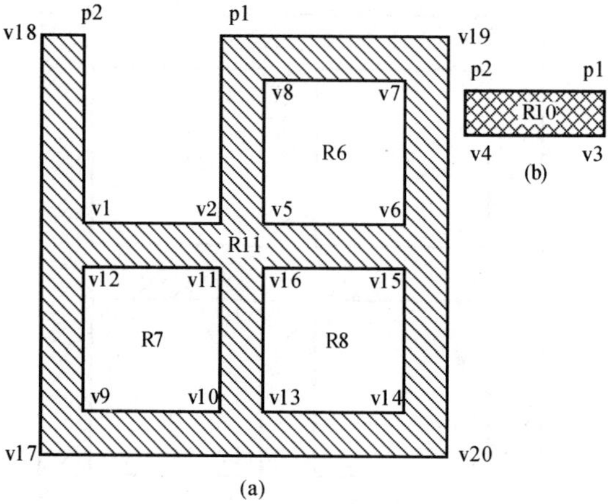

图 4-15　剖分第一个内环的结果

(4)第一个内环剖分完毕后，得到两个新的外环，如图 4-15(a)，(b)所示。依次存入环链表中，同时删除当前内环和当前外环，这时环的排列顺序以及总个数不变。

对于一个含内环的多边形，剖分的次数由内环个数决定。若剖分次数等于内环个数，则生成的多边形不再有内环，剖分过程结束；否则转第(2)步继续执行。

本例中图形含有四个内环，须要进行四次剖分。最终形成环的数目为五个，且全部为外环。详细剖分流程如图 4-16 所示。

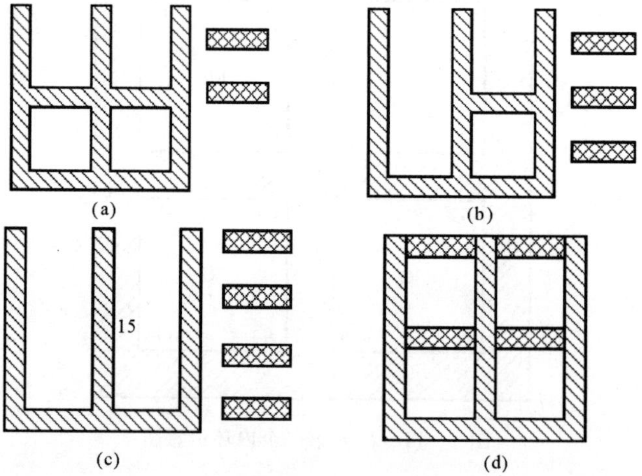

图 4-16　内孔剖分过程及结果

(a)第二个内环的结果；(b)第三个内环的结果；(c)第四个内环的结果；(d)最终版图构成

4.4.4　标准版图模型生成

将上述处理完毕的所有面的边按顺序逐条取出，依次将各条边的始点作为所生成版图的顶点。如果上表面为圆，就将圆心坐标和半径作为版图文件参数，并生成相应的工艺版图文件。按照标准 CIF 版图文件格式生成版图文件。

(1)遍历所有体，根据体的颜色属性确定实体所属的版图层名称，如结构层名称可设为 CPS。

(2)根据体的顶面的形状属性，按照 CIF 文件提供的标准命令行格式输出绘图命令，其中每条命令行输出一个简单几何图形，如圆、矩形、多边形等。

(3)输出几何图形的参数信息。对于圆，输出圆心坐标与半径信息；对于多边形，按边的顺序依次输出顶点坐标。

(4)确定当前版图层输出完毕后开始输出下一层，然后重复前面操作，直至版图输出完毕。

(5)输出文件结束符，表示标准版图文件输出结束。

4.5　器件级到系统级的宏建模转换方法

从器件级到系统级的宏建模接口不同于其他五个接口，其不仅仅是一个数据的几何信息传递过程，还牵涉到了模型抽象层次和精确程度的转换。其通过宏建模过程可将器件级高阶的有限元模型转换成系统级低阶的宏模型，所得到的宏模型与原始模型具有相差不多的精度，但却可以大大提高系统仿真的精度。同时，该方法对于解决一些复杂的非规则结构的建模特别有效。因此，该方法的研究得到了重视和深入研究，本书将专门列一章讨论此项技术，此处在柔性设计体系的论述中仅仅列出其基本流程(见图 4-17)。

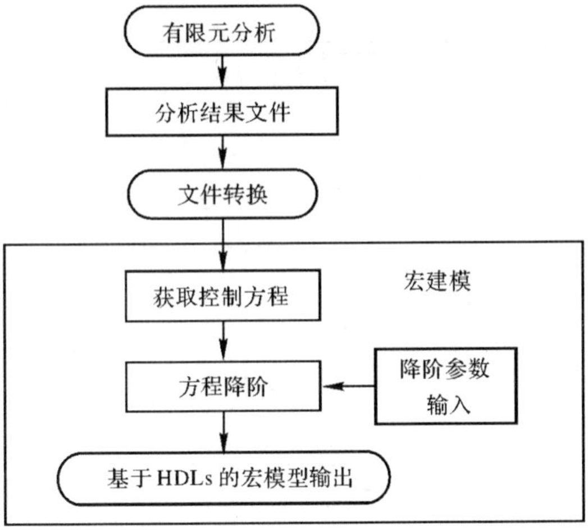

图 4-17　从器件级仿真结果到系统级模型的宏建模流程

4.6　工艺级二维版图到器件级三维实体的转换方法

根据器件的加工版图，结合相应的加工工艺流程，生成相应的三维实体，是 MEMS CAD

中常见的功能。其对应工艺级设计中工艺可视化模块，两者的核心技术是一样的。其不同在于工艺级版图到器件级的三维实体转换接口除了具有一般的工艺可视化功能外，还具备单层版图到器件级三维实体的转换功能。

4.6.1 转换原理与流程

图 4-18 是工艺级版图到器件级三维实体模型转换流程，该转换方法首先采用版图编辑器绘制器件的版图，并存为标准版图文件，然后采用工艺编辑器编写和器件版图对应的加工工艺流程文件。将版图文件和工艺流程文件导入到转换接口中，进行文件信息分类与处理，提取版图所属层名、版图的几何信息与位置信息，并分类存储；同理，逐步读取工艺文件中的加工工艺参数，包括工艺名称、工艺参数、所作用层等信息，进行分类存储，将工艺信息和其作用版图层进行对应。采用三维几何造型技术完成器件的三维实体造型，并存为标准三维实体文件，以便后续的有限元分析。利用该接口产生的器件三维实体模型，MEMS 设计者可以迅速发现所设计的结构与设计目标是否相符，同时可方便地检查出设计中不合理的地方。

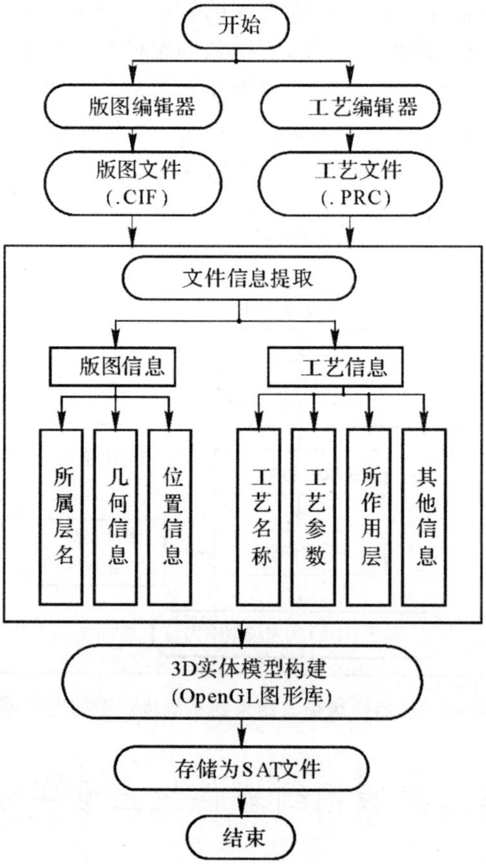

图 4-18　版图和工艺合成生成实体模型的算法流程图

4.6.2 版图文件信息读取

器件版图采用版图编辑器绘制，可将所绘制的版图导出为标准版图文件 CIF，它也是一种文本格式的文件。CIF 文件信息以非常简单的命令语句进行存储，其命令分为两种：一种为绘图命令，另一种为控制命令。两种命令都以相同的格式出现，即：关键词 各种参数 分号。关键词是 CIF 文件中的保留字。对于不同的关键词，参数可以没有或者有一个或者有多个，参数之间用空格或者逗号隔开，注释用圆括号表示，所有的命令语句都以分号结束。表 4-1 是 CIF 部分关键词列表。

表 4-1 标准版图文件 CIF 的关键词列表

绘图命令		控制命令	
关键词	命令说明	关键词	命令说明
L (LAYER)	定义掩模层	DS	开始定义 Symbol
B (BOX)	画长方形	DF	结束定义 Symbol
W (WIRE)	画电路线	DD	删除定义的 Symbol
R (ROUND)	画圆	0 到 9	用户定义的特殊信息
P (POLYGON)	画多边形	E (END)	文件结束符
C (CALL)	Symbol 调用	SCALING	尺寸缩放比例

CIF 文件的读取根据上述命令列表读取，根据读取的关键词不同而将读取的信息存入相应的位置，并为每种几何元素(矩形、多边形和圆)定义一个结构体链表。将读取的几何信息存入结构体中，然后判断几何元素所属的层，并将其存入相应的层列表中，实现版图文件的层层链接。

4.6.3 三维实体造型

现在用在工艺仿真中的三维造型技术复杂多样，主要包括基于图形包 ACIS 的、基于 OpenGL 的、基于体素法的三维造型。其中，OpenGL 是专业的图形程序接口，是一个功能强大、调用方便的底层图形库，而且与硬件无关，因此，支持 OpenGL 的软件具有很好的移植性，可以获得非常广泛的应用。这里主要基于 OpenGL 的三维实体造型技术实现了该接口转换。

(1)Box 结构造型。Box 结构的造型方法如下：先判断器件结构层中 Box 实体的数目 x，然后设置 x 个循环，每个循环完成一个 Box 实体的造型。对每一个 Box 实体，首先根据版图文件中提供的底面中点坐标、长度和宽度，以及使用者手动输入的高度，计算出 Box 实体所有顶点的坐标；然后依次利用 OpenGL 函数库中 glBegin(GL_QUADS)函数绘制 Box 实体的六个面，构成 Box 实体的三维造型。

(2)Polygon 结构造型。Polygon 结构造型相对而言较为复杂，具体方法如下：先判断器件结构层中 Polygon 实体的数目 y，然后设置 y 个循环，每个循环完成一个 Polygon 实体的造型。对每一个 Polygon 实体，首先判断其底面顶点个数 i；然后再利用 OpenGL 函数库中 glBegin (GL_QUADS)函数绘制 i 个连续的长方形侧面，构成 Polygon 实体的侧壁；而 Polygon 结构顶面和底面，由于无法判断其凹凸性，故采用特殊的嵌套函数 gluTess 完成。

(3)为增加 3D 造型的真实感，OpenGL 库提供了许多真实感显示函数，包括颜色设置、光源设置、光照设置、材质设置等。颜色设置为 RGB 格式，RGB 各 8 位，共 160 万种颜色，使用的函数是 glColor3f(x,y,z)。光源分为三种：环境光、漫反射光和镜面反射光。环境光是指光来自各个方向，以各方向反射出去的光源；漫反射光是指光来自某个方向，均匀反射出去的光源；镜面反射光是指光来自某个方向，以特定方向反射出去的光源。实际的光源是这三种光源的合成。

在三维实体造型平台上重构得到的实体模型，须要存成相应格式的实体文件并导入多种有限元分析软件进行器件级分析。因此，这里研究了 SAT(Save As Text)文件的存储方法。

SAT 文件是一种开放式的准标准实体文件，它描述了实体集合和这些实体内部关系信息以及这些信息之间或实体之间的交叉引用信息，并构造了一个可以描述任意复杂模型的数据结构，用于表示与物体形状有关的精确问题，以及实体之间的拓扑关系。

SAT 文件主要包含三部分：文件头、实体记录信息和文件结束符。其中，文件头信息包括文件的版本号、实体数、长度单位、精度等信息；实体记录信息是文件的关键部分，包含了三维实体模型的拓扑、几何和属性等信息；文件结束符是 SAT 文件结束的标志。

首先，根据器件的仿真结果，提取实体模型的几何坐标值以及拓扑关系信息，进行分类。完成信息提取后，对分类后的实体记录信息按层次进行树状重构，即实体记录信息重构，建立信息之间的层次结构图，将这个层次结构图称为记录树。

然后，逐层遍历记录树，根据记录树各层节点对象之间的层次关系，提取记录树中三维实体模型的所有信息。进行文件信息分类，文件信息包括文件头信息、实体记录信息和文件结束信息。

最后，将模型信息输出，即生成标准实体文件。

4.7 工艺级二维版图到系统级模型的转换方法

工艺级二维版图到系统级模型的转换在微电子设计中很常用，但在 MEMS 设计中比较少见。该接口对于完成任意流程的设计还是必需的，此处设计开发了基于标准文件的工艺级二维版图到系统级模型的转换接口。其工艺级版图采用标准版图文件格式，系统级模型文件采用系统级模型的标准格式。从版图文件中提取结构的几何信息和拓扑信息，经过判断分类和计算，将版图组件转换为对应于系统级中的参数化元件，最后生成系统级模型文件，将其导入系统级仿真器中即可进行仿真验证，从而实现了工艺级到系统级的数据传递。

设计的标准工艺版图到系统级的整体流程如图 4－19 所示。首先读取版图文件信息，去除文件说明部分和存储宏参数，将信息按拓扑结构和类型(如梁、梳齿等)分类储存；接着根据版图中组件的连接关系(要求版图的设计中心是原点坐标(0,0))，将梳齿与其锚点、梁与其锚点等配套组件对应起来，即采用器件版图和系统级组件对应的方式实现；然后，根据系统级中每个元件的屏幕尺寸计算对应于版图中的各个组件的屏幕坐标；最后，将文件以系统级模型的标准格式输出。

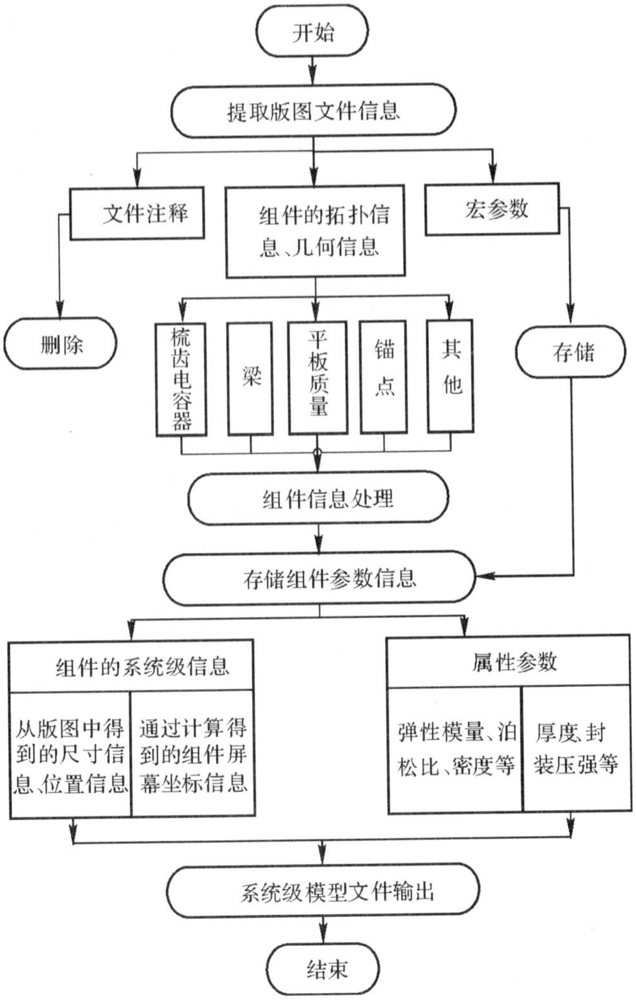

图 4－19　标准工艺版图到系统级的整体流程

4.7.1 标准版图文件的信息提取与处理

通过以下步骤读取标准版图文件信息：

步骤一，读取标准版图文件，包括组件记录信息，即二维平面信息和拓扑结构信息。其中，二维平面信息包括组件部件的几何信息如长度、宽度等，位置参数信息如中心点坐标等；拓扑结构信息包括结构层、锚点层和电极层等，其中梳齿电容器组件和锚点组件的部件分布在结构层和锚点层，平板电容器组件在电极层，其他组件均在结构层。同时读取的文件信息还包括文件头信息和文件结束信息等。文件头信息包括长度单位、比例关系等宏参数信息及注释信息；文件结束信息即结束符。存储组件记录信息和文件头信息中的宏参数信息。

步骤二，将步骤一中读取的组件记录信息即二维平面信息和拓扑结构信息按照拓扑结构重新存储，并对梳齿电容器组件的信息进行识别和重构。

4.7.2 典型组件的处理方法

由于版图中有些组件如梳齿电容器、锚点等由多个部件组成，并且须要根据组件版图信息确立组件间的连接关系，进而搭建系统级模型，因此转换重点是组件之间的位置关系，具体流程如图 4－20 所示。梳齿电容器信息处理最具有代表性，此处以梳齿电容器的信息处理为例详细介绍信息处理的方法及过程。

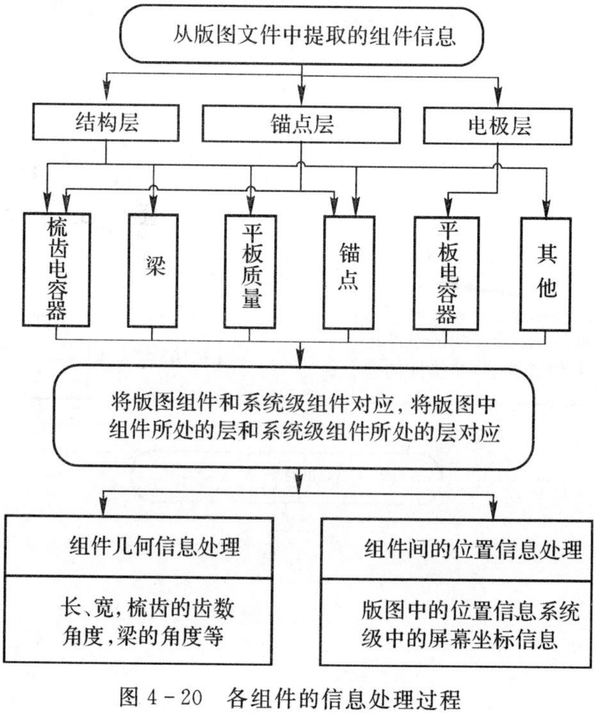

图 4－20　各组件的信息处理过程

在标准工艺版图中，梳齿电容器的组成部件分布在多个拓扑层上，即梳齿电容器可分为活动梳齿、固定梳齿、固定端结构层和固定端锚点层（见图 4-21(a)），所以须要对版图中属于梳齿电容器组件的信息进行识别和重构。其过程是：先识别出属于梳齿电容器组件的各梳齿部件；接着将这些梳齿部件按照一定的顺序进行排序；再计算梳齿的各种参数，如梳齿的重叠值、间隙及齿数等（式(4.4)），根据这些参数将梳齿电容器分为变间距式梳齿电容器和变面积式梳齿电容器；最后将梳齿的活动部件与固定段对应起来，并整体对应于系统级元件库中梳齿电容器元件，如图 4-21(b)所示。

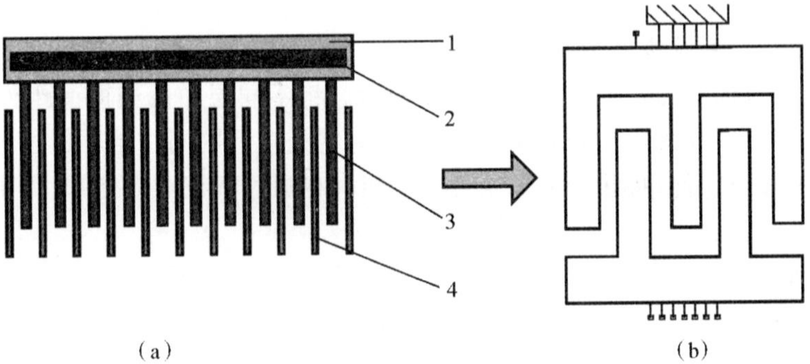

图 4-21　梳齿的版图结构及系统级元件结构

(a)梳齿的版图结构；（b)梳齿的系统级元件结构

1—固定端结构层；2—固定端锚点层；3—固定梳齿；4—活动梳齿

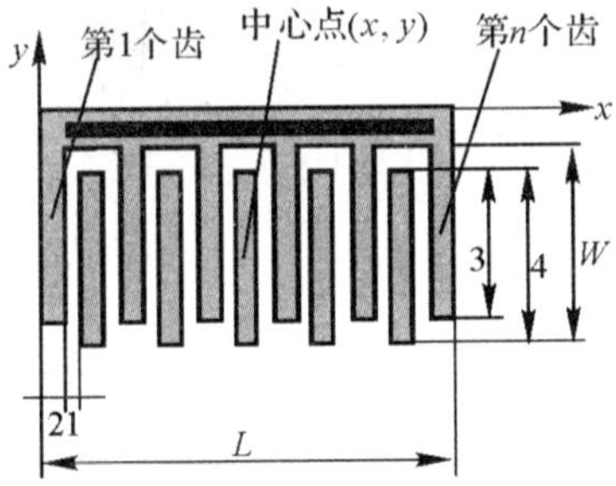

图 4-22　梳齿的版图

1—梳齿间隙；2—梳齿宽度；3—梳齿重叠；4—梳齿长度

系统级模型中梳齿组件的几何信息是按照单个梳齿元件的参数定义的，即根据工艺版图中组成固定梳齿和活动梳齿的多个矩形部件计算出单个梳齿的长度(finger_length)、宽度(finger_width)、间隙(finger_gap)以及梳齿的重叠部分长度(finger_overlap)等信息，如图 4-22所示。在梳齿固定端部分与梳齿部分对应的过程中及确定整个梳齿电容器的中心点坐标时，须要得到梳齿的整体尺寸参数。

$$
\left.\begin{aligned}
&L=2n*\text{finger\_gap}+(2n+1)*\text{finger\_width}\\
&W=2*\text{finger\_length}-\text{finger\_overlap}\\
&x\approx 0.5*(x_1+x_n)\\
&y\approx y_1
\end{aligned}\right\}\tag{4.4}
$$

其中，n 为活动梳齿个数。模型中定义活动梳齿与固定梳齿长度相同，整个梳齿的中心点坐标为(x,y)，第一个齿的中心坐标为(x_1,y_1)，第 n 个齿的中心坐标为(x_n,y_n)。

4.7.3 系统级模型的生成

按以下步骤生成系统级模型文件：

步骤一，对提取的版图文件信息进行分类判断。将不同层中属于同一组件的部件通过标记对应起来，如锚点及其固定端同属于锚点组件，并将处理后的同一组件通过组件名对应于系统级元件库中的相应元件；将属于同一组件组的组件也通过标记对应起来，如梁组件和锚点组件属于同一组件组。

步骤二，根据版图文件中组件部件的位置参数信息，遍历各层，计算系统级元件在系统级模型中的屏幕坐标。

步骤三，生成系统级文件。按照系统级模型文件的格式输出系统级文件。

4.8 小　　结

柔性设计体系是泛结构化 MEMS 设计方法与结构化 MEMS 设计方法的一个重要区别。本章论述了在泛结构化 MEMS 集成设计方法中的柔性设计体系及其实现方法。其通过对三个设计层级之间六个数据自动传递接口的设计及开发实现了 MEMS 的任意流程设计，为用户的设计提供了流程上最大的灵活性。

第5章 创成设计体系及实现技术

5.1 引 言

如前所述,MEMS结构化设计方法在支持创新设计方面具有一定的不足,主要表现在许多MEMS器件的新方案往往无法利用已有的组件库来完成建模和仿真。在泛结构化的MEMS集成设计方法中,创成设计体系是满足器件创新设计的重要保障。

如果从泛结构化MEMS集成设计方法的分层体系看,创成式的系统级设计是对原有结构化设计方法的最大补充。其可以通过一些参数化非规则组件的开发、规则组件通过排列组合形成新组件、方程自定义、宏建模等形式,大大改善原有系统级基于组件建模方法所存在的不足。而器件级设计天生就具有创成设计的特质,其通过有限元建模可任意创建一些非规则的结构模型,是对器件创新设计的最好支持。但在一些器件级的设计工具中,一些仿真模型已经写好并固化在程序里,如网格的划分、模型的求解程序等。这固然可以降低用户的使用难度,但也容易造成具体求解的问题与所设定的模型或程序不相一致的问题,如软件所采用的线性求解程序对于非线性问题无法求解的问题。因此,在已有器件级设计的基础上,为用户提供方程自定义的功能无疑为用户的创新设计提供了更强有力的支持。而工艺级的创成设计主要是指工艺的创新设计和版图的创新设计。

5.2 系统级创成式设计

在一般的系统级设计中,如果软件所提供的组件库包含了器件建模所需的全部组件的话,那么用户可以方便地完成器件的系统级建模过程。但对于一些非规则或是特别复杂的结构,一般的组件库就很难涵盖到。而这种非规则的复杂结构恰恰是MEMS器件在创新设计的时候经常遇到的,因此如何解决此类问题已成为当前MEMS系统级设计的一个难点和重点。

本书所提出的创成式系统级设计有望为该问题提供一个很好的解决方案。其包含三种不同的解决方法:一是在现有的组件基础上通过参数定义与组合来形成新的组件,下面即将介绍的聚类组件就属于此类;二是通过标准的语言接口来开发形成新的组件,下面即将介绍的不规则图形质量平板、连续空间分布式参数模型和变截面梁组件即属于此类新开发的组件,但这种方案对于用户的要求较高,须要用户掌握前述的多端口组件网络方法才能建立相应的组件;三是通过宏建模方法来形成新的系统级组件,该方法将在后续章节专门介绍。

5.2.1 聚类组件的建立

当用户进行系统级设计时，有些典型的结构在组件库中并不具备，但经常用到。如果这些结构比较复杂，就会涉及大量基本组件的链接，这样连线设置时很容易出错且效率较低。在这里，提出了聚类组件这一概念，可对该问题予以解决。

聚类组件的方法源自于微电子设计中的电路分层操作思想。首先通过已有组件来搭建目标结构，然后通过提取对应的网表文件，将目标结构转化为新组件并保存在组件库中，以此简化建模过程、扩充组件库。该方法通过已有基本组件的组合生成新结构的相关组件，从而部分满足创新设计的新组件开发需求。所以，对于一个复杂 MEMS 结构，采用聚类组件将直接减少组件的使用数量，从而提高设计效率。图 5－1 为 MEMS 设计中常用的聚类组件，分别为工形质量、框架质量、弹性支撑结构、L 形梁和折叠梁等。

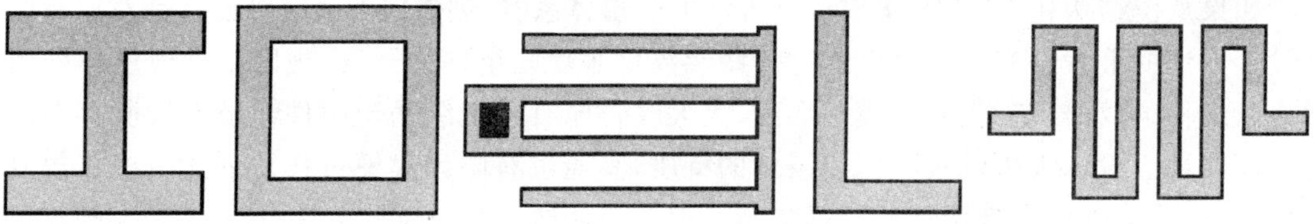

(a)　(b)　(c)　(d)　(e)

图 5－1　常见的聚类组件示意图

(a)工形质量；(b)框架质量；(c)弹性支撑结构；(d)L 形梁；(e)折叠梁

以一个折叠梁为例说明具体的实现过程。首先建立一个原理图文件，添加相关组件组合形成需要的结构及参数，如图 5－2 所示。然后，添加相关端口，进入组件符号的图形设置界面，设置目标新组件的外形，如图 5－3 所示。完成新组件图形设置后，保存对应的图形，就可以在以后的设计中调用新的组件，而不用每次都要重新搭建折叠梁结构。图 5－4 为基于聚类组件所搭建的微加速度计的系统级模型和仿真图。

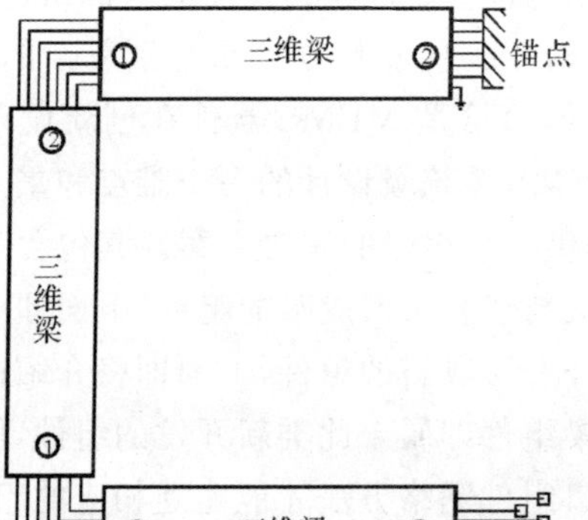

图 5－2　基本组件组合形成目标结构

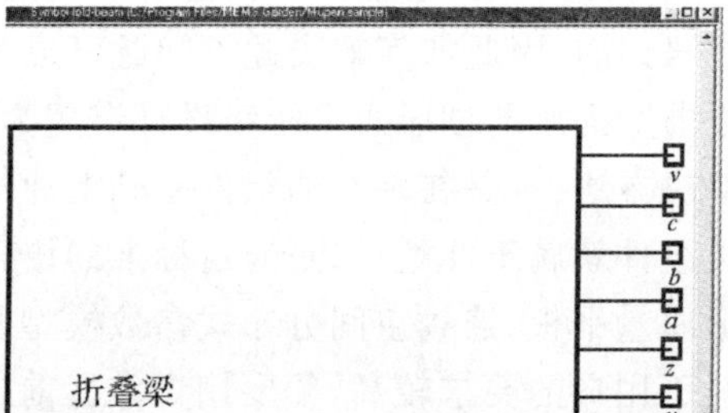

图 5－3　合成新组件的符号图形设置

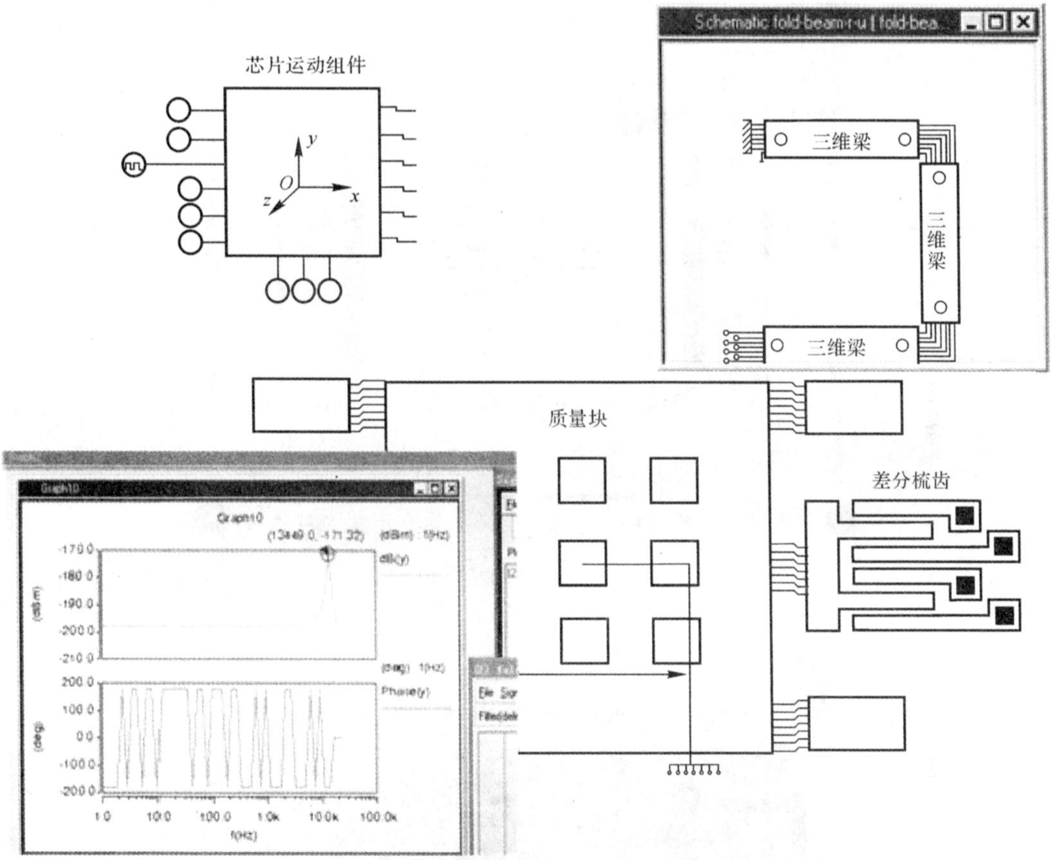

图 5-4 基于聚类组件的模型建立和仿真

5.2.2 不规则图形质量平板组件的建立

一般情况下，系统级组件中的质量平板都是一些形状规则的图形，而一些非规则图形的质量平板在实际加工中很常见。以图 5-5 所示的硅微陀螺为例进行说明。该陀螺可分解为锚点、平板质量块、梁、直梳齿、定齿偏置梳齿、接口电路等功能结构部件。对比图 5-5 和图 5-6 即可发现，硅微陀螺在实际加工的时候其加工用的版图结构远比原理设计的时候复杂，因此，如果仅仅采用简单的矩形来进行粗略的建模和仿真，其精度必然有所损失。如果通过多个质量块组合的形式来形成如图 5-6 所示的不规则质量平板，就会大大加剧计算量和建模的复杂程度。因此，须要建立一个通用的针对不规则图形的质量平板组件构建方法。

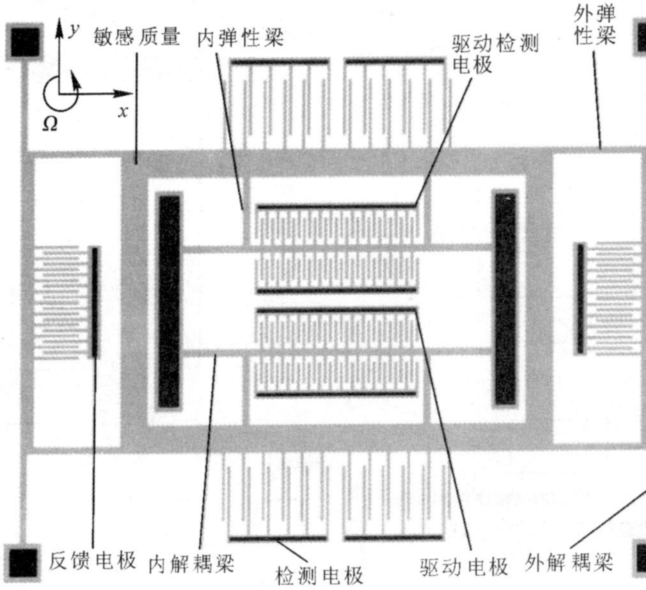

图 5-5　硅微陀螺的原理示意图

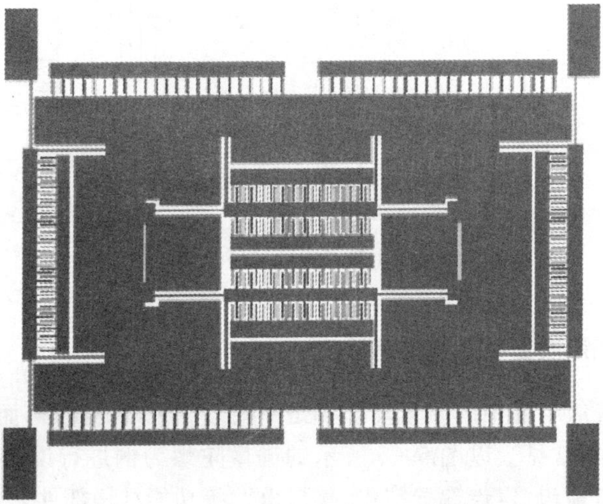

图 5-6　硅微陀螺加工版图中的结构层图形

假定质量平板是刚体，可采用刚体运动理论建立其行为模型。由刚体的空间运动理论可知，质量块的运动可分解为质心的平动和绕质心的定点转动。由牛顿定律可得质量块质心的平动方程为

$$\boldsymbol{F}_m = m\ddot{\boldsymbol{r}}_{np} \tag{5.1}$$

其中，$\boldsymbol{F}_m$ 是质心所受到的合外力；$\ddot{\boldsymbol{r}}_{np}$ 是质心的绝对线加速度。当芯体作非惯性运动时，质量块质心的绝对线加速度为

$$\ddot{\boldsymbol{r}}_{np}=\ddot{\boldsymbol{r}}_{nc}+\ddot{\boldsymbol{r}}_{cp}+\dot{\boldsymbol{\omega}}_{nc}\times\boldsymbol{r}_{cp}+\boldsymbol{\omega}_{nc}\times(\boldsymbol{\omega}_{nc}\times\boldsymbol{r}_{cp})+2\boldsymbol{\omega}_{nc}\times\dot{\boldsymbol{r}}_{cp} \tag{5.2}$$

其中，$\boldsymbol{r}_{cp}=[x_{cp}\quad y_{cp}\quad z_{cp}]^{\mathrm{T}}$ 为质心的位置矢量；$\ddot{\boldsymbol{r}}_{nc}$ 和 $\boldsymbol{\omega}_{nc}$ 为芯体相对于惯性坐标系的绝对线加速度和绝对角速度。

由刚体定点转动的欧拉动力学方程，可得质量块绕质心的转动行为方程为

$$\begin{bmatrix}M_x\\M_y\\M_z\end{bmatrix}=\begin{bmatrix}\dot{H}_x\\\dot{H}_y\\\dot{H}_z\end{bmatrix}+\begin{bmatrix}0&-\omega_z&\omega_y\\\omega_z&0&-\omega_x\\-\omega_y&\omega_x&0\end{bmatrix}\begin{bmatrix}H_x\\H_y\\H_z\end{bmatrix} \tag{5.3}$$

其中，M_x，M_y 和 M_z 分别表示作用在质量块上的转矩；ω_x，ω_y 和 ω_z 分别表示质量块的绝对角速度；H_x，H_y 和 H_z 分别表示质量块的动量矩，可表示为

$$\begin{bmatrix}H_x\\H_y\\H_z\end{bmatrix}=\begin{bmatrix}I_{xx}&-I_{xy}&-I_{xz}\\-I_{xy}&I_{yy}&-I_{yz}\\-I_{xz}&-I_{yz}&I_{zz}\end{bmatrix}\begin{bmatrix}\omega_x\\\omega_y\\\omega_z\end{bmatrix} \tag{5.4}$$

其中，I_{xx}，I_{yy} 和 I_{zz} 分别表示质量块的转动惯量；I_{xy}，I_{xz} 和 I_{yz} 是惯量积。

因此，要建立该质量平板的行为模型，最关键的就是得到平板的质量、质心位置、转动惯量等参数。对于几何形状不规则的平板结构，可以把平板看成由几种基本形状如矩形、三角形、扇形等组合在一起的。利用平行轴公式和转轴公式，可以得到整个质量块在质心坐标系中的转动惯量和惯性积：

$$I_{xx}=\sum_{1}^{n}[I_{xxi}+m_i(y_i^2+z_i^2)]-m(Y_{\mathrm{c}}+Z_{\mathrm{c}}) \tag{5.5}$$

$$I_{xy}=\sum_{1}^{n}(I_{xyi}+m_ix_iy_i)-mX_{\mathrm{c}}Y_{\mathrm{c}} \tag{5.6}$$

其中，I_{xxi} 和 I_{xy} 等表示各个单元本身的转动惯量和惯性积；m_i 表示各个单元的质量；m 表示总质量；x_i，y_i，z_i 表示各个单元质心的坐标。

这样，即可建立不规则图形的质量平板组件。图 5－7 中的任意图形质量组件即采用该方法实现的。用户只须输入各组成部分的位置与尺寸，系统就可以自动计算和仿真。

依据组件搭建的硅微陀螺模型如图 5－7 所示，依据该模型可以与接口电路进行混合信号仿真。如图 5－8 所示为陀螺对正弦角速度信号的瞬态分析，用户可以据此查看电路各个节点的输出波形。图中由上至下分别是输入角速度信号、驱动和敏感模态的位移、输出信号。0.1 s 的时域仿真在 P4－1.6 GHz，512 MB 内存的兼容计算机上只花费了十几分钟时间，仿真的速度与精度均可满足需求。

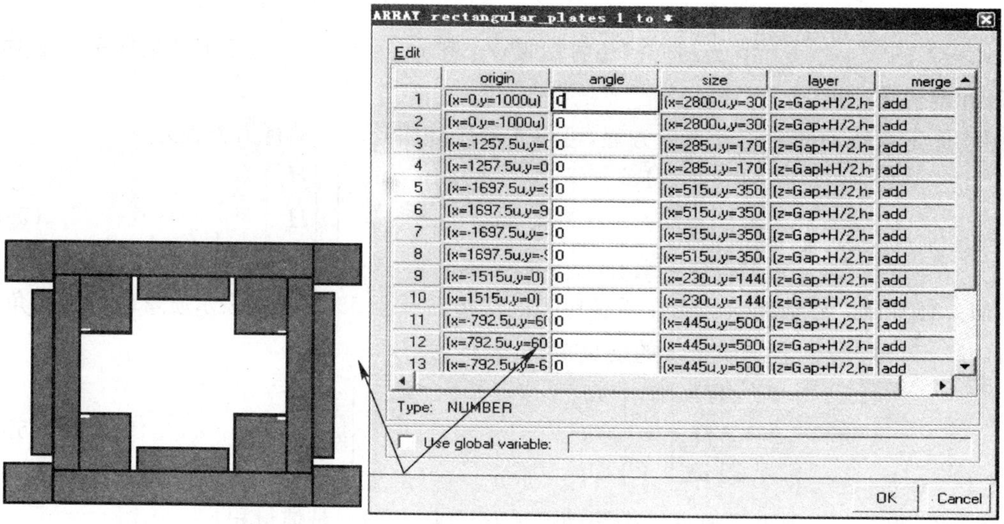

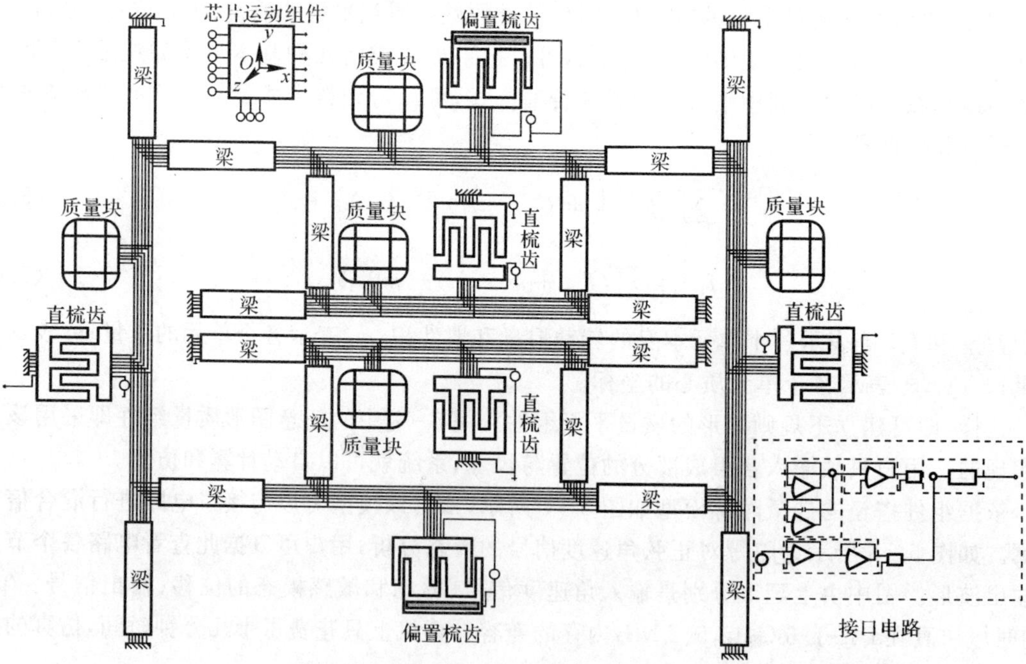

图 5-7　硅微陀螺的系统级模型

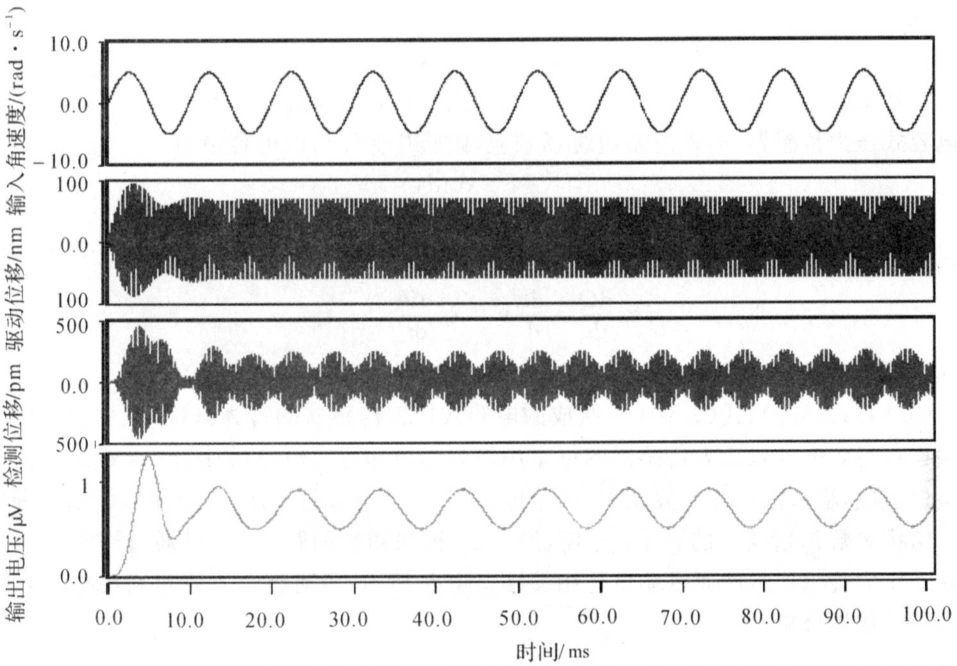

图 5-8 硅微陀螺的混合信号仿真结果

5.2.3 空间连续的分布式参数组件模型的建立

从本质上讲，精确的物理组件模型大多为分布参数模型，在数学上用复杂的偏微分方程(PDE)描述。如膜片等大多数分布参数 MEMS 器件，其弹性变形是空间连续的，本身并不能近似为刚体。虽然可用黑箱法确定其宏模型，但是物理上不透明，不便于设计迭代、优化。硬件描述语言可直接支持对常微分方程进行建模和仿真，但是对于偏微分方程的建模则没有相应的语法规定。因此，必须通过有限差分法把偏微分方程转化为常微分方程组，从而实现分布参数系统建模与仿真。下面介绍空间连续的分布式参数组件模型的建立过程。

通常膜片变形满足基尔霍夫假设，即最大变形远小于其厚度($w_{max} \leqslant h/5$)。基于弯曲平板的小挠度理论[1]，膜片的行为可由下列偏微分方程描述：

$$D\frac{\partial^4 w}{\partial x^4} + 2D\frac{\partial^4 w}{\partial x^2 \partial y^2} + D\frac{\partial^4 w}{\partial y^4} = p_{eff} - b\frac{dw}{dt} - \rho h\frac{d^2 w}{dt^2} \qquad (5.7)$$

其中，w 是膜片上(x,y)点的位移；D 是弯曲刚度，$D=(Eh^3/12)/(1-\nu^2)$，E 是弹性模量，ν 是泊松比；p_{eff} 是作用在膜片上的有效压力；ρ 是膜片密度；h 是膜片的厚度。

这样，仿真问题就转化为求解带有边界条件的偏微分方程(5.7)。但是，目前混合信号硬件描述语言并不支持偏微分方程的求解，为了能够仿真，必须对偏微分方程(5.7)进行离散化，将其转化为常微分方程组的形式。这里采用有限差分方法，其过程是把膜片均匀划分成网格，然后用差分式代替偏微分，这样针对每个节点就能建立一个方程，偏微分方程就转化为采用常微分方程组表示的系统方程：

$$\boldsymbol{M}\ddot{\boldsymbol{w}} + \boldsymbol{K}\dot{\boldsymbol{w}} + \boldsymbol{C}\boldsymbol{w} = \boldsymbol{F} \tag{5.8}$$

其中，$\boldsymbol{M}$，$\boldsymbol{K}$，$\boldsymbol{C}$ 是系统矩阵，$\boldsymbol{w}$ 和 $\boldsymbol{F}$ 是节点 (i,j) 处的挠度和载荷向量。

对于电容式压力传感器，如果忽略边缘场效应，则膜片变形后的电容量为

$$C = \varepsilon\int_{x=0}^{L}\int_{y=0}^{W}\frac{\mathrm{d}x\,\mathrm{d}y}{d - w(x,y)} \tag{5.9}$$

可采用数值积分方法计算电容，电容器的电学行为可由下列方程描述：

$$i = \frac{\mathrm{d}Q}{\mathrm{d}t} = \frac{\mathrm{d}C}{\mathrm{d}t}V + C\,\frac{\mathrm{d}V}{\mathrm{d}t} \tag{5.10}$$

其中，Q 是电容器储存的电荷量。

根据式(5.8)、式(5.9)、式(5.10) 等组成的电容式压力传感器的行为方程，应用模拟硬件描述语言编程可得到电容式压力传感器的可重用参数化组件行为模型，如图 5-9 所示。该组件由 5 个端口组成，输入端口为外界压力，两个电端口为上、下极板电压，输出端口为电容和中心点位移。结构参数包括膜片的长 L，宽 W，厚 h，极板间初始间距 d 等，可通过图形界面录入。把电容式压力传感器组件通过端口与相关接口电路相连，可对整个系统进行时域、频域、参数扫描等相关仿真分析。

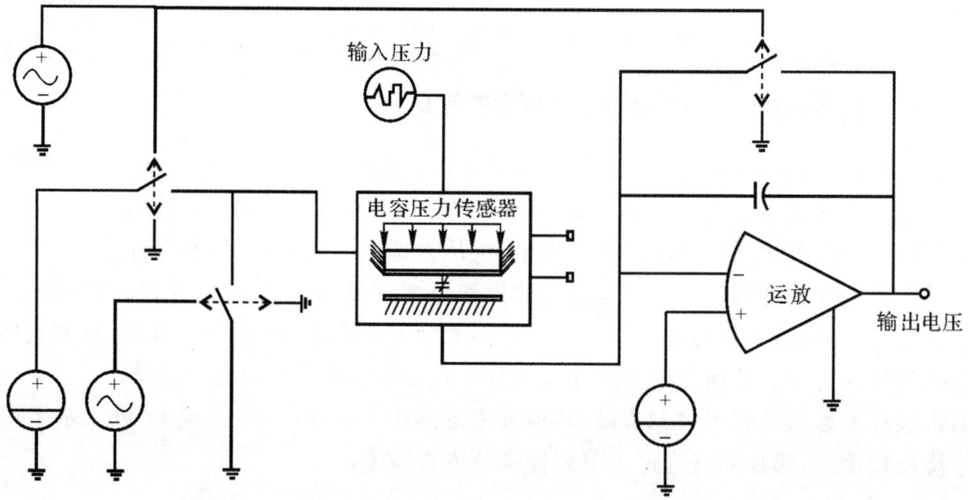

图 5-9　电容式压力传感器及其读出电路系统模型

采用 Saber 仿真器得到压力传感器系统的仿真结果如图 5-10 所示。图中的曲线从上到下依次为被测压力、膜片中心点的位移、传感器电容输出、电压输出。仿真运算选用的网格尺寸为 $L/20$，在 P4-1.6 GHz，512 MB 内存的兼容计算机上花费了约 30 min，这对于机电耦合并充分考虑了空间连续行为的系统仿真来说基本上是可以接受的。根据系统仿真精度或者仿真时间的需要，可以适当调整离散化网格的密度。

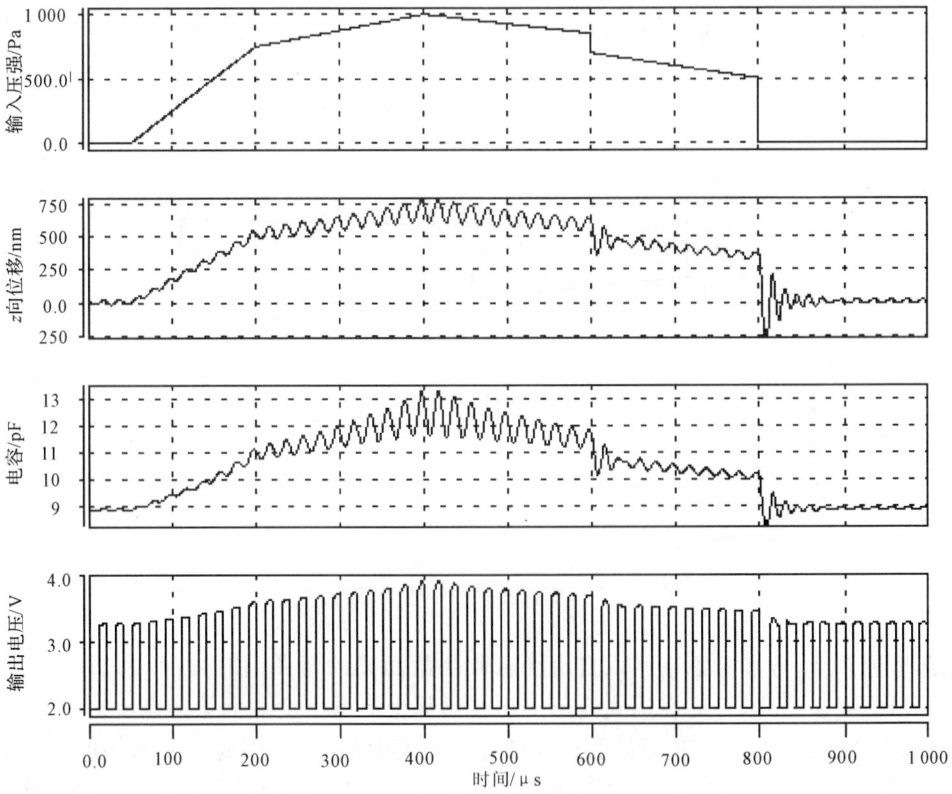

图 5-10　分布参数系统混合信号仿真结果

5.2.4　变截面梁组件的建立

在 MEMS 结构设计中，有时为了实现支撑梁具有较好的应力分布、较高的强度和较好的稳定性，常采用变截面梁代替常规的等截面梁来优化结构。但在当前几乎所有的 MEMS 系统级设计软件中，均没有这种变截面梁的组件，其建模通常都是通过宏建模来解决的。这里，根据矩阵结构分析和弹性力学等理论推导出一种应用广泛的、宽度随长度方向线性变化的变截面线性梁的力学模型，可有效解决基于变截面梁组件的系统级仿真。

变截面梁包括线性和非线性两种，此处主要讨论变截面线性梁的建模方法，以下简称变截面梁。变截面梁的系统级建模，实质就是利用硬件描述语言表述其二阶动力学方程

$$\boldsymbol{K}_c\boldsymbol{X}_c + \boldsymbol{B}_c\dot{\boldsymbol{X}}_c + \boldsymbol{M}_c\ddot{\boldsymbol{X}}_c = \boldsymbol{F}_c \tag{5.11}$$

式中，$\boldsymbol{K}_c$，$\boldsymbol{B}_c$，$\boldsymbol{M}_c$ 分别为全局坐标系下变截面梁的刚度、阻尼和质量矩阵；$\boldsymbol{X}_c$，$\boldsymbol{F}_c$ 为全局坐标系下梁节点处产生的位移和所受的合外力。下面分别论述这些参数矩阵的建立过程。

5.2.4.1 局部坐标系下的刚度矩阵

以变截面梁的长度方向为 x 轴，宽度方向为 y 轴，厚度方向为 z 轴，建立局部坐标系，如图 5-11 所示。图中，l 为梁长度，t 为厚度，w_1 为端面 1 的宽度，w_2 为端面 2 的宽度。

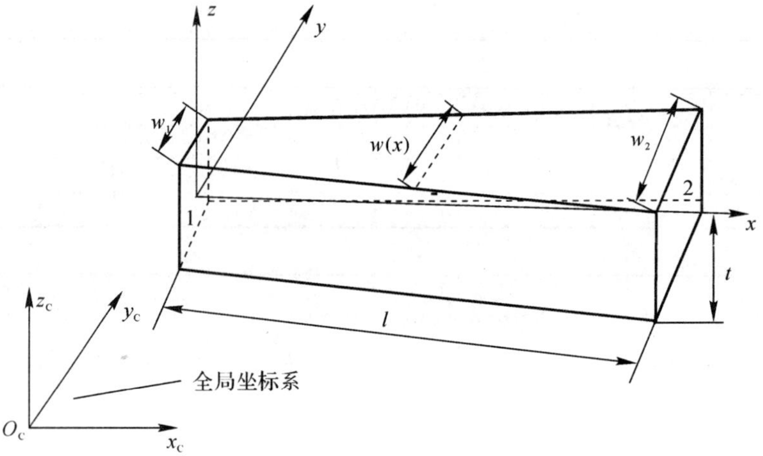

图 5-11　变截面梁的结构示意图

在局部坐标系下，分别考虑空间六自由度悬臂变截面梁的弯曲、轴向拉压和扭转，利用单位位移法求出挠度表达式，再对表达式变形得出在局部坐标系下变截面梁的刚度矩阵 $\boldsymbol{K}$。

在实际 MEMS 结构中，变截面梁的长度都远大于宽度和厚度，因此变截面梁的弯曲通常为纯弯曲。假定 $w_1 \leqslant w_2$，将端面 2 约束，建立悬臂梁力学模型，对于宽度随长度线性变化的变截面梁，任意截面上的宽度表达式为

$$w(x) = w_1 + \frac{(w_2 - w_1)x}{l} \tag{5.12}$$

如图 5-12(a) 所示，在 xOy 平面内，当截面为矩形时，梁任意截面处的转动惯量为

$$I_z(x) = \left[w_1 + \frac{(w_2 - w_1)x}{l}\right]^3 \frac{t}{12} \tag{5.13}$$

当梁端面 1 受到弯矩 M_{xOy1} 作用时，根据纯弯曲方程，有

$$\frac{\mathrm{d}^2\omega_{xOy}}{\mathrm{d}x^2} = \frac{M_{xOy1}}{EI_z(x)} \tag{5.14}$$

式中，ω_{xOy} 为轴线上任一点在 xOy 平面内的挠度，E 为弹性模量。结合边界条件，当 $x = l$ 时，端面 2 处的挠度 $\omega_{xOy2} = 0$，转角 $\theta_{xOy2} = 0$。对式(5.14) 积分，求出在端面 1($x = 0$) 处的转角和挠度表达式分别为

$$\theta_{xOy1} = \frac{\mathrm{d}\omega_y}{\mathrm{d}x} = \frac{6Ml}{Et} \frac{w_2^2 - w_2^2}{w_1^2 w_2^2 (w_2 - w_1)} \tag{5.15}$$

$$\omega_{xOy1} = \frac{\mathrm{d}^2\omega_y}{\mathrm{d}x^2} = \frac{6Ml^2}{Et} \frac{w_2 - w_1 - w_2^2 - w_2 w_1}{w_1 w_2 (w_2 - w_1)^2} \tag{5.16}$$

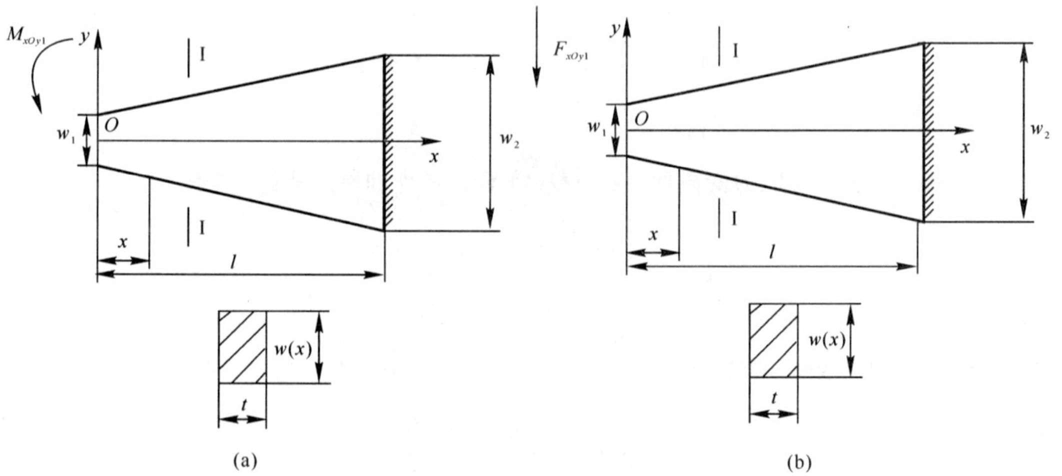

图 5-12　变截面梁的弯曲

(a) 自由端受弯矩；(b) 自由端受集中力

如图 5-12(b) 所示，当梁端面 1 处受到集中力 F_{xOy1} 时，纯弯曲方程变为

$$\frac{\mathrm{d}^2\omega_{xOy}}{\mathrm{d}x^2}=\frac{F_{xOy1}x}{EI_z(x)} \tag{5.17}$$

同理，端面 1($x=0$) 处的转角和挠度表达式分别为

$$\theta_{xOy1}=\frac{6Fl^2}{Et}\frac{w_2-w_1-w_2^2-w_2w_1}{w_1w_2(w_2-w_1)^2} \tag{5.18}$$

$$\omega_{xOy1}=\frac{6Fl^3}{Et}\frac{\ln(w_1/w_2)+1/w_2w_1-1}{(w_2-w_1)^3}\frac{1-w_1w_2}{(w_2-w_1)^2w_1w_2^2} \tag{5.19}$$

令

$$A=\frac{6l}{Et}\frac{w_1^2-w_2^2}{w_1^2w_2^2(w_2-w_1)}$$

$$B=\frac{6l^2}{Et}\frac{w_2-w_1-w_2^2-w_2w_1}{w_1w_2(w_2-w_1)^2}$$

$$C=\frac{6l^2}{Et}\frac{(w_2-w_1-w_2^2-w_2w_1)}{w_1w_2(w_2-w_1)^2}$$

$$D=\frac{6l^3}{Et}\frac{\ln(w_1/w_2)+1/w_2w_1-1}{(w_2-w_1)^3}\frac{1-w_1w_2}{(w_2-w_1)^2w_1w_2^2}$$

可解出

$$F_{xOy1}=\frac{A}{AD-BC}\omega_{xOy1}+\frac{B}{BC-AD}\theta_{xOy1} \tag{5.20}$$

$$M_{xOy1}=\frac{C}{BC-AD}\omega_{xOy1}+\frac{D}{AD-BC}\theta_{xOy1} \tag{5.21}$$

xOy 平面内变截面梁弯曲的刚度方程为

$$\begin{bmatrix} F_{xOy1} \\ M_{xOy1} \\ F_{xOy2} \\ M_{xOy2} \end{bmatrix} = \begin{bmatrix} \boldsymbol{k}_{y11} & \boldsymbol{k}_{y12} \\ \boldsymbol{k}_{y21} & \boldsymbol{k}_{y22} \end{bmatrix} \begin{bmatrix} \omega_{xOy1} \\ \theta_{xOy1} \\ \omega_{xOy2} \\ \theta_{xOy2} \end{bmatrix} \tag{5.22}$$

式中，$\boldsymbol{k}_{yij}(i=1,2,j=1,2)$ 为变截面梁在 xOy 平面内的弯曲刚度矩阵，其中

$$\boldsymbol{k}_{y11} = \begin{bmatrix} \dfrac{A}{AD-BC} & \dfrac{B}{BC-AD} \\ \dfrac{B}{BC-AD} & \dfrac{D}{AD-BC} \end{bmatrix} \tag{5.23}$$

利用平衡方程可求出端面 2 所受反力 $F_{xOy2}=-F_{xOy1}$ 和弯矩 $M_{xOy2}=F_{xOy1}l-M_{xOy1}$，因此

$$\boldsymbol{k}_{y21} = \begin{bmatrix} \dfrac{-A}{AD-BC} & \dfrac{-B}{BC-AD} \\ \dfrac{B-Al}{BC-AD} & \dfrac{Bl-D}{AD-BC} \end{bmatrix} \tag{5.24}$$

同理，当约束端面 1，在自由端端面 2 处分别施加弯矩 M_{xOy2} 和集中力 F_{xOy2}，可分别解出 $\boldsymbol{k}_{yij}$ 中的 $\boldsymbol{k}_{y12}$，$\boldsymbol{k}_{y22}$。

在 xOz 平面内，任意端面处的转动惯量为

$$I_y(x) = \left[w_1 + \frac{(w_2-w_1)x}{l}\right]\frac{t^3}{12} \tag{5.25}$$

与 xOy 面内弯曲类似，可求出在 xOz 平面内另一组弯曲刚度矩阵 $\boldsymbol{k}_{zij}$。

如图 5-13 所示，与变截面梁的弯曲类似，建立变截面悬臂梁力学模型。当端面 1 受到轴向力 F_N 作用，端面 2 约束时，轴向位移 Δl 的表达式为

$$\Delta l = \int_0^l \frac{F_N \mathrm{d}x}{E[w_1+(w_2-w_1)x/l]t} \tag{5.26}$$

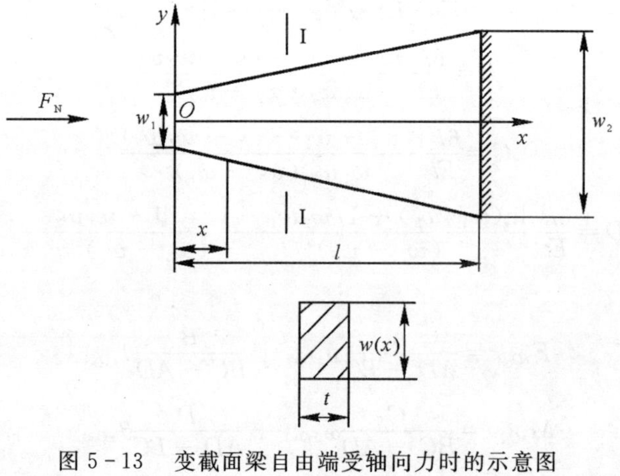

图 5-13　变截面梁自由端受轴向力时的示意图

积分后导出端面 1 处所受轴向力与轴向位移的关系表达式

$$F_{\mathrm{N}}=\frac{Et(w_2-w_1)}{l\lg(w_2/w_1)}\Delta l \tag{5.27}$$

令

$$k_{x1}=\frac{Et(w_2-w_1)}{l\lg(w_2/w_1)} \tag{5.28}$$

则 k_{x1} 为端面1的轴向刚度系数。由受力分析可知，端面2所受反力与 $\boldsymbol{F}_{\mathrm{N}}$ 大小相等、方向相反，故端面 2 的轴向刚度系数 $k_{x2}=-k_{x1}$。

对于矩形截面的变截面梁扭转问题，由于扭转惯量较为复杂，目前仍没有精确的扭转公式直接进行求解。这里采用 Guimin Chen 等人提出的结构扭转变形方法近似得到纯剪切变截面梁的扭转变形公式[2] 为

$$T=\frac{\varphi}{\int_0^l \frac{7}{2G}\left[\frac{1}{tw^3(x)}+\frac{1}{t^3w(x)}\right]\mathrm{d}x} \tag{5.29}$$

其中，T 为扭矩；φ 为转角；$G=E/(2+\nu)$，为剪切模量，ν 为泊松比。将式(5.12) 代入式(5.29) 并令

$$k_{t1}=\frac{1}{\int_0^l \frac{7}{2G}\left[\frac{1}{tw^3(x)}+\frac{1}{t^3w(x)}\right]\mathrm{d}x} \tag{5.30}$$

则 k_{t1} 为约束端面 2 后，变截面梁端面 1 的扭转刚度系数。与轴向拉压类似，端面 2 的扭转刚度系数为 $k_{t2}=-k_{t1}$。

将上述推导出的的弯曲、轴向拉压和扭转刚度系数代入刚度矩阵，最终得出在局部坐标系下维数为 12×12 的变截面梁刚度矩阵 $\boldsymbol{K}$。

5.2.4.2　局部坐标系下的质量矩阵

采用弯扭工程理论，并略去剪切变形，矩阵结构分析理论给出了两节点、每节点 6 自由度线性梁在局部坐标系下的形函数矩阵

$$\boldsymbol{N}^{\mathrm{T}}=\begin{bmatrix}
1-\xi & 0 & 0\\
6(\xi-\xi^2)\eta & 1-3\xi^2+2\xi^3 & 0\\
6(\xi-\xi^2)\zeta & 0 & 1-3\xi^2+2\xi^3\\
0 & -(1-\xi)l\zeta & -(1-\xi)l\eta\\
(1-4\xi+3\xi^2)l\zeta & 0 & (-\xi+2\xi^2-\xi^3)l\\
(-1+4\xi-3\xi^2)l\eta & (\xi-2\xi^2+\xi^3)l & 0\\
\xi & 0 & 0\\
6(-\xi+\xi^2)\eta & 3\xi^2-2\xi^3 & 0\\
6(-\xi+\xi^2)\zeta & 0 & 3\xi^2-2\xi^3\\
0 & -l\xi\zeta & -l\xi\eta\\
(-2\xi+3\xi^2)l\zeta & 0 & (\xi^2-\xi^3)l\\
(-2\xi+3\xi^2)l\eta & (-\xi^2+\xi^3)l & 0
\end{bmatrix} \tag{5.31}$$

其中，无因次参数的表达式为$\xi=x/l,\eta=y/l,\zeta=z/l$。对于变截面线性梁来说，任意截面上的宽度不再为常量，因此y的变化范围为

$$\left(-\frac{1}{2}\left[w_1+\frac{(w_2-w_1)x}{l}\right],\ \frac{1}{2}\left[w_1+\frac{(w_2-w_1)x}{l}\right]\right) \tag{5.32}$$

z的变化范围为$(-t/2,t/2)$。局部坐标系下质量矩阵为

$$\boldsymbol{M}=\int_V \rho \boldsymbol{N}^{\mathrm{T}}\boldsymbol{N}\mathrm{d}V \tag{5.33}$$

其中，ρ为变截面梁的密度；V为体积。

5.2.4.3　局部坐标系下的阻尼矩阵

在实际结构中还存在着能量损耗，因此须要引入阻尼力描述梁元素中的能量损耗。根据矩阵结构分析理论，与质量矩阵类似，在局部坐标系下变截面梁的阻尼矩阵$\boldsymbol{B}$为

$$\boldsymbol{B}=B'\int_V \boldsymbol{N}^{\mathrm{T}}\boldsymbol{N}\mathrm{d}V \tag{5.34}$$

式中，B'为阻尼系数。

5.2.4.4　参数化变截面梁的系统级组件模型

设$\boldsymbol{\lambda}$为局部坐标系向总体坐标系投影的坐标转换矩阵，则全局坐标系下变截面梁的刚度矩阵$\boldsymbol{K}_c$、阻尼矩阵$\boldsymbol{B}_c$和质量矩阵$\boldsymbol{M}_c$的表达式为

$$\begin{aligned}\boldsymbol{K}_c&=\boldsymbol{\lambda}^{\mathrm{T}}\boldsymbol{K}\boldsymbol{\lambda}\\ \boldsymbol{B}_c&=\boldsymbol{\lambda}^{\mathrm{T}}\boldsymbol{B}\boldsymbol{\lambda}\\ \boldsymbol{M}_c&=\boldsymbol{\lambda}^{\mathrm{T}}\boldsymbol{M}\boldsymbol{\lambda}\end{aligned} \tag{5.35}$$

应用硬件描述语言描述式(5.35)，即得变截面梁的系统级组件模型，其示意图如图5-14所示。变截面梁的系统级组件端口与其自由度对应，端口信号用跨量和通量表示。组件模型中机械平动端口的跨量是沿x,y,z轴方向的线位移，通量是力F_x,F_y,F_z；机械转动端口的跨量是绕x,y,z轴转动的角位移a,b,c，通量是转矩M_x,M_y,M_z；电端口的跨量是电势U，通量是电流i。梁的尺寸参数包括长度、宽度和厚度；位置参数包括梁的初始位置和方位角；材料属性参数包括弹性模量、剪切模量、密度等。

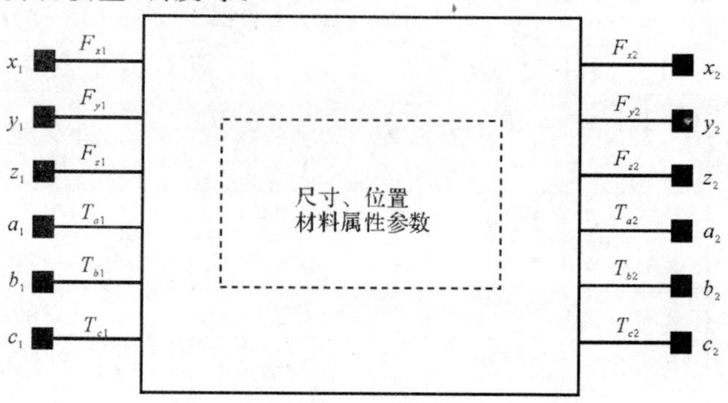

图5-14　变截面梁的系统级组件示意图

在系统级仿真平台下运用变截面梁、锚点、力和转矩四个系统级组件建立悬臂梁系统，如图 5-15 所示。其中，变截面梁的 $l=200\ \mu m$，$w_1=30\ \mu m$，$w_2=5\ \mu m$，$t=5\ \mu m$，$E=130$ GPa，$\rho=2\ 330\ kg/m^3$，$\nu=0.22$。

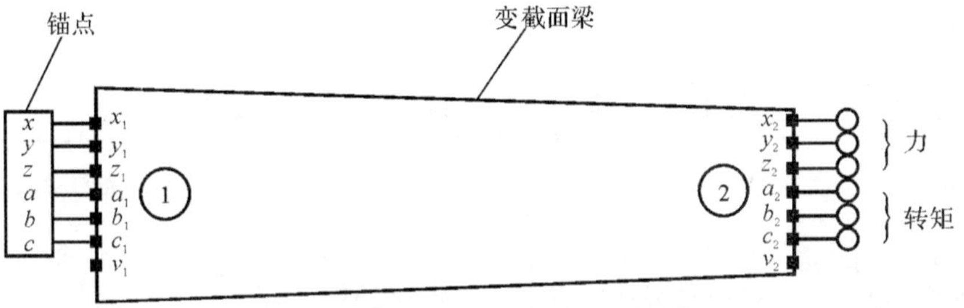

图 5-15　悬臂梁系统级模型示意图

对自由端 x,y,z,a,b,c 方向分别施加 1 μN 的力和 1 nN/m 的转矩进行静态分析。当约束 1 端时，端面 2 各方向的仿真结果如表 5-1 所示；当约束 2 端时，端面 1 各方向的仿真结果如表 5-2 所示。结果表明，当宽度和厚度远小于长度时梁呈现线性行为，模型静态精度较高。

表 5-1　约束 1 端时变截面悬臂梁的静态分析结果

参数	系统级	ANSYS(beam188)	相对误差
$x_2/\mu m$	2.21×10^{-5}	2.20×10^{-5}	0.45%
$y_2/\mu m$	0.087 8	0.088 0	0.23%
$z_2/\mu m$	−0.670	−0.670	0%
a_2/rad	9.31×10^{-3}	9.24×10^{-3}	1.3%
b_2/rad	9.83×10^{-3}	9.82×10^{-3}	0.10%
c_2/rad	2.95×10^{-3}	2.94×10^{-3}	0.34%

表 5-2　约束 2 端时变截面悬臂梁的静态分析结果

参数	系统级	ANSYS(beam188)	相对误差
$x_2/\mu m$	2.21×10^{-5}	2.20×10^{-5}	0.45%
$y_2/\mu m$	0.058 0	0.057 8	0.34%
$z_2/\mu m$	−1.15	−1.15	0%
a_2/rad	-9.31×10^{-3}	-9.24×10^{-3}	1.3%
b_2/rad	-9.23×10^{-3}	-9.22×10^{-3}	0.11%
c_2/rad	-3.37×10^{-3}	-3.36×10^{-3}	0.30%

用 1 个、2 个等分和 4 个等分的变截面梁组件分别建立变截面悬臂梁系统级模型，进行频域分析，并将结果与 ANSYS 模态分析结果对比，如表 5-3 所示。从仿真结果可知，当使用 1 个

变截面梁组件建立悬臂梁系统级模型时，其频域分析的最大相对误差达到21.5%；而使用4个等分的变截面梁组件建立悬臂梁系统级模型时，其频域分析的最大相对误差减小至0.8%。这是因为，随着变截面梁组件个数的增加，系统级模型将逐渐近于变截面梁的真实动态行为，致使其频域仿真精度越来越高。因此，在实际设计中，为了得出精确的仿真结果，在条件允许的情况下，应适当增加组件的个数。

表5-3　变截面悬臂梁的频域分析结果

模态方向	系统级（组件个数）	ANSYS(beam188)	相对误差
z	236 kHz(1) 240 kHz(2) 241 kHz(4)	239 kHz	1.26% 0.4% 0.8%
y	875 kHz(1) 1 080 kHz(2) 1 120 kHz(4)	1 115 kHz	21.5% 3.14% 0.4%
x	11 500 kHz(1) 12 400 kHz(2) 12 500 kHz(4)	12 496 kHz	7.97% 0.76% 0.03%

5.2.4.5　变截面梁组件的应用

蟹腿式平面y轴加速度计是MEMS的典型惯性器件，它的工作原理为被测y向加速度引起的惯性力作用在质量平板上，使质量平板沿梳齿长度方向运动，从而引起梳状可变电容的变化，通过检测该电容值的变化测量加速度的大小。

如图5-16所示，将蟹腿式y轴加速度计中四根固连于锚点的梁设计为变截面梁，这不仅会使该加速度计在满足刚度需求的同时加强结构的强度，而且可以避免较大的应力集中，并提高结构的稳定性。

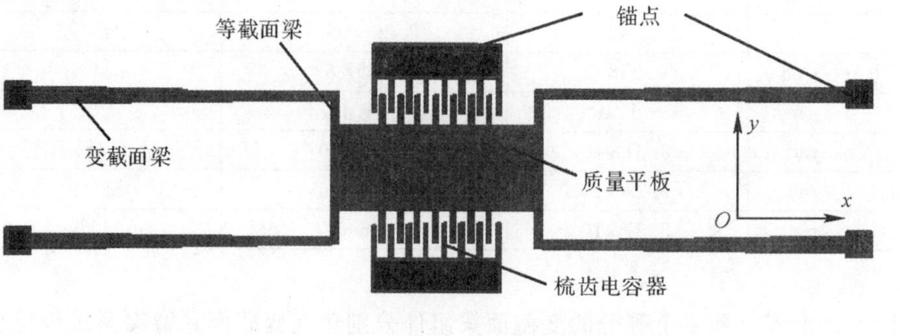

图5-16　蟹腿式y轴加速度计的简化版图

该加速度计系统级模型包括锚点、质量平板、梳状电容器、芯片运动组件、变截面梁和等截面梁相互垂直组合而成的蟹腿梁等组件模型，如图 5－17 所示。

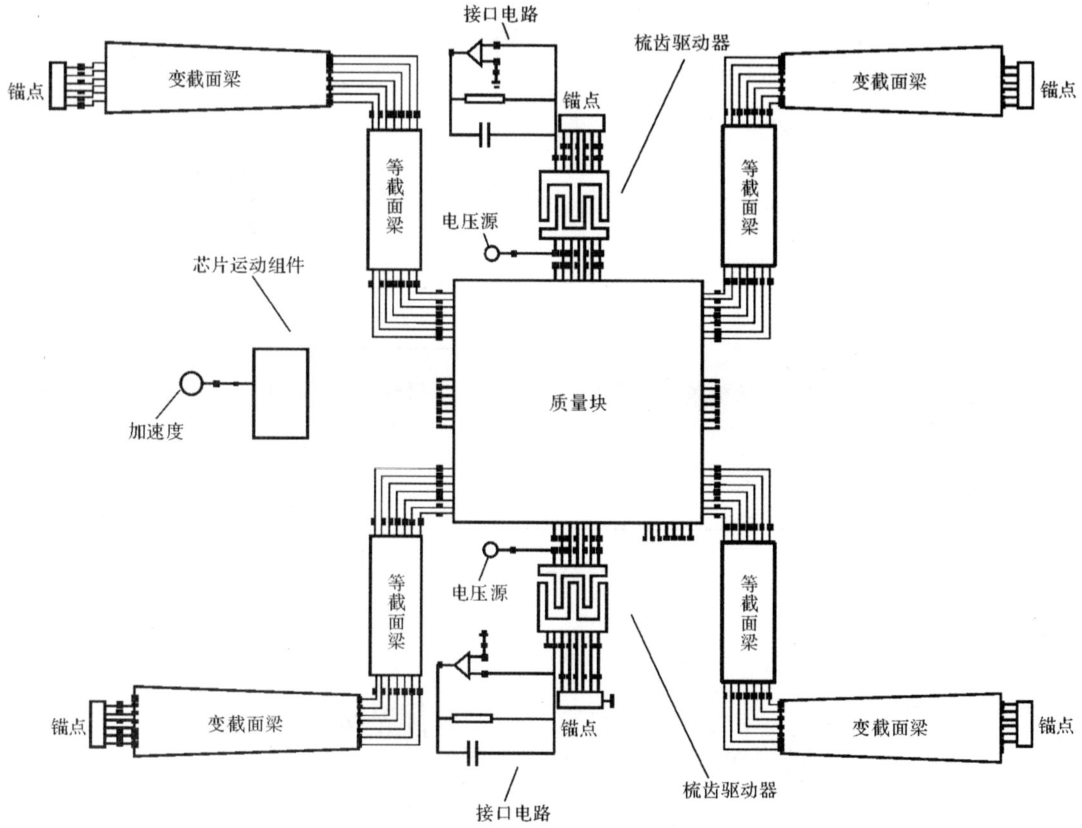

图 5－17　蟹腿式 y 轴加速度计的系统级模型示意图

其具体几何尺寸为：变截面梁：长 400 μm，宽 10 μm，5 μm，厚 30 μm；等截面梁：长 60 μm，宽 5 μm，厚 30 μm；质量平板：长 500 μm，宽 500 μm，厚 30 μm；梳齿电容器：长 500 μm，宽 3 μm，厚 30 μm，齿数为 55 个。

对蟹腿式 y 轴加速度计系统级模型进行频域分析，得出该结构三个方向的谐振频率，并与 ANSYS 模态分析结果对比，如图 5－18、图 5－19 和表 5－4 所示。工作模态 y 向的谐振频率相对误差为 2.56%。若适当增加变截面梁组件的个数，将会进一步改善该加速度计系统级模型的频域仿真精度，这将使得该系统级模型更加准确地描述该加速度计的动态行为特性。

在芯片运动组件的 y 向加速度输入端口施加脉冲加速度信号，对系统整体行为进行时域仿真分析，并与 ANSYS 瞬态分析结果对比，两者最大相对误差为 3.65%，如图 5-20 所示。其中，系统级仿真耗时为 4 min，ANSYS 瞬态分析用时则为 56 min。由此可见，系统级时域仿真的速度是有限元所无法比拟的。

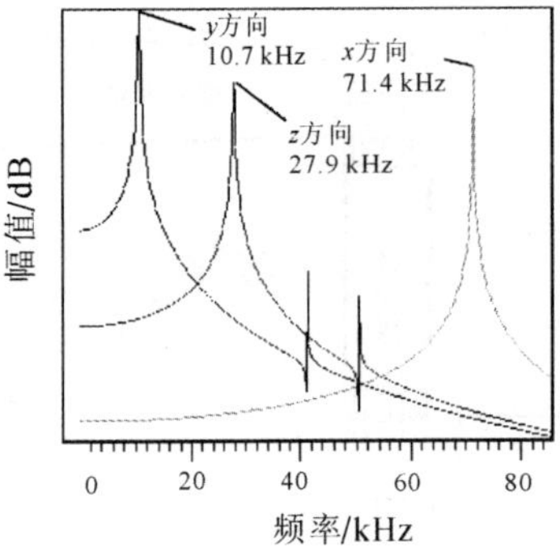

图 5-18　蟹腿式加速度计系统级频域分析结果

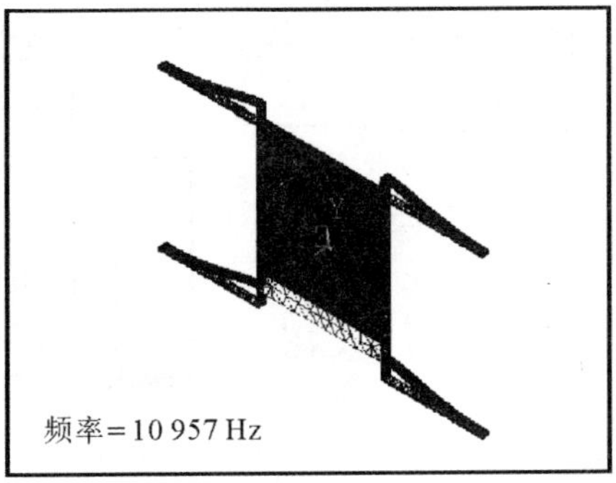

图 5-19　蟹腿式加速度计 ANSYS 模态分析结果

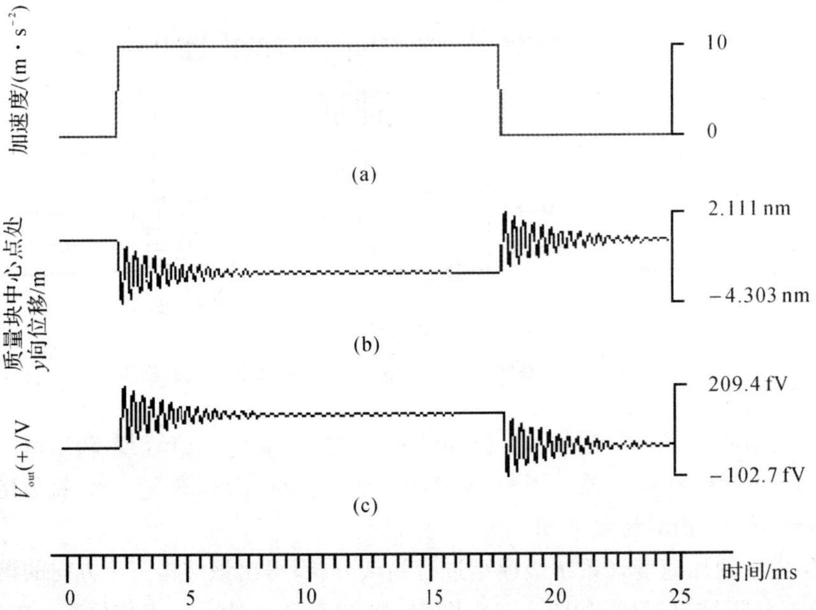

图 5-20　VLG 下系统对脉冲输入加速度的时域响应

(a) 被测加速度信号；(b) 质量板质心 y 向位移；(c) 电压输出信号

表 5-4　蟹腿式 y 轴加速度计频域分析结果

模态方向	系统级	ANSYS(solid95)	相对误差
y	10.7 kHz	11.07 kHz	3.34%
z	27.9 kHz	27.62 kHz	1.01%
x	71.4 kHz	73.15 kHz	2.39%

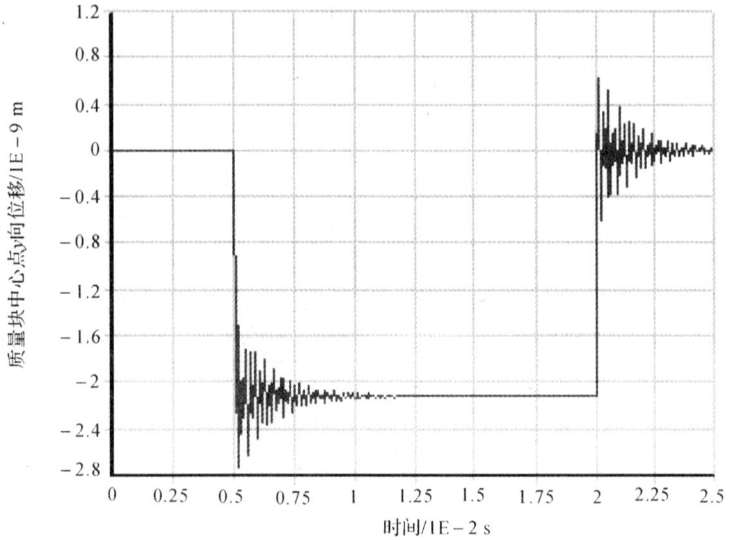

图 5-21　ANSYS 下系统对脉冲输入加速度的时域响应

5.2.5　基于异构宏模型的系统级设计

对于大部分 MEMS 系统，仅使用上述的多端口组件网络建模方法一般无法构建其完整的系统级模型。一种有效的做法是采用上述方法获取规则几何结构的低阶模型(解析宏模型)。对于复杂非规则结构，采用降阶方法得到其宏模型(数值宏模型)，并通过解析宏模型和数值宏模型的互连以实现 MEMS 的系统级建模与仿真。这种异构宏建模方法既可以实现 MEMS 系统关键结构的参数化设计，同时又能支持用户对于某些新奇结构的创新性设计。

具体实现异构宏建模的流程如图 5-22 所示，其包含五个关键步骤。

步骤一，建立 MEMS 系统的物理模型。根据设计目标、性能参数、技术指标等要求确定 MEMS 系统的拓扑形状和几何参数，建立 MEMS 系统的物理模型。

步骤二，分解 MEMS 系统的物理模型。将物理模型按功能或几何形状进行分解，将结构简单的部件归为简单部件，将形状复杂的部件归为复杂部件。

步骤三，采用解析法建立简单部件的宏模型。

步骤四，采用数值法建立复杂部件的宏模型。包括如下子步骤：

子步骤 1：获取部件在某个自由度方向上的二阶动力学行为方程。

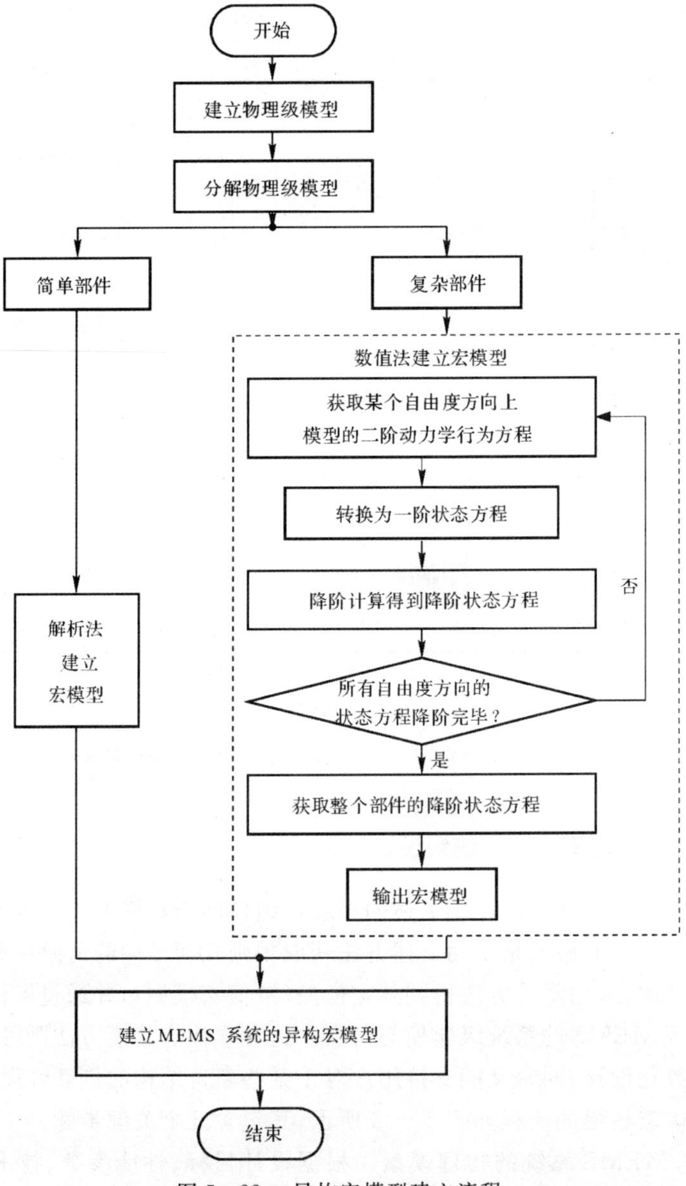

图 5-22　异构宏模型建立流程

使用有限元方法或直接使用有限元软件将复杂部件的物理模型离散为具有 S 个自由度 $x_i(1 \leqslant i \leqslant S)$ 的常微分方程描述的系统，提取常微分方程的系数矩阵，即部件的质量、刚度、阻尼矩阵，分别记为 $\boldsymbol{M},\boldsymbol{K},\boldsymbol{D} \in \mathbf{R}^{S\times S}$，建立部件的二阶动力学行为方程

$$\boldsymbol{M}\ddot{\boldsymbol{x}}(t) + \boldsymbol{D}\dot{\boldsymbol{x}}(t) + \boldsymbol{K}\boldsymbol{x}(t) = \boldsymbol{F}(t) \tag{5.36}$$

式中，t 为时间变量；$\boldsymbol{x}(t) \in \mathbf{R}^{S}$，为节点自由度向量；$\boldsymbol{F}(t) \in \mathbf{R}^{S\times 1}$，为节点载荷列向量。

对于每个节点含有 k 个自由度的系统，$\boldsymbol{F}(t)$ 的结构为：对于在第 m 个节点的第 n 个自由度施加载荷向量，$m \leqslant \frac{2S}{k}$，$n \leqslant k$，将 $\boldsymbol{F}(t)$ 第$(m-1)\times k+n$ 行的元素置 1，其余元素置 0。n 只取 k 个自由度中的一个值。如果采用 Rayleigh 阻尼模型，其阻尼矩阵和质量、刚度矩阵的关系由式

$$\boldsymbol{D} = \alpha \boldsymbol{M} + \beta \boldsymbol{K}$$

确定。式中，α，β 为根据模态阻尼比确定的阻尼系数。

子步骤 2：将前一子步骤获取的二阶动力学行为方程转换为一阶状态方程。

定义变量

$$\boldsymbol{z}(t) = \begin{bmatrix} \boldsymbol{x}(t) \\ \dot{\boldsymbol{x}}(t) \end{bmatrix} = \begin{bmatrix} \boldsymbol{z}_1(t) \\ \boldsymbol{z}_2(t) \end{bmatrix}$$

则

$$\dot{\boldsymbol{z}}(t) = \begin{bmatrix} \dot{\boldsymbol{x}}(t) \\ \ddot{\boldsymbol{x}}(t) \end{bmatrix} = \begin{bmatrix} \dot{\boldsymbol{z}}_1(t) \\ \dot{\boldsymbol{z}}_2(t) \end{bmatrix} \tag{5.37}$$

将部件的二阶动力学行为方程

$$\boldsymbol{M}\ddot{\boldsymbol{x}}(t) + \boldsymbol{D}\dot{\boldsymbol{x}}(t) + \boldsymbol{K}\boldsymbol{x}(t) = \boldsymbol{F}(t)$$

变换为

$$\ddot{\boldsymbol{x}}(t) = -\boldsymbol{M}^{-}\boldsymbol{D}\dot{\boldsymbol{x}}(t) - \boldsymbol{M}^{-}\boldsymbol{K}\boldsymbol{x}(t) + \boldsymbol{M}^{-}\boldsymbol{F} \tag{5.38}$$

则

$$\dot{\boldsymbol{z}}(t) = \begin{bmatrix} \dot{\boldsymbol{z}}_1(t) \\ \dot{\boldsymbol{z}}_2(t) \end{bmatrix} = \begin{bmatrix} \boldsymbol{O} & \boldsymbol{I} \\ -\boldsymbol{M}^{-}\boldsymbol{K} & -\boldsymbol{M}^{-}\boldsymbol{D} \end{bmatrix} \begin{bmatrix} \boldsymbol{z}_1(t) \\ \boldsymbol{z}_2(t) \end{bmatrix} + \begin{bmatrix} \boldsymbol{O} \\ \boldsymbol{M}^{-}\boldsymbol{F} \end{bmatrix} = \boldsymbol{A}\boldsymbol{z}(t) + \boldsymbol{B}\boldsymbol{u}(t) \tag{5.39}$$

式中，$\boldsymbol{A}, \boldsymbol{B} \in \mathbf{R}^{2S\times 2S}$，分别是一阶状态方程的系统矩阵、输入矩阵。

为了观测部件的输出响应，上述一阶状态方程的输出方程为

$$\boldsymbol{y} = \boldsymbol{C}^{\mathrm{T}}\boldsymbol{z}(t) \tag{5.40}$$

其中，$\boldsymbol{C}$ 是预定义的输出矩阵，对于每个节点含有 k 个自由度的系统，$\boldsymbol{C} \in \mathbf{R}^{2S\times k}$，$\boldsymbol{C}$ 用于选择须要输出的节点自由度信息。其结构如下：对于要输出的第 m 个节点的第 n 个自由度

$$m \leqslant \frac{2S}{k}, \quad n \leqslant k$$

将矩阵 $\boldsymbol{C}$ 的第$(m-1)\times k+n$ 行第 n 列的元素置 1，其余元素置 0。

子步骤 3：对一阶状态方程降阶计算得到降阶状态方程。

采用 Aronldi 算法对子步骤 2 获取的一阶状态方程进行降阶计算，得到降阶后系统的状态方程

$$\left.\begin{aligned} \dot{\boldsymbol{u}}_r &= \boldsymbol{A}_r\boldsymbol{u}_r + \boldsymbol{B}_r\boldsymbol{u} \\ \boldsymbol{y}_r &= \boldsymbol{C}_r^{\mathrm{T}}\boldsymbol{u}_r \end{aligned}\right\} \tag{5.41}$$

子步骤 4：获取整个部件的降阶状态方程。

使用子步骤 2 和 3 得到的是部件在某一自由度的载荷施加作用下的宏模型。然而，在实

际应用中，输出节点的每一个自由度方向的输出是由 k 个自由度输入载荷所产生的输出叠加而成。因此，重复子步骤 1，在 n 分别取 k 个自由度中的其他值情况下构造 $\boldsymbol{F}(t)$，并在此基础上分别重复子步骤 2 和 3，完成各状态方程的降阶计算。这样就得到了一共 k 个降阶状态方程。将 k 个降阶状态方程的输入和输出分别叠加，就得到了整个部件的降阶状态方程。

子步骤 5：输出宏模型。

将整个部件的降阶状态方程以硬件描述语言进行编码，封装于相应端口行为中，得到该部件的宏模型。

步骤五，将 MEMS 系统分解后的各简单结构的组件模型和各复杂部件的宏模型，按步骤一的物理模型的拓扑关系进行互连，建立 MEMS 系统的异构宏模型。

5.3　器件级创成式设计

目前，MEMS 器件级分析主要采用有限元或边界元等数值方法进行，通过对器件模型进行数值离散，然后采用内置的公式库与算法完成求解。本书所建立的泛结构化 MEMS 集成设计方法的实施案例之一就是在器件级采用了国产有限元仿真软件 FEPG[3]。该软件支持设计者采用脚本语言直接输入器件表征动态行为的偏微分方程和相应的求解算法进行 MEMS 的精确建模与仿真，以提高 MEMS 的自主定制式设计特性，其示意图如图 5－23 所示。

图 5－23　基于 FEPG 的物理方程自主定义示意图

以非线性阻尼的计算为例来说明器件级的创成式设计。用于 MEMS 的等温可压缩压膜阻尼的非线性雷诺方程为

$$\frac{\partial}{\partial x}\left[ph^3 Q_{pr}\frac{\partial p}{\partial x}\right]+\frac{\partial}{\partial y}\left[ph^3 Q_{pr}\frac{\partial p}{\partial y}\right]=12\mu\frac{\partial(ph)}{\partial t} \tag{5.42}$$

其中，$p=p_0+p$，p_0 是周围环境的气体压强，p 是由于压膜效应引起的压强变化；$h=h_0+\Delta h$，是运动平板与基体的间隙，它由运动平板与基体的间隙 h_0 和运动平板垂直方向位移变化 Δh 组成；μ 是气体动力黏度系数；Q_{pr} 是相对流动速度系数，$Q_{pr}=1+9.638\,(K_n)^{1.159}$，$K_n=\lambda/h=(\lambda_0 p_0/p)/h$，$\lambda_0$ 表示在标准大气压力 p_0 下的分子间的平均距离。

边界条件为

$$p(0,y,t)=p(x,0,t)=0 \quad (0<x<L,\ 0<y<W,\ t\geqslant 0)$$

初始条件为

$$p(x,y,0)=0$$

像这样的非线性问题在当前的 MEMS 设计软件中大都是无法解决的。但该问题在本书中所论述的以 FEPG 为基础所建立的器件级求解模块中可以得到较好的解决。

使用格林公式和虚功原理得到式(5.42)的弱形式如下：

$$\int_V -(p_0+p)h^3 Q_{pr}\frac{\partial p}{\partial x}\frac{\partial \delta p}{\partial x}\mathrm{d}V-(p_0+p)h^3 Q_{pr}\frac{\partial p}{\partial y}\frac{\partial \delta p}{\partial y}\mathrm{d}V=$$

$$\int_V 12\mu h\frac{\partial p}{\partial t}\delta p\mathrm{d}V+12\mu p_0\frac{\partial h}{\partial t}\delta p\mathrm{d}V+12\mu p\frac{\partial h}{\partial t}\delta p\mathrm{d}V+$$

$$\int_\Gamma\left[n_x(p_0+p)h^3 Q_{pr}\frac{\partial p}{\partial x}+n_y(p_0+p)h^3 Q_{pr}\frac{\partial p}{\partial y}\right]\delta p\mathrm{d}\Gamma \tag{5.43}$$

通过对方程(5.43)进行变分和离散后，得到一组非线性常微分方程组。对其进行瞬态分析，即对离散得到的非线性常微分方程组在时域内求解。

这里假设平板以正弦形式运动，其中振幅为 Δh，振动频率为 f_z。其几何模型(见图 5-24)为：运动平板长为 500 μm，宽为 250 μm，空气间隙为 2 μm，平板运动幅值为 1.0 μm，运动频率为 1.0E4Hz，黏度系数为 18.3E－12 kg/(μm·s)，周围环境压强为 0.1 MPa，考虑到滑流效应的平均分子自由程为 64E－3 μm。

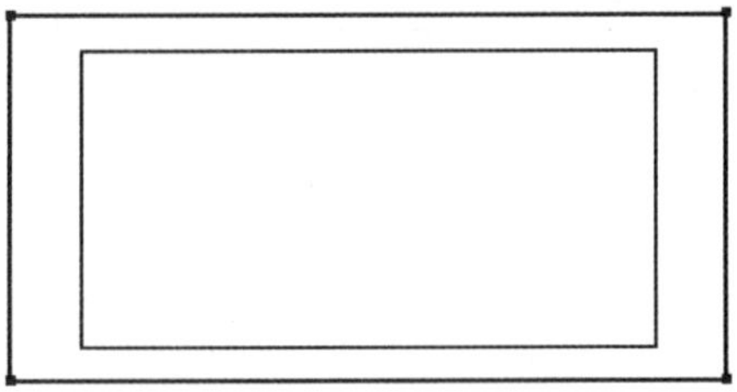

图 5-24　压膜阻尼几何模型

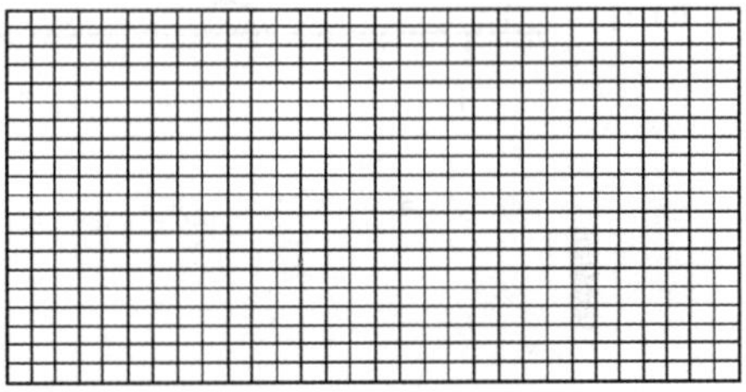

图 5-25　压膜阻尼网格模型

压膜阻尼网格模型如图 5-25 所示。在 0.0 到 5.0E－4 s 的时间范围内，以 1.0E－5 s 为步长，空气压强分布云图如图 5-26 所示。109 节点的时域结果如图 5-27 所示。可见，这样的非线性器件级模型求解模型问题，通过方程和算法的自定义可以得到较好的解决。

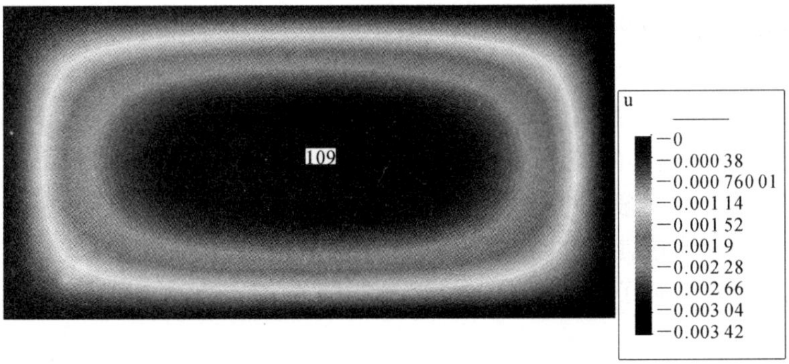

图 5-26　非线性压膜阻尼的空气压强分布云图

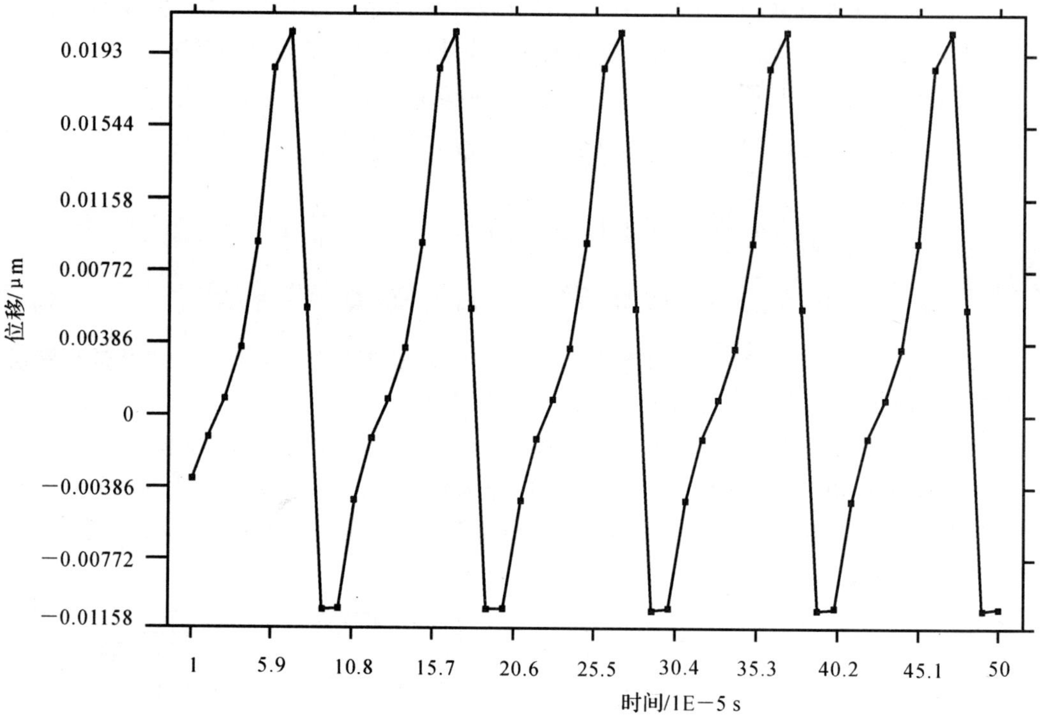

图 5-27　109 节点的时域仿真结果

5.4　工艺级创成式设计

工艺级的创成设计主要是指工艺的创新设计和版图的创新设计。因为工艺的创成设计与具体的工艺试验和工艺规则紧密相连，在设计软件里很难体现，这里就不再介绍，仅介绍工艺版图的创成式设计。

在 MEMS 器件的设计中，会经常遇到一些相对于微电子来说非规则的结构，如螺旋型的弹簧、带有复杂函数描述的曲线等。而 MEMS 版图设计所采用的版图绘制工具大都是从电子设计自动化工具里借用而来的，往往不支持这些非规则结构的绘制。因此，采用一些脚本技术进行编程来实现非规则结构的版图设计是工艺级创成设计的重要内容。

现有的版图编辑器一般都提供了外部编程接口，如 L-Edit 软件的 UPI 接口，华大 Zeni-PDT 软件中的脚本语言，这些接口为任意图形的版图绘制提供了可能。鉴于这些技术实现较为简单，此处就不赘述了。

5.5 小　　结

创成设计体系是泛结构化设计方法所重点强调的一个创新设计体系，是特别针对 MEMS 设计的机械设计特征而提出和建立的设计体系。特别是创成式的系统级设计，从聚类组件、方程自定义、异构宏建模等多个角度为用户进行各种新结构的设计提供了更多支持。而创成式的器件级设计和工艺级设计则主要是基于脚本的一种设计，为用户的创新设计提供更大的范围。

参考文献

[1] Timoschenko S, Woinowsky-Krieger S. 板壳理论[M].《板壳理论》翻译组，译. 北京：科学出版社，1977.

[2] Chen Guimin, Howell L L. Two General Solutions of Torsional Compliance for Variable Rectangular Cross-section Hinges in Compliant Mechanisms[J]. Precision Engineering, 2009,33(3):268－274.

[3] 北京飞箭软件有限公司. FEPG 系列产品介绍[EB/OL]. [2008－12－30]. http://www.fegensoft.com/DOWN/6.0DOC/FEPG%206.0_Intro_2007_03_Small.pdf.

第6章　宏建模方法及应用

6.1　引　　言

宏建模方法将高阶模型转换为低阶模型，在精度损失不大的前提下能大幅地提高仿真速度，在泛结构化MEMS集成设计方法中占有极其重要的地位。其既在柔性设计体系中充当了从器件级模型到系统级模型的转换接口，又在创成设计体系中为非规则复杂MEMS结构的系统级仿真提供了重要的手段。因此，在本书中单列一章，对该项关键技术进行论述。

此处将MEMS器件划分为线性、几何非线性和多域耦合部件或子系统，并分别研究相应的宏建模方法，如图6-1所示。

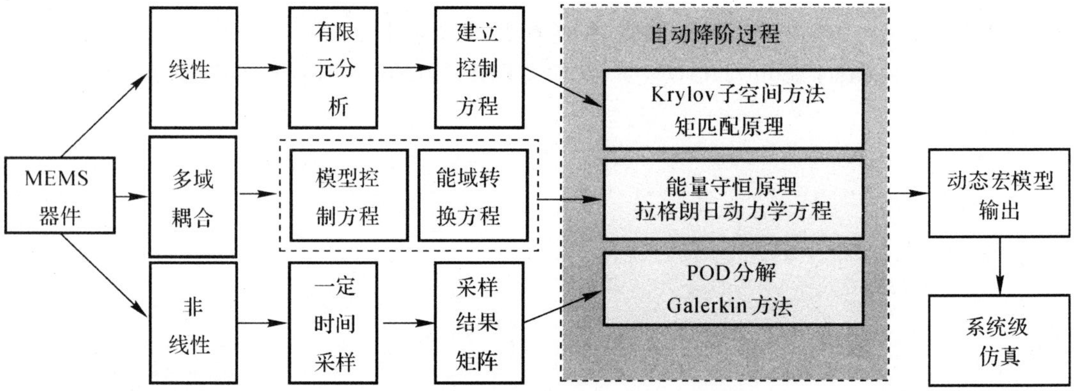

图6-1　不同类型的宏建模方法分类示意图

6.2　模型降阶的数学描述

对于MEMS器件结构，采用有限元或边界元等数值方法将其基于偏微分方程组描述的连续时间系统进行空间离散，得到常微分方程组所描述的连续时间系统，这些常微分方程组称为系统的状态方程。

对于一阶线性MEMS系统，描述其系统行为的状态方程可表示为

$$\left.\begin{aligned} \boldsymbol{C}\dot{\boldsymbol{x}}(t)+\boldsymbol{G}\boldsymbol{x}(t)&=\boldsymbol{B}\boldsymbol{u}(t) \\ \boldsymbol{y}(t)&=\boldsymbol{L}^{\mathrm{T}}\boldsymbol{x}(t) \end{aligned}\right\} \tag{6.1}$$

其中，初始状态变量 $\boldsymbol{x}(0)=\boldsymbol{x}_0$，$t$ 是时间变量。对于一个含 N 个状态变量的系统，$\boldsymbol{x}(t)\in\mathbf{R}^N$ 是状态变量，$\boldsymbol{u}(t)\in\mathbf{R}^m$ 是输入向量，$\boldsymbol{y}(t)\in\mathbf{R}^p$ 是输出向量，$\boldsymbol{C},\boldsymbol{G}\in\mathbf{R}^{N\times N}$ 是系统矩阵，$\boldsymbol{B}\in\mathbf{R}^{N\times m}$ 是输入矩阵，$\boldsymbol{L}\in\mathbf{R}^{N\times p}$ 是输出矩阵。对应不同领域，上述参数具有不同的物理意义。

在本章对宏模型的论述中，采用一些数学上关于矩阵运算的常用约定。如斜体字母表示向量或矩阵，$\boldsymbol{0}$ 表示零向量或零矩阵，$\boldsymbol{I}$ 表示单位矩阵，$\boldsymbol{e}_k$ 表示第 k 个单位向量等。

式(6.1)中，如果输入矩阵 $\boldsymbol{B}$ 的列数 m 和输出矩阵 $\boldsymbol{L}$ 的列数 p 均为 1，则系统称为单输入单输出(SISO)系统。如果 m，p 均大于 1，则称为多输入多输出(MIMO)系统。它们在 MEMS 设计中均有广泛的应用。如图 6-2 所示的静电致动式射频开关在小范围内的运动是一个 SISO 系统，其输入为微梁上、下极板之间的电压，输出为梁中点在 z 方向的位移。而对于如图 6-3 所示的微加速度计，其折叠梁是一个 MIMO 结构。其中，输入包括沿 x，y，z 轴方向的力和绕 x，y，z 轴方向的扭矩，相应的输出为沿 x，y，z 轴方向的平动位移和绕 x，y，z 轴方向的转角。

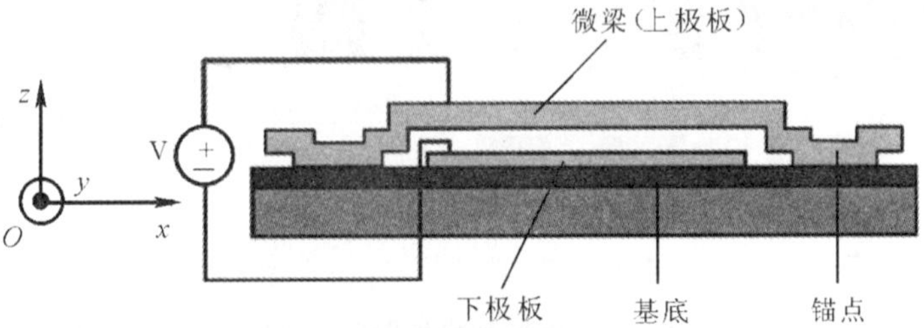

图 6-2　静电致动式射频开关示意图

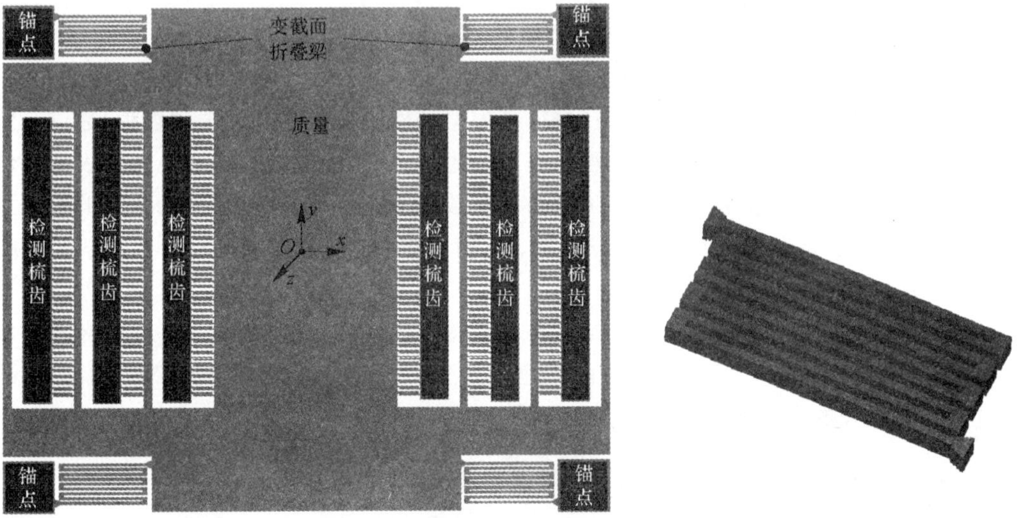

图 6-3　含折叠梁的平面加速度计示意图

求解方程(6.1)所表征系统的动态响应，须要在每个时间步求解 N 个一阶常微分方程构成的方程组。对于大部分 MEMS 器件，由于结构复杂，导致自由度数目 N 较大，使得求解过程非常耗时。而宏建模的目的就是找到另外一个系统：

$$\left.\begin{aligned} \boldsymbol{C}_r\dot{\boldsymbol{x}}_r(t)+\boldsymbol{G}_r\boldsymbol{x}_r(t)=\boldsymbol{B}_r\boldsymbol{u}(t) \\ \boldsymbol{y}_r(t)=\boldsymbol{L}_r^{\mathrm{T}}\boldsymbol{x}_r(t) \end{aligned}\right\} \tag{6.2}$$

使式(6.2)描述的动态系统和式(6.1)描述的动态系统有非常接近的输入-输出特性，即在同一个输入 $\boldsymbol{u}(t)$ 时，输出 $\boldsymbol{y}_r(t)\approx\boldsymbol{y}(t)$。同时，式(6.2)是一个 r 维系统($r\ll N$)。相对于原始方程，由于方程规模大幅减少，式(6.2)所表征的宏模型的求解效率将大幅提高，其状态方程降阶过程如图 6-4 所示。

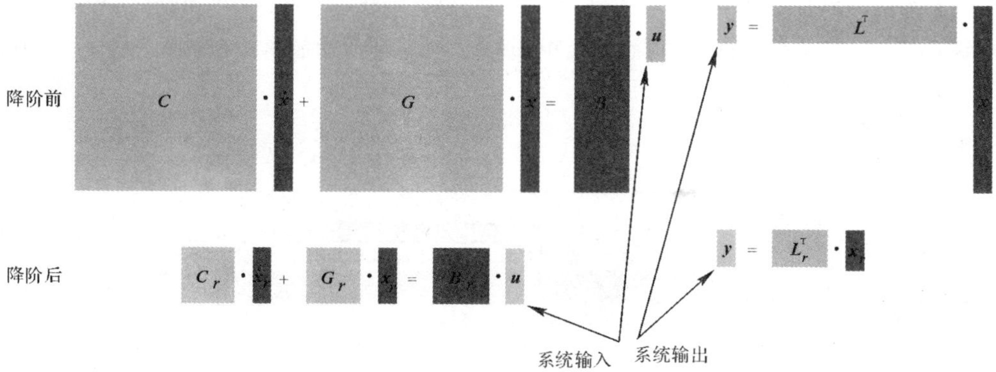

图 6-4　状态方程降阶示意图

6.3　线性 MEMS 系统宏建模方法

对于线性系统，其质量、刚度矩阵为常量，可根据结构的无阻尼自由振动理论，通过有限元或边界元等数值方法提取结构的质量、刚度等系统矩阵，并按结构动力学理论建立表征器件动态行为的控制方程，然后采用一定的降阶算法对系数矩阵进行降阶，建立原始系统的宏模型。常见的降阶算法主要包括 Pade 近似法[1-6]、平衡截断法[4-6]、基于 Krylov 子空间投影的 Arnoldi 算法[7] 与 Lanczos[8-10] 算法等。

这里针对线性 MEMS 器件，论述相应的宏建模方法，包括两个方面：① 对于含确定约束的微结构，研究基于 Krylov 子空间投影的宏建模方法；② 对于动态约束或无约束微结构，研究基于迭代动力缩聚的宏建模方法。

6.3.1　基于 Krylov 子空间投影的宏建模方法

6.3.1.1　矩匹配原理

对一阶时域状态方程(6.1)进行 Laplace 变换。设 $f(t)$ 为一时域函数，则其 Laplace 变换

定义为

$$F(s)=\mathscr{L}\{f(t)\}=\int_0^{\infty} f(t)\mathrm{e}^{-st}\mathrm{d}t \tag{6.3}$$

其中，s 为复变量，且 $s=\mathrm{i}\omega$，ω 为系统的谐振频率。将 Laplace 变换应用于状态方程(6.1)，可得系统的频域状态方程

$$\left.\begin{aligned} s\boldsymbol{CX}(s)+\boldsymbol{GX}(s)&=\boldsymbol{BU}(s)\\ \boldsymbol{Y}(s)&=\boldsymbol{L}^{\mathrm{T}}\boldsymbol{X}(s)\end{aligned}\right\} \tag{6.4}$$

其中，$\boldsymbol{X}(s)$，$\boldsymbol{Y}(s)$，$\boldsymbol{U}(s)$ 分别是 $\boldsymbol{x}(t)$，$\boldsymbol{y}(t)$，$\boldsymbol{u}(t)$ 的频域 Laplace 变换。为了叙述方便，假设初始条件 $x(0)=x_0=0$，$u(0)=0$，则系统的传递函数为

$$\boldsymbol{H}(s)=\frac{\boldsymbol{Y}(s)}{\boldsymbol{U}(s)}=\boldsymbol{L}^{\mathrm{T}}\ (\boldsymbol{G}+s\boldsymbol{C})^{-1}\boldsymbol{B}=\boldsymbol{L}^{\mathrm{T}}\ (\boldsymbol{I}+s\boldsymbol{G}^{-1}\boldsymbol{C})^{-1}\boldsymbol{G}^{-1}\boldsymbol{B} \tag{6.5}$$

其中，$\boldsymbol{I}$ 是 $N\times N$ 的单位矩阵。令 $\boldsymbol{A}=-\boldsymbol{G}^{-1}\boldsymbol{C}$，$\boldsymbol{R}=\boldsymbol{G}^{-1}\boldsymbol{B}$，在 $s_0=0$ 处对传递函数应用 Taylor 展开，可得

$$\boldsymbol{H}(s)=\boldsymbol{L}^{\mathrm{T}}\ (\boldsymbol{I}-s\boldsymbol{A})^{-1}\boldsymbol{R}=\boldsymbol{L}^{\mathrm{T}}(\boldsymbol{I}+s\boldsymbol{A}+s^2\boldsymbol{A}^2+\cdots)\boldsymbol{R}=\sum_{i=0}^{\infty}\boldsymbol{m}_i s^i \tag{6.6}$$

其中，$\boldsymbol{m}_i=\boldsymbol{L}^{\mathrm{T}}\boldsymbol{A}^i\boldsymbol{R}$，称为传递函数的第 i 阶矩。为了满足宏模型与原始模型具有非常接近的输入-输出特性，必须使式(6.1) 和式(6.2) 描述的两个系统前 r 阶矩匹配，即相等：

$$\boldsymbol{L}^{\mathrm{T}}\boldsymbol{A}^i\boldsymbol{R}=\boldsymbol{L}_r^{\mathrm{T}}\boldsymbol{A}_r^i\boldsymbol{R}_r\quad (i=0,1,2,\cdots,r) \tag{6.7}$$

这样，降阶前后系统的传递函数 $\boldsymbol{H}(s)$ 和 $\boldsymbol{H}_r(s)$ 几乎相等，从而使宏模型和原始系统具有非常接近的输入-输出特性。然而这种直接矩匹配方式通常存在数值不稳定性，而基于 Krylov 子空间的 Arnoldi 降阶算法能很好地解决此问题。

式(6.7) 中，r 为宏模型的阶数，它直接反应宏模型与原始系统的接近程度。r 越大，则宏模型精度越高，同时宏建模过程的计算量与宏模型本身的规模也越大。在降阶过程中，须综合考虑器件仿真的精度与效率要求，选择合适的宏模型阶数。

6.3.1.2 一阶 MEMS 线性系统降阶

1. SISO 系统降阶

对于一个 SISO 系统，其在方程(6.1) 中，输入矩阵 $\boldsymbol{B}$ 和输出矩阵 $\boldsymbol{L}$ 均为列向量。以 $\boldsymbol{A}$，$\boldsymbol{R}$ 为初始矩阵和初始向量的 r 阶 Krylov 子空间可以表述为

$$\boldsymbol{K}_r(\boldsymbol{A},\boldsymbol{R})=\mathrm{colspan}\{\boldsymbol{R},\boldsymbol{AR},\boldsymbol{A}^2\boldsymbol{R},\cdots,\boldsymbol{A}^{r-1}\boldsymbol{R}\} \tag{6.8}$$

Arnoldi 算法是一个基于 Krylov 子空间的修正 Gram-Schmidt 正交化过程，它是针对线性系统的一种数学降阶算法，其目的就是使构成 Krylov 子空间的向量为一组正交基，通过正交投影完成系统降阶。该算法的降阶过程如图 6-5 所示。

Arnoldi 算法构造正交投影矩阵 $\boldsymbol{V}$ 的 r 列向量分别如下：

$$\left.\begin{aligned} &\boldsymbol{v}_1=\boldsymbol{R}/\parallel\boldsymbol{R}\parallel\\ &\hat{\boldsymbol{v}}_{r+1}=\boldsymbol{A}\boldsymbol{v}_r-\sum_{i=1}^{r}\langle\boldsymbol{A}\boldsymbol{v}_r,\boldsymbol{v}_i\rangle\boldsymbol{v}_i,\ \boldsymbol{v}_{r+1}=\hat{\boldsymbol{v}}_{r+1}/\parallel\hat{\boldsymbol{v}}_{r+1}\parallel\end{aligned}\right\} \tag{6.9}$$

其中，$\langle \boldsymbol{a},\boldsymbol{b}\rangle$ 表示内积 $\boldsymbol{a}^{\mathrm{T}}\boldsymbol{b}$。可以证明，式(6.9) 构造的向量 $\boldsymbol{v}_1,\boldsymbol{v}_2,\cdots,\boldsymbol{v}_r$ 是单位正交的。同样可以证明，对所有 $j \geqslant i+2$，$\langle \boldsymbol{A}\boldsymbol{v}_i,\boldsymbol{v}_j\rangle = 0$。

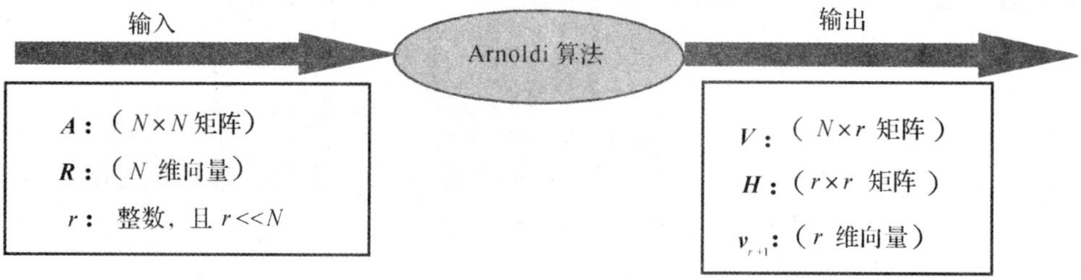

图 6-5　标准 Arnoldi 算法的输入-输出关系示意图

Arnoldi 算法的输入 / 输出满足以下三个条件[11]：

(1)$\boldsymbol{V}$ 是一个列正交矩阵，即它的 r 列在 $\mathbf{R}^N$ 形成一组正交向量组。

(2)$\boldsymbol{AV} = \boldsymbol{VH} + \boldsymbol{h}_{r+1,r}\boldsymbol{v}_{r+1}\boldsymbol{e}_r^{\mathrm{T}}$，式中，$\boldsymbol{e}_r$ 为第 r 个标准单位向量。

(3)$\boldsymbol{A}^k\boldsymbol{R} = \|\boldsymbol{R}\|_2\boldsymbol{VH}^k\boldsymbol{e}_1, k=0,1,\cdots,r-1$。

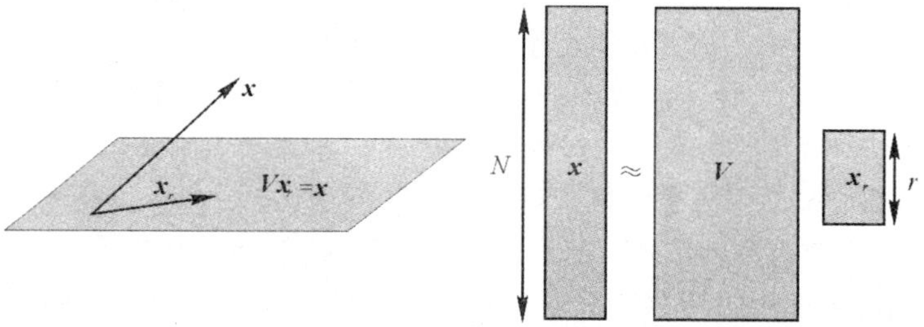

图 6-6　状态变量投影原理

Arnoldi 过程的状态变量投影原理如图 6-6 所示。由于

$$\boldsymbol{x} = \boldsymbol{V}\boldsymbol{x}_r \tag{6.10}$$

将式(6.10) 代入原始系统方程(6.1)，并左乘 $\boldsymbol{V}^{\mathrm{T}}$，可得

$$\left.\begin{aligned}\boldsymbol{V}^{\mathrm{T}}\boldsymbol{CV}\dot{\boldsymbol{x}}_r(t) + \boldsymbol{V}^{\mathrm{T}}\boldsymbol{GV}\boldsymbol{x}_r(t) = \boldsymbol{V}^{\mathrm{T}}\boldsymbol{Bu}(t)\\ \boldsymbol{y}(t) = \boldsymbol{L}^{\mathrm{T}}\boldsymbol{V}\boldsymbol{x}_r(t) = (\boldsymbol{V}^{\mathrm{T}}\boldsymbol{L})^{\mathrm{T}}\boldsymbol{x}_r(t)\end{aligned}\right\} \tag{6.11}$$

对比方程(6.11) 和方程(6.2)，可令

$$\boldsymbol{C}_r = \boldsymbol{V}^{\mathrm{T}}\boldsymbol{CV},\quad \boldsymbol{G}_r = \boldsymbol{V}^{\mathrm{T}}\boldsymbol{GV},\quad \boldsymbol{B}_r = \boldsymbol{V}^{\mathrm{T}}\boldsymbol{B},\quad \boldsymbol{L}_r = \boldsymbol{V}^{\mathrm{T}}\boldsymbol{L} \tag{6.12}$$

即可提取原始系统的宏模型，其系数矩阵投影原理如图 6-7 所示。由于 $r \ll N$，所以式(6.2) 所表征的宏模型规模远小于原始系统，这样采用宏模型进行系统级建模与仿真，在不显著损失精度的前提下将使求解效率大幅提高。

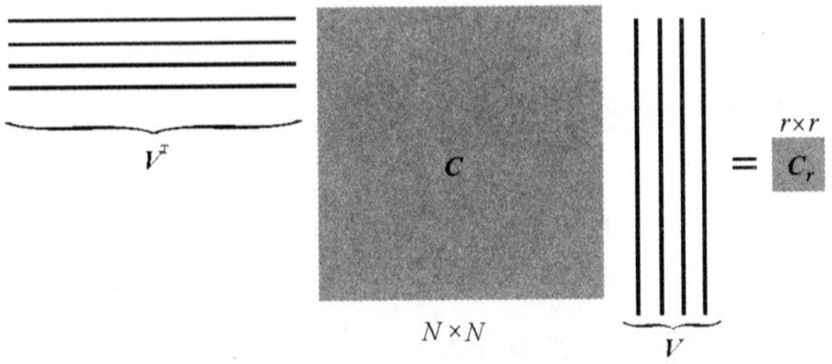

图 6-7　系数矩阵投影原理图

由于宏模型的第 i 阶矩

$$\begin{aligned}L_r^{\mathrm{T}}A_r^iR_r &= L^{\mathrm{T}}V(-G_r^{-1}C_r)^i(G_r^{-1}B_r) = L^{\mathrm{T}}V(-V^{\mathrm{T}}G^{-1}VV^{\mathrm{T}}CV)^i(V^{\mathrm{T}}G^{-1}VV^{\mathrm{T}}B) = \\ &L^{\mathrm{T}}(-G^{-1}C)^i(G^{-1}B) = L^{\mathrm{T}}A^iR \quad (i=1,2,\cdots,r)\end{aligned} \tag{6.13}$$

所以，对于由 C_r, G_r, B_r, L_r 构成的降阶系统，其传递函数与原系统的前 r 阶矩匹配。标准 Arnoldi 算法流程如下所示（输入：A, R, r；输出：$V, H, v_{r+1,r}$）：

① $v_1 = R/\|R\|_2$

② for($j=1; j\leqslant r; j++$)

③ $z = Av_j$

④ for($i=1; i\leqslant j; i++$)

⑤ $h_{i,j} = z^{\mathrm{T}}v_i$

⑥ $z = z - h_{i,j}v_i$

⑦ end

⑧ $h_{j+1,j} = \|z\|_2$

⑨ if($h_{j+1,j}\neq 0$)

⑩ $v_{j+1} = z/h_{j+1,j}$

⑪ else

⑫ break

⑬ endif

⑭ endfor

⑮ $V = [v_1 \quad v_2 \quad \cdots \quad v_r]$

⑯ $H = (h_{i,j}), i,j = 1,\cdots,r$

2. MIMO 系统宏建模

当方程(6.1)所描述的 MEMS 系统的输入、输出矩阵的列数大于 1 时，即为 MIMO 系统。由于 R 为 $N\times m(m>1)$ 矩阵，直接采用上述标准 Arnoldi 算法构造投影正交矩阵 V 将失败。因此，这里采用分块 Arnoldi 算法完成 MIMO 系统的宏建模。其完成系统方程降阶同样须要构建一组基于 Krylov 子空间的正交基 V，且满足

$$\left.\begin{aligned}&\mathrm{colspan}(V) = \mathrm{Krylov}\left(A, R, \left[\frac{r}{m}\right]+1\right)\\ &V^{\mathrm{T}}AV = H_r\\ &V^{\mathrm{T}}V = I_r\end{aligned}\right\} \tag{6.14}$$

其中，r 为宏模型的总阶数；m 为输入矩阵的列数；$\left[\frac{r}{m}\right]$ 表示 $\frac{r}{m}$ 的整数部分，当 $\frac{r}{m}$ 为整数时，附加的基向量不需要；H_r 为分块上 Heisenberg 矩阵。降阶系统与原始系统的状态变量关系可

以表示为

$$x = V_{N\times r}x_r \tag{6.15}$$

其中，x_r 是宏模型的状态变量。将式(6.15)代入原始系统的状态方程(6.1)，然后左乘 $V^{\mathrm{T}}G^{-1}$，可得

$$\left.\begin{aligned} H_r\dot{x}_r &= x_r - V^{\mathrm{T}}Ru(t) \\ y(t) &= L^{\mathrm{T}}Vx_r \end{aligned}\right\} \tag{6.16}$$

因此，根据 Laplace 变换可得其传递函数为

$$H(s) = \frac{Y(s)}{U(s)} = L^{\mathrm{T}}V\,(I_r - sH_r)^{-1}V^{\mathrm{T}}R \tag{6.17}$$

MIMO 系统的分块 Arnoldi 算法流程如下：首先求解稀疏矩阵表征的代数方程 $GR=B$，获得 R，然后按如下算法执行。其中，输入为 A,R,r,m；输出为 $V,H,h_{r+1,r}$。

① $[v_0, H] = \mathrm{qr}(R)$

② $\mathrm{for}\left(k=1;k\leqslant\left[\dfrac{r}{m}\right]+1;k++\right)$

③ $v_k^{(0)} = Av_{k-1}$

④ $\mathrm{for}(j=1;j\leqslant k;j++)$

⑤ $H_{k-j,k-1} = v_{k-j}^{\mathrm{T}}v_k^{(j-1)}$

⑥ $v_k^{(j)} = v_k^{(j-1)} - v_{k-j}H_{k-j,k-1}$

⑦endfor

⑧ $[v_k, H_{k,k-1}] = \mathrm{qr}(v_k^{(k)})$

⑨ endfor

⑩ $V = [v_0, v_1, \cdots]$

其中，$[v_0, H]=\mathrm{qr}(R)$ 表示矩阵 R 的 qr(正交三角)分解，$v_0\in\mathbf{R}^{N\times m}$ 是列正交矩阵，其列数和输入矩阵的列数相等，$H\in\mathbf{R}^{r\times r}$ 为上三角方阵，其维数和 R 的列数相同。为了确保矩阵 V 为列正交矩阵，必须证明矩阵 $v_0,v_1,\cdots,v_r$ 的列正交。

证明　由上述分块 Arnoldi 算法可知

$$v_0 = \mathrm{qr}(R)$$

$$v_1^0 = Av_0$$

$$H_1 = v_0^{\mathrm{T}}v_1^0 = v_0^{\mathrm{T}}Av_0$$

$$v_1^1 = v_1^0 - v_0H_1 = Av_0 - v_0v_0^{\mathrm{T}}Av_0 = (I - v_0v_0^{\mathrm{T}})Av_0$$

$$v_1 = \mathrm{qr}(v_1^1)$$

$$v_2^0 = Av_1$$

$$H_1 = v_1^{\mathrm{T}}v_2^0 = v_1^{\mathrm{T}}Av_1$$

$$v_2^1 = v_2^0 - v_1H_1 = Av_1 - v_1v_1^{\mathrm{T}}Av_1 = (I - v_1v_1^{\mathrm{T}})Av_1$$

$$H_2 = v_0^{\mathrm{T}}v_2^1$$

$$v_2^2 = v_2^1 - v_0H_2 = v_2^1 - v_0v_0^{\mathrm{T}}v_2^1 = (I - v_0v_0^{\mathrm{T}})v_2^1 = (I - v_0v_0^{\mathrm{T}})(I - v_1v_1^{\mathrm{T}})Av_1$$

$$v_2 = \mathrm{qr}(v_2^2)$$

$$\cdots\cdots$$

$$v_k^0 = Av_{k-1}$$

$$\boldsymbol{v}_k^{j-1}=\boldsymbol{v}_k^{j-1}-\boldsymbol{v}_{k-j}\boldsymbol{v}_{k-j}^{\mathrm{T}}\boldsymbol{v}_k^{j-1}=(\boldsymbol{I}-\boldsymbol{v}_{k-j}\boldsymbol{v}_{k-j}^{\mathrm{T}})\boldsymbol{v}_k^{j-1}$$

$$\boldsymbol{v}_k^k=(\boldsymbol{I}-\boldsymbol{v}_0\boldsymbol{v}_0^{\mathrm{T}})\boldsymbol{v}_k^{k-1}=(\boldsymbol{I}-\boldsymbol{v}_0\boldsymbol{v}_0^{\mathrm{T}})(\boldsymbol{I}-\boldsymbol{v}_1\boldsymbol{v}_1^{\mathrm{T}})\boldsymbol{v}_k^{k-2}=$$

$$(\boldsymbol{I}-\boldsymbol{v}_0\boldsymbol{v}_0^{\mathrm{T}})(\boldsymbol{I}-\boldsymbol{v}_1\boldsymbol{v}_1^{\mathrm{T}})\cdots(\boldsymbol{I}-\boldsymbol{v}_{k-1}\boldsymbol{v}_{k-1}^{\mathrm{T}})\boldsymbol{v}_k^0=(\boldsymbol{I}-\boldsymbol{v}_0\boldsymbol{v}_0^{\mathrm{T}})(\boldsymbol{I}-\boldsymbol{v}_1\boldsymbol{v}_1^{\mathrm{T}})\cdots(\boldsymbol{I}-\boldsymbol{v}_{k-1}\boldsymbol{v}_{k-1}^{\mathrm{T}})\boldsymbol{A}\boldsymbol{v}_{k-1}$$

$$\boldsymbol{v}_k=\mathrm{qr}(\boldsymbol{v}_k^k)$$

以下证明矩阵 $\boldsymbol{V}$ 的列向量两两正交，采用数学归纳法证明。

首先证明 $\boldsymbol{v}_0,\boldsymbol{v}_1^1,\boldsymbol{v}_2^2,\cdots,\boldsymbol{v}_k^k$ 两两之间的正交性。由于

$$(\boldsymbol{v}_0,\boldsymbol{v}_1^1)=\boldsymbol{v}_0^{\mathrm{T}}(\boldsymbol{I}-\boldsymbol{v}_0\boldsymbol{v}_0^{\mathrm{T}})\boldsymbol{A}\boldsymbol{v}_0=0$$

因此，$\boldsymbol{v}_0,\boldsymbol{v}_1^1$ 正交。假设 $\boldsymbol{v}_k^k$ 和 $\boldsymbol{v}_{k-1}^{k-1},\boldsymbol{v}_{k-2}^{k-2},\cdots,\boldsymbol{v}_0^0$ 正交，现证 $\boldsymbol{v}_{k+1}^{k+1}$ 和 $\boldsymbol{v}_k^k,\boldsymbol{v}_{k-1}^{k-1},\boldsymbol{v}_{k-2}^{k-2},\cdots,\boldsymbol{v}_0^0$ 正交。当 $j=1,2,\cdots,k$ 时，有

$$\begin{aligned}\langle\boldsymbol{v}_{k+1},\boldsymbol{v}_j\rangle&=\langle(\boldsymbol{I}-\boldsymbol{v}_0\boldsymbol{v}_0^{\mathrm{T}})(\boldsymbol{I}-\boldsymbol{v}_1\boldsymbol{v}_1^{\mathrm{T}})\cdots(\boldsymbol{I}-\boldsymbol{v}_k\boldsymbol{v}_k^{\mathrm{T}})\boldsymbol{A}\boldsymbol{v}_k,\boldsymbol{v}_j\rangle=\\&\boldsymbol{v}_j^{\mathrm{T}}(\boldsymbol{I}-\boldsymbol{v}_0\boldsymbol{v}_0^{\mathrm{T}})(\boldsymbol{I}-\boldsymbol{v}_1\boldsymbol{v}_1^{\mathrm{T}})\cdots(\boldsymbol{I}-\boldsymbol{v}_k\boldsymbol{v}_k^{\mathrm{T}})\boldsymbol{A}\boldsymbol{v}_k=\\&\boldsymbol{v}_j^{\mathrm{T}}(\boldsymbol{I}-\boldsymbol{v}_j\boldsymbol{v}_j^{\mathrm{T}})\cdots(\boldsymbol{I}-\boldsymbol{v}_k\boldsymbol{v}_k^{\mathrm{T}})\boldsymbol{A}\boldsymbol{v}_k=0\end{aligned}$$

因此，$\boldsymbol{v}_0,\boldsymbol{v}_1^1,\boldsymbol{v}_2^2,\cdots,\boldsymbol{v}_k^k$ 两两正交。所以，它们的 qr 分解构成的正交矩阵也两两正交。即：$\boldsymbol{V}=[\boldsymbol{v}_0,\boldsymbol{v}_1,\cdots]$ 是基于矩阵 $\boldsymbol{A}$ 和 $\boldsymbol{R}$ 构成的 Krylov 子空间的一组标准正交基。

与 SISO 系统的宏建模一样，令 $\boldsymbol{C}_r=\boldsymbol{V}^{\mathrm{T}}\boldsymbol{C}\boldsymbol{V},\boldsymbol{G}_r=\boldsymbol{V}^{\mathrm{T}}\boldsymbol{G}\boldsymbol{V},\boldsymbol{B}_r=\boldsymbol{V}^{\mathrm{T}}\boldsymbol{B},\boldsymbol{L}_r=\boldsymbol{V}^{\mathrm{T}}\boldsymbol{L}$，即可提取 MIMO 的宏模型，其状态方程见式(6.2)。

6.3.1.3　二阶 MEMS 线性系统降阶方法

二阶系统在 MEMS 领域有着广泛的应用，如微机械陀螺和加速度计为代表的惯性器件，压力传感器以及微变形镜等。根据结构动力学原理以及达朗伯原理，二阶 MEMS 系统的动力学行为方程可以表示为

$$\left.\begin{aligned}&\boldsymbol{M}\ddot{\boldsymbol{q}}(t)+\boldsymbol{D}\dot{\boldsymbol{q}}(t)+\boldsymbol{K}\boldsymbol{q}(t)=\boldsymbol{P}\boldsymbol{u}(t)\\&\boldsymbol{y}(t)=\boldsymbol{E}^{\mathrm{T}}\boldsymbol{q}(t)\end{aligned}\right\}\tag{6.18}$$

其中，$\boldsymbol{M},\boldsymbol{D},\boldsymbol{K}\in\mathbf{R}^{N\times N}$，为系统矩阵，即质量、阻尼和刚度矩阵。此处使用黏性阻尼，其大小与速度成正比，实际应用中一般采用 Rayleigh 阻尼模型，即 $\boldsymbol{D}=\alpha\boldsymbol{M}+\beta\boldsymbol{K}$。$\alpha,\beta$ 为预定义常数，与器件的模态阻尼比直接相关。$\boldsymbol{P}$ 为外部载荷输入矩阵。$\boldsymbol{u}(t)\in\mathbf{R}^m$，为输入载荷向量，包括静电、电磁、热等能域的等效载荷向量。其他物理量的意义和一阶状态方程类似。

完成二阶 MEMS 的宏建模有两种方法：① 将二阶系统转换为式(6.1) 所表征的一阶系统，然后采用 Arnoldi 算法进行降阶；② 直接对二阶系统进行降阶。

二阶动力学行为方程经矩阵等价变换后，可转换为如下式所示的一阶状态方程：

$$\left.\begin{aligned}&\boldsymbol{C}\dot{\boldsymbol{x}}(t)+\boldsymbol{G}\boldsymbol{x}(t)=\boldsymbol{B}\boldsymbol{u}(t)\\&\boldsymbol{y}(t)=\boldsymbol{L}^{\mathrm{T}}\boldsymbol{x}(t)\end{aligned}\right\}\tag{6.19}$$

其中

$$\boldsymbol{x}(t)=\begin{bmatrix}\boldsymbol{q}(t)\\\dot{\boldsymbol{q}}(t)\end{bmatrix},\quad\boldsymbol{C}=\begin{bmatrix}\boldsymbol{D}&\boldsymbol{M}\\\boldsymbol{W}&\boldsymbol{0}\end{bmatrix},\quad\boldsymbol{G}=\begin{bmatrix}\boldsymbol{K}&\boldsymbol{0}\\\boldsymbol{0}&-\boldsymbol{W}\end{bmatrix},\quad\boldsymbol{B}=\begin{bmatrix}\boldsymbol{P}\\\boldsymbol{0}\end{bmatrix},\quad\boldsymbol{L}=\begin{bmatrix}\boldsymbol{E}\\\boldsymbol{0}\end{bmatrix}$$

$\boldsymbol{W}$ 是一个 $N\times N$ 的非奇异矩阵，实际应用中通常假设 $\boldsymbol{W}$ 为单位矩阵，即 $\boldsymbol{W}=\boldsymbol{I}$。但在结构力学中，由于 $\boldsymbol{M},\boldsymbol{D},\boldsymbol{K}$ 均为对称正定矩阵，所以通常取 $\boldsymbol{W}=\boldsymbol{M}$，以确保状态方程的系数矩阵 $\boldsymbol{C},\boldsymbol{G}$ 保持原二阶状态方程的系数矩阵的对称特性。对上式应用前述的宏建模方法，即可提取系统的宏模型。

值得注意的是，二阶 MEMS 转换为一阶系统后，其状态方程的规模翻倍，这将导致宏建模过程所需的计算资源及时间迅速增加，从而使得宏建模过程效率降低。同时，原有问题的矩阵结构及物理意义丧失，如质量、刚度矩阵的对称特性都消失了。因此，为了克服上述问题，须要研究基于 Krylov 子空间的二阶 MEMS 直接降阶方法。

设方阵 $\boldsymbol{A},\boldsymbol{B}$ 的维数为 N，$\boldsymbol{u}\neq 0$ 是 N 维向量，那么序列 $\boldsymbol{r}_0,\boldsymbol{r}_1,\boldsymbol{r}_2,\cdots,\boldsymbol{r}_{n-1}$，称为基于 $\boldsymbol{A},\boldsymbol{B},\boldsymbol{u}$ 的二阶 Krylov 子空间序列，即

$$\boldsymbol{G}_n(\boldsymbol{A},\boldsymbol{B};\boldsymbol{u})=\mathrm{spancol}\{\boldsymbol{r}_0,\boldsymbol{r}_1,\boldsymbol{r}_2,\cdots,\boldsymbol{r}_{n-1}\} \tag{6.20}$$

其中

$$\boldsymbol{r}_0=\boldsymbol{u},\quad \boldsymbol{r}_1=\boldsymbol{A}\boldsymbol{r}_0,\quad \boldsymbol{r}_j=\boldsymbol{A}\boldsymbol{r}_{j-1}+\boldsymbol{B}\boldsymbol{r}_{j-2}\quad (j\geqslant 2)$$

二阶 Krylov 子空间具有如下性质：首先，它是标准 Krylov 子空间的扩展($\boldsymbol{B}=\boldsymbol{0}$)，$\boldsymbol{G}_n(\boldsymbol{A},\boldsymbol{0};\boldsymbol{u})=\boldsymbol{K}_n(\boldsymbol{A},\boldsymbol{u})$；其次，和标准 Krylov 子空间类似，二阶 Krylov 子空间具有矩阵多项式的特征，其前几项可写成

$$\boldsymbol{r}_0=\boldsymbol{u}$$

$$\boldsymbol{r}_1=\boldsymbol{A}\boldsymbol{u}$$

$$\boldsymbol{r}_2=(\boldsymbol{A}^2+\boldsymbol{B})\boldsymbol{u}$$

$$\boldsymbol{r}_3=(\boldsymbol{A}^3+\boldsymbol{A}\boldsymbol{B}+\boldsymbol{B}\boldsymbol{A})\boldsymbol{u}$$

$$\boldsymbol{r}_4=(\boldsymbol{A}^4+\boldsymbol{A}^2\boldsymbol{B}+\boldsymbol{A}\boldsymbol{B}\boldsymbol{A}+\boldsymbol{B}\boldsymbol{A}^2+\boldsymbol{B}^2)\boldsymbol{u}$$

1. 二阶 SISO 系统

二阶 SISO 系统由式(6.18)表示，其输入、输出向量和一阶 SISO 系统的状态方程类似，宏建模采用二阶 Arnodi(Second Order Arnoldi，SOAR)算法[12]进行。SOAR 算法过程如下：

输入：$\boldsymbol{A},\boldsymbol{B},\boldsymbol{u},\boldsymbol{r}$；输出：$\boldsymbol{Q}_n$。

① $\boldsymbol{q}_1=\boldsymbol{u}/\,||\,\boldsymbol{u}\,||_2$
② $\boldsymbol{p}_1=\boldsymbol{0}$
③ for($j=1;j\leqslant n;j++$)
④ $\boldsymbol{r}=\boldsymbol{A}\boldsymbol{q}_j+\boldsymbol{B}\boldsymbol{p}_j$
⑤ $\boldsymbol{s}=\boldsymbol{q}_j$
⑥ for($i=1;i\leqslant j;i++$)
⑦ $h_{i,j}=\boldsymbol{q}_i^{\mathrm{T}}\boldsymbol{r}$
⑧ $\boldsymbol{r}=\boldsymbol{r}-\boldsymbol{q}_i h_{i,j}$
⑨ $\boldsymbol{s}=\boldsymbol{s}-\boldsymbol{p}_i h_{i,j}$
⑩ endfor
⑪ $h_{j+1,j}=\|\boldsymbol{r}\|_2$
⑫ if($h_{j+1,j}=0$)
⑬ break
⑭ else
⑮ $\boldsymbol{q}_{j+1}=\boldsymbol{r}/h_{j+1,j}$
⑯ $\boldsymbol{p}_{j+1}=\boldsymbol{s}/h_{j+1,j}$
⑰ endif
⑱ endfor
⑲ $\boldsymbol{Q}_n=[q_1,q_2,\cdots,q_n]$
⑳ $\boldsymbol{P}_n=[p_1,p_2,\cdots,p_n]$

由上述算法过程可知，$\boldsymbol{q}_i$，$\boldsymbol{p}_i$ 序列可表示为

$$\boldsymbol{q}_2=\frac{\boldsymbol{A}\boldsymbol{q}_1-\langle\boldsymbol{A}\boldsymbol{q}_1,\boldsymbol{q}_1\rangle\boldsymbol{q}_1}{\|\boldsymbol{A}\boldsymbol{q}_1-\langle\boldsymbol{A}\boldsymbol{q}_1,\boldsymbol{q}_1\rangle\boldsymbol{q}_1\|}$$

$$\boldsymbol{p}_2=\frac{\boldsymbol{q}_1}{\|\boldsymbol{A}\boldsymbol{q}_1-\langle\boldsymbol{A}\boldsymbol{q}_1,\boldsymbol{q}_1\rangle\boldsymbol{q}_1\|}$$

$$\boldsymbol{q}_{j+1}=\frac{(\boldsymbol{A}\boldsymbol{q}_j+\boldsymbol{B}\boldsymbol{p}_j)-\sum_{i=1}^{j}((\boldsymbol{A}\boldsymbol{q}_j+\boldsymbol{B}\boldsymbol{p}_j),\boldsymbol{q}_i)\boldsymbol{q}_i}{\left\|(\boldsymbol{A}\boldsymbol{q}_j+\boldsymbol{B}\boldsymbol{p}_j)-\sum_{i=1}^{j}((\boldsymbol{A}\boldsymbol{q}_j+\boldsymbol{B}\boldsymbol{p}_j),\boldsymbol{q}_i)\boldsymbol{q}_i\right\|}\quad（分母不为 0）$$

$$\boldsymbol{p}_{j+1}=\frac{\boldsymbol{q}_j-\sum_{i=1}^{j}((\boldsymbol{A}\boldsymbol{q}_j+\boldsymbol{B}\boldsymbol{p}_j),\boldsymbol{q}_i)\boldsymbol{p}_i}{\left\|(\boldsymbol{A}\boldsymbol{q}_j+\boldsymbol{B}\boldsymbol{p}_j)-\sum_{i=1}^{j}((\boldsymbol{A}\boldsymbol{q}_j+\boldsymbol{B}\boldsymbol{p}_j),\boldsymbol{q}_i)\boldsymbol{q}_i\right\|}$$

参照标准 Arnoldi 算法过程可迅速知道 q_i 是正交基，其正交性同样可采用数学归纳法证明，因此，上述 Arnoldi 过程构造的是基于 Krylov 子空间的正交基。此外，稀疏矩阵 $\boldsymbol{A}$，$\boldsymbol{B}$ 只做矩阵与向量的乘法，适合大规模矩阵的计算，这和标准 Arnoldi 算法产生正交基的过程一样。有关SOAR算法的收敛性、稳定性及计算复杂度的说明可参考文献[13]。设 $\boldsymbol{Q}_n(N\times n)$ 由 q_1，q_2，…，q_n 组成，$\boldsymbol{P}_n(N\times n)$ 由 $\boldsymbol{p}_1$，$\boldsymbol{p}_2$，…，$\boldsymbol{p}_n$ 构成，$\boldsymbol{H}_n(h_{i,j})(n\times n)$ 是上 Hesssen berg 矩阵，则可知以下关系成立：

$$\left.\begin{aligned}\boldsymbol{A}\boldsymbol{Q}_n+\boldsymbol{B}\boldsymbol{P}_n&=\boldsymbol{Q}_n\boldsymbol{H}_n+\boldsymbol{q}_{n+1}\boldsymbol{e}_n^{\mathrm{T}}h_{n+1,n}\\ \boldsymbol{Q}_n&=\boldsymbol{P}_n\boldsymbol{H}_n+\boldsymbol{p}_{n+1}\boldsymbol{e}_n^{\mathrm{T}}h_{n+1,n}\end{aligned}\right\}\tag{6.21}$$

对于式(6.18) 所表示的二阶线性系统的动力学行为方程，其传递函数为

$$\boldsymbol{H}(s)=\boldsymbol{E}^{\mathrm{T}}(s^2\boldsymbol{M}+s\boldsymbol{D}+\boldsymbol{K})^{-1}\boldsymbol{P}=\boldsymbol{L}^{\mathrm{T}}(s\boldsymbol{C}+\boldsymbol{G})^{-1}\boldsymbol{B}\tag{6.22}$$

其中

$$\boldsymbol{C}=\begin{bmatrix}\boldsymbol{D}&\boldsymbol{M}\\ \boldsymbol{W}&\boldsymbol{0}\end{bmatrix},\quad \boldsymbol{G}=\begin{bmatrix}\boldsymbol{K}&\boldsymbol{0}\\ \boldsymbol{0}&-\boldsymbol{W}\end{bmatrix},\quad \boldsymbol{B}=\begin{bmatrix}\boldsymbol{P}\\ \boldsymbol{0}\end{bmatrix},\quad \boldsymbol{L}=\begin{bmatrix}\boldsymbol{E}\\ \boldsymbol{0}\end{bmatrix}$$

基于 Krylov 子空间的二阶 Arnoldi 就是要将式(6.18) 降阶为

$$\left.\begin{aligned}\boldsymbol{M}_n\ddot{\boldsymbol{x}}(t)+\boldsymbol{D}_n\dot{\boldsymbol{x}}(t)+\boldsymbol{K}_n\boldsymbol{x}(t)&=\boldsymbol{P}_n\boldsymbol{u}(t)\\ \boldsymbol{y}(t)&=\boldsymbol{E}_n^{\mathrm{T}}\boldsymbol{x}(t)\end{aligned}\right\}\tag{6.23}$$

使式(6.18) 和式(6.23) 所表示的系统的传递函数的前 n 阶矩相等，即

$$\boldsymbol{H}_n(s)=\boldsymbol{E}^{\mathrm{T}}(s^2\boldsymbol{M}_n+s\boldsymbol{D}_n+\boldsymbol{K}_n)^{-1}\boldsymbol{b}_n=\boldsymbol{L}^{\mathrm{T}}(s\boldsymbol{C}_n+\boldsymbol{G}_n)^{-1}\boldsymbol{B}_n\tag{6.24}$$

其中，n 取决于宏模型的精度要求。和一阶 Arnoldi 算法类似，由于

$$-\boldsymbol{G}^{-1}\boldsymbol{C}=\begin{bmatrix}-\boldsymbol{K}^{-1}\boldsymbol{D}&-\boldsymbol{K}^{-1}\boldsymbol{M}\\ \boldsymbol{I}&\boldsymbol{0}\end{bmatrix},\quad \boldsymbol{G}^{-1}\boldsymbol{P}=\begin{bmatrix}\boldsymbol{K}^{-1}\boldsymbol{P}\\ \boldsymbol{0}\end{bmatrix}$$

因此，可令 $\boldsymbol{A}=-\boldsymbol{K}^{-1}\boldsymbol{D}$，$\boldsymbol{B}=-\boldsymbol{K}^{-1}\boldsymbol{M}$，$\boldsymbol{u}=\boldsymbol{K}^{-1}\boldsymbol{P}$，作为SOAR算法的输入。式(6.23) 所表征宏模

型的系数矩阵分别为

$$\boldsymbol{M}_n = \boldsymbol{Q}^{\mathrm{T}}\boldsymbol{M}\boldsymbol{Q}, \quad \boldsymbol{D}_n = \boldsymbol{Q}^{\mathrm{T}}\boldsymbol{D}\boldsymbol{Q}, \quad \boldsymbol{K}_n = \boldsymbol{Q}^{\mathrm{T}}\boldsymbol{K}\boldsymbol{Q}, \quad \boldsymbol{P}_n = \boldsymbol{Q}^{\mathrm{T}}\boldsymbol{P}, \quad \boldsymbol{E}_n = \boldsymbol{Q}^{\mathrm{T}}\boldsymbol{E}$$

2. 二阶 MIMO 系统

和一阶 MIMO 系统相似，二阶 MIMO 系统必须应用基于 Krylov 子空间的二阶分块 Arnoldi 算法（Block SOAR）完成系统降阶。Block SOAR 算法描述如下，其中输入为 $\boldsymbol{A}$,$\boldsymbol{B}$,$\boldsymbol{u}$,$\boldsymbol{r}$，输出为 $\boldsymbol{Q}_n$。

① $[\boldsymbol{q}_0, \boldsymbol{R}] = \mathrm{qr}(\boldsymbol{u}, \boldsymbol{0})$
② $\boldsymbol{p}_0 = \boldsymbol{0}$
③ for$(k=1; k \leqslant n; k{+}{+})$
④ $\boldsymbol{q}^{(0)} = \boldsymbol{A}\boldsymbol{q}_{k-1} + \boldsymbol{B}\boldsymbol{p}_{k-1}$
⑤ $\boldsymbol{p}^{(0)} = \boldsymbol{q}_{k-1}$
⑥ for$(j=1; j \leqslant k; j{+}{+})$
⑦ $\mathrm{Heisenberg} = \boldsymbol{q}_{k-j}^{\mathrm{T}}\boldsymbol{q}^{(j-1)}$
⑧ $\boldsymbol{q}^{(j)} = \boldsymbol{q}^{(j-1)} - \boldsymbol{q}_{k-j}\,\mathrm{Heisenberg}$
⑨ $\boldsymbol{H} = \boldsymbol{p}_{k-j}^{\mathrm{T}}\boldsymbol{p}^{(j-1)}$
⑩ $\boldsymbol{p}^{(j)} = \boldsymbol{p}^{(j-1)} - \boldsymbol{p}_{k-j}\boldsymbol{H}$
⑪ endfor
⑫ $[\boldsymbol{q}_k, \mathrm{Heisenberg}] = \mathrm{qr}(\boldsymbol{q}^{(k)}, \boldsymbol{0})$
⑬ $[\boldsymbol{p}_k, \boldsymbol{H}] = \mathrm{qr}(\boldsymbol{p}^{(k)}, \boldsymbol{0})$
⑭ endfor
⑮ $\boldsymbol{Q}_n = [\boldsymbol{q}_1, \boldsymbol{q}_2, \cdots, \boldsymbol{q}_n]$

$\boldsymbol{Q}_n$ 正交性证明参考分块 Arnoldi 算法，系统降阶完毕后，其宏模型的表征方式与二阶 SISO 系统相同。

从宏模型的系统矩阵 $\boldsymbol{M}_r$,$\boldsymbol{D}_r$,$\boldsymbol{K}_r$ 的定义可以看出，原始二阶系统的矩阵 $\boldsymbol{M}$,$\boldsymbol{D}$,$\boldsymbol{K}$ 的重要特性得以保留。例如，如降阶前质量矩阵 $\boldsymbol{M}$ 为对称正定矩阵，降阶后的矩阵 $\boldsymbol{M}_r$ 同样为对称正定矩阵。因此，采用 SOAR 算法可以保留原系统的稳定性、对称性和其物理意义。

6.3.1.4 含大量输入端口的微结构降阶方法

当前 MEMS 宏建模方法的研究对象集中在 SISO 系统或含有少量（小于 10 个）端口的 MIMO 系统。随着 MEMS 技术的不断发展，MEMS 结构越来越复杂，含大量输入输出端口（10 个以上）的结构广泛存在。采用分块 Arnoldi 方法或分块 SOAR 方法所提取宏模型的规模为系统输入端口个数 m 与宏模型阶数 k 的乘积，即 $r=k\times m$。显然，随着系统输入端口数量的增大以及对宏模型精度要求的提高，宏模型规模将迅速增大，这导致很多情况下不仅不能使原始模型降阶，反而破坏了系统矩阵的稀疏性特点，使其求解难度加大。参考文献[12,14]针对电路系统提出了一种含大规模端口的宏建模方法，然而其宏建模过程假定所有输入端口之间存在一定的相关性，这与 MEMS 结构相互独立的端口属性不符。参考文献[15]提出了叠加 Arnoldi 算法，本书在其基础上，针对含大规模端口的 MEMS 结构，结合传统 MIMO 系统的分块 Arnoldi 降阶算法以及线性系统的叠加原理，提出分块叠加 Arnoldi 算法完成结构的宏建模。

一方面，将方程(6.1) 改写为

$$\left.\begin{aligned} \boldsymbol{C}\dot{\boldsymbol{x}}(t) + \boldsymbol{G}\boldsymbol{x}(t) &= \boldsymbol{B}\boldsymbol{F} \\ \boldsymbol{u} &= \boldsymbol{L}^{\mathrm{T}}\boldsymbol{x}(t) \end{aligned}\right\} \tag{6.25}$$

其中，初始状态变量 $x(0)=x_0$；t 是时间变量；$\boldsymbol{x}(t)\in\mathbf{R}^N$ 是状态变量；$\boldsymbol{F}\in\mathbf{R}^m$ 是输入载荷向量；$\boldsymbol{u}\in\mathbf{R}^p$ 是输出位移向量。

另一方面，叠加属性是线性系统的固有属性。其原理描述如下：如果 $\boldsymbol{F}_1(t)\rightarrow\boldsymbol{u}_1(t)$，且 $\boldsymbol{F}_2(t)\rightarrow\boldsymbol{u}_2(t)$，则

$$\alpha\boldsymbol{F}_1(t)+\beta\boldsymbol{F}_2(t)\rightarrow\alpha\boldsymbol{u}_1(t)+\beta\boldsymbol{u}_2(t)$$

其中，$\boldsymbol{F}_i(i\in 1,2,\cdots)$ 是输入信号；$\boldsymbol{u}_i(i\in 1,2,\cdots)$ 是相应的输出响应；α,β 是任意两个常数。

结合方程(6.25)和线性系统的叠加属性，可对输入矩阵 $\boldsymbol{B}$ 按列进行分块。设

$$\boldsymbol{B}=[\boldsymbol{b}_1\quad \boldsymbol{b}_2\quad \cdots\quad \boldsymbol{b}_m]$$

将此矩阵分成 s 块，其中每一块所包含的列数 $\mathrm{col}=m/s$。不妨假设 col 为整数，则矩阵

$$\boldsymbol{B}=[\boldsymbol{B}_1\quad \boldsymbol{B}_2\quad \cdots\quad \boldsymbol{B}_s]$$

其中

$$\boldsymbol{B}_i=[\boldsymbol{b}_{i\times\mathrm{col}+1}\quad \boldsymbol{b}_{i\times\mathrm{col}+2}\quad \cdots\quad \boldsymbol{b}_{(i+1)\times\mathrm{col}}]$$

同理，输入载荷向量也可按照相同的方法进行分块。因此，原始系统的状态方程可以改写为

$$\left.\begin{aligned}&\boldsymbol{C}\dot{\boldsymbol{x}}(t)+\boldsymbol{G}\boldsymbol{x}(t)=\sum_{i=1}^{s}\boldsymbol{B}_i\boldsymbol{F}_i\\&\sum_{i=1}^{s}\boldsymbol{u}_i=\boldsymbol{L}^{\mathrm{T}}\boldsymbol{x}(t)\end{aligned}\right\}\tag{6.26}$$

其中

$$\boldsymbol{F}_i=(\boldsymbol{F}_{i\times\mathrm{col}+1}\quad \boldsymbol{F}_{i\times\mathrm{col}+2}\quad \cdots\quad \boldsymbol{F}_{(i+1)\times\mathrm{col}})^{\mathrm{T}}$$

对上述每一个输入块 $\boldsymbol{B}_i\boldsymbol{F}_i$，以 $\boldsymbol{A}=-\boldsymbol{G}^{-1}\boldsymbol{C},\boldsymbol{R}=\boldsymbol{G}^{-1}\boldsymbol{B}_i$ 作为输入，应用基于 Krylov 子空间的分块 Arnoldi 算法进行降阶，则相应的第 i 个宏模型的状态方程描述为

$$\left.\begin{aligned}&\boldsymbol{C}_{ir}\dot{\boldsymbol{x}}_{ir}(t)+\boldsymbol{G}_{ir}\boldsymbol{x}_{ir}(t)=\boldsymbol{b}_{ir}\boldsymbol{F}_i\\&\boldsymbol{u}_i=\boldsymbol{L}_{ir}^{\mathrm{T}}\boldsymbol{x}_{ir}(t)\end{aligned}\right\}\tag{6.27}$$

其中，$\boldsymbol{C}_{ir}=\boldsymbol{V}^{\mathrm{T}}\boldsymbol{C}\boldsymbol{V},\boldsymbol{G}_{ir}=\boldsymbol{V}^{\mathrm{T}}\boldsymbol{G}\boldsymbol{V},\boldsymbol{b}_{ir}=\boldsymbol{V}^{\mathrm{T}}\boldsymbol{B},\boldsymbol{L}_{ir}=\boldsymbol{V}^{\mathrm{T}}\boldsymbol{L}$ 分别为宏模型的系数矩阵，其维数 r 一般远小于原始矩阵的维数 N，$\boldsymbol{V}$ 为分块 Arnoldi 算法所产生的正交投影矩阵。

根据线性系统的叠加属性，宏模型的总体输出可以描述为每个输入块所对应宏模型输出的代数和，即 $\boldsymbol{u}=\sum\limits_{i=1}^{s}\boldsymbol{u}_i$，其中，$\boldsymbol{u}_i$ 为第 i 个宏模型所对应的输出向量。此时整个系统传递函数与输入、输出之间的关系为

$$\begin{aligned}\boldsymbol{H}(s)\boldsymbol{F}(s)&=\boldsymbol{U}(s)=\boldsymbol{U}_1(s)+\boldsymbol{U}_2(s)+\cdots+\boldsymbol{U}_s(s)=\sum_{i=1}^{s}\boldsymbol{H}_i(s)\boldsymbol{F}_i(s)=\\&[\boldsymbol{H}_1(s)\quad \boldsymbol{H}_2(s)\quad \cdots\quad \boldsymbol{H}_s(s)][\boldsymbol{F}_1(s)\quad \boldsymbol{F}_2(s)\quad \cdots\quad \boldsymbol{F}_s(s)]^{\mathrm{T}}\end{aligned}\tag{6.28}$$

其中，$\boldsymbol{H}_i(s)$ 是第 i 个输入块所对应的传递函数。系统整体传递函数为

$$\boldsymbol{H}(s)=[\boldsymbol{H}_1(s)\quad \cdots\quad \boldsymbol{H}_s(s)]$$

这样，将原始系统的输入矩阵按列划分为 s 块，并分别采用分块 Arnoldi 算法进行降阶，然

后将所得到的宏模型输出进行线性叠加，就可提取原始系统的宏模型。与传统分块 Arnoldi 算法相比，分块叠加 Arnoldi 算法将规模为 $k \times m$ 的宏模型分解为 s 个规模为 col 的宏模型。

6.3.1.5 大规模系统的宏建模

通过有限元求解建立的 MEMS 器件状态方程都在成千上万阶，这要求降阶算法在处理这些大规模模型时必须是高效的。上述针对一阶线性系统和二阶线性系统的 Arnoldi 算法中都涉及矩阵求逆的问题。例如，对于一阶线性系统(6.1)，其标准 Arnoldi 算法须要迭代计算

$$\boldsymbol{A}\boldsymbol{v}_i = -\boldsymbol{G}^{-1}\boldsymbol{C}\boldsymbol{v}_i = \boldsymbol{z}_i \tag{6.29}$$

对于小规模的系统通常可以直接求逆，但对于上万阶的大规模系统，求逆运算需要极大的运算量及内存空间。另外，有限元离散获得的系统矩阵一般都是稀疏的，两个稀疏矩阵相乘 $\boldsymbol{G}^{-1}\boldsymbol{C}$ 的结果可能为稠密矩阵，这样存储量和计算量将迅速变大。因此，直接计算式(6.29) 是不可行的，可以将其转化为稀疏线性代数方程组的形式[16-19]：

$$-\boldsymbol{G}^{-1}\boldsymbol{C}\boldsymbol{v}_i \Leftarrow -\boldsymbol{G}^{-1}(\boldsymbol{C}\boldsymbol{v}_i) \Rightarrow -\boldsymbol{G}\boldsymbol{z}_i = \boldsymbol{b}_i \quad (\text{令 } \boldsymbol{C}\boldsymbol{v}_i = \boldsymbol{b}_i) \tag{6.30}$$

由于矩阵 $\boldsymbol{C}$ 的稀疏性，其与列向量 $\boldsymbol{v}_i$ 相乘的计算量是很小的。稀疏线性方程组的解法一般可以分为直接法和迭代法，这里以直接法中的三角分解法为例，简述对上式的求解过程。

稀疏矩阵 $\boldsymbol{G}$ 经过 $\boldsymbol{LU}$ 分解后，可以化为

$$\boldsymbol{G} = \boldsymbol{L}\boldsymbol{U} \tag{6.31}$$

其中，$\boldsymbol{L}$ 为下三角矩阵，$\boldsymbol{U}$ 为上三角矩阵。

于是，式(6.30) 等价于两个三角方程组

$$\left.\begin{aligned} \boldsymbol{L}\boldsymbol{y} &= \boldsymbol{b}_i \\ \boldsymbol{U}\boldsymbol{z}_i &= \boldsymbol{y} \end{aligned}\right\} \tag{6.32}$$

式(6.32) 的求解速度是很快的。另外，在迭代过程中须要多次求解方程，为了减小计算量，可以将稀疏矩阵 $\boldsymbol{G}$ 分解结果保存下来进行重复调用。

当模型的规模更大即稀疏线性方程组的阶数更高时，直接分解法不再有效，这时可采用迭代法。

6.3.2 动态约束 MEMS 结构的宏建模方法

上述基于 Krylov 子空间投影的宏建模方法针对的是有约束微结构或子系统的降阶，并对约束端节点的质量、刚度阵元素采用有限元乘大数法进行处理，然后应用基于 Krylov 子空间的 Arnoldi 降阶算法和矩匹配原理进行降阶。从上述分析可知，对于二阶系统该降阶过程须要对微结构的刚度阵进行求逆，并且必须有输入矩阵。然而，在 MEMS 设计中，存在大量的动态约束和无约束微结构，其运动状态受与之相连的部件影响，因此也称为从动部件，表现为一种动态约束，如图 6-3 所示的变截面折叠梁。从数学的角度看，这类微结构的关键特点在于其刚度矩阵是奇异阵，无法求逆，相应的物理行为表现为对于任意一个输入载荷，其位移解将无穷大，因此无法采用基于 Krylov 子空间的投影技术进行降阶。为此，这里将宏观机械设计中的动力缩聚法(Improved Reduced System)[20] 进行扩展，用于动态约束微结构的宏建模。

6.3.2.1 静态宏建模方法

对于具有 N 个自由度的微结构，其静态行为方程可以描述为

$$\boldsymbol{M}_0\ddot{\boldsymbol{x}}(t)+\boldsymbol{K}_0\boldsymbol{x}(t)=\boldsymbol{F}_0 \tag{6.33}$$

其中，$\boldsymbol{x}(t)\in\mathbf{R}^N$ 是状态变量；$\boldsymbol{M}_0,\boldsymbol{K}_0\in\mathbf{R}^{N\times N}$ 分别为结构的质量和刚度矩阵；$\boldsymbol{F}_0$ 是输入载荷向量。对器件原始模型进行缩聚时，一般将自由度划分为主自由度和从自由度，其中主自由度在宏建模过程中保留，而从自由度去除。

图 6-8 简单梁单元的节点分布图

对于 MEMS 结构的动力学模型，通常主自由度对应输入输出节点，而从自由度对应内部节点。如图 6-8 所示的梁单元节点分布图，一般选择节点 1 和 10 对应的自由度作为主自由度，而其他内部节点对应的自由度称为从自由度。但是，微结构的质量、刚度矩阵元素按其有限元模型的节点编号排列，如果输入输出节点对应的主自由度不在质量刚度矩阵的前列，则须要对质量、刚度阵进行初等变换，使其按主、从自由度重新排列：

$$\boldsymbol{M}=\boldsymbol{P}^{\mathrm{T}}\boldsymbol{M}_0\boldsymbol{P},\quad \boldsymbol{K}=\boldsymbol{P}^{\mathrm{T}}\boldsymbol{K}_0\boldsymbol{P} \tag{6.34}$$

其中，$\boldsymbol{P}$ 为一系列初等变换矩阵的乘积，$\boldsymbol{M},\boldsymbol{K}$ 为按照主、从自由度排列的质量和刚度阵。因此，方程(6.33) 重新表示为

$$\boldsymbol{M}\ddot{\boldsymbol{x}}(t)+\boldsymbol{K}\boldsymbol{x}(t)=\boldsymbol{F} \tag{6.35}$$

将式(6.35) 按主、从自由度展开，可得

$$\begin{bmatrix}\boldsymbol{M}_{\mathrm{mm}} & \boldsymbol{M}_{\mathrm{ms}}\\ \boldsymbol{M}_{\mathrm{sm}} & \boldsymbol{M}_{\mathrm{ss}}\end{bmatrix}\begin{bmatrix}\ddot{\boldsymbol{x}}_{\mathrm{m}}\\ \ddot{\boldsymbol{x}}_{\mathrm{s}}\end{bmatrix}+\begin{bmatrix}\boldsymbol{K}_{\mathrm{mm}} & \boldsymbol{K}_{\mathrm{ms}}\\ \boldsymbol{K}_{\mathrm{sm}} & \boldsymbol{K}_{\mathrm{ss}}\end{bmatrix}\begin{bmatrix}\boldsymbol{x}_{\mathrm{m}}\\ \boldsymbol{x}_{\mathrm{s}}\end{bmatrix}=\begin{bmatrix}\boldsymbol{f}_{\mathrm{m}}\\ \boldsymbol{0}\end{bmatrix} \tag{6.36}$$

其中，下标 m 和 s 分别表示主、从自由度。忽略惯性效应，则式(6.36) 的从自由度对应方程为

$$\boldsymbol{K}_{\mathrm{sm}}\boldsymbol{x}_{\mathrm{m}}+\boldsymbol{K}_{\mathrm{ss}}\boldsymbol{x}_{\mathrm{s}}=\boldsymbol{0} \tag{6.37}$$

式(6.37) 可用于消除原始动力学方程的从自由度，变换可得

$$\begin{bmatrix}\boldsymbol{x}_{\mathrm{m}}\\ \boldsymbol{x}_{\mathrm{s}}\end{bmatrix}=\begin{bmatrix}\boldsymbol{I}\\ -\boldsymbol{K}_{\mathrm{ss}}^{-1}\boldsymbol{K}_{\mathrm{sm}}\end{bmatrix}\boldsymbol{x}_{\mathrm{m}}=\boldsymbol{T}_{\mathrm{s}}\boldsymbol{x}_{\mathrm{m}} \tag{6.38}$$

其中，$\boldsymbol{T}_{\mathrm{s}}$ 称为静态宏建模的转换矩阵。降阶模型的质量、刚度矩阵分别为

$$\boldsymbol{M}_{\mathrm{R}}=\boldsymbol{T}_{\mathrm{s}}^{\mathrm{T}}\boldsymbol{M}\boldsymbol{T}_{\mathrm{s}},\quad \boldsymbol{K}_{\mathrm{R}}=\boldsymbol{T}_{\mathrm{s}}^{\mathrm{T}}\boldsymbol{K}\boldsymbol{T}_{\mathrm{s}} \tag{6.39}$$

宏模型表示为

$$\boldsymbol{M}_{\mathrm{R}}\ddot{\boldsymbol{x}}_{\mathrm{m}}+\boldsymbol{K}_{\mathrm{R}}\boldsymbol{x}_{\mathrm{m}}=\boldsymbol{f}_{\mathrm{m}} \tag{6.40}$$

上述宏模型由于忽略了系统的惯性效应，只能用于系统的静态近似分析，无法用于系统的瞬态动力学分析、频域分析、谐响应等动态分析。

6.3.2.2 动态宏建模方法

考虑方程(6.35) 的惯性效应，并设其正弦形式的特解为 $x=A\sin(\omega t+\varphi)$，代入方程

(6.35),并展开从自由度对应的方程,可得

$$(\boldsymbol{K}_{ss}-\omega^2\boldsymbol{M}_{ss})x_s=-(\boldsymbol{K}_{sm}-\omega^2\boldsymbol{M}_{sm})\boldsymbol{x}_m \tag{6.41}$$

因此

$$\begin{aligned}\boldsymbol{x}_s=&-(\boldsymbol{K}_{ss}-\omega^2\boldsymbol{M}_{ss})^{-1}(\boldsymbol{K}_{sm}-\omega^2\boldsymbol{M}_{sm})\boldsymbol{x}_m=-\boldsymbol{K}_{ss}^{-1}(\boldsymbol{I}-\omega^2\boldsymbol{M}_{ss}^{-1}\boldsymbol{K}_{ss})^{-1}(\boldsymbol{K}_{sm}-\omega^2\boldsymbol{M}_{sm})\boldsymbol{x}_m=\\&-\boldsymbol{K}_{ss}^{-1}[\boldsymbol{I}+\omega^2\boldsymbol{M}_{ss}\boldsymbol{K}_{ss}^{-1}+o(\omega^4)](\boldsymbol{K}_{sm}-\omega^2\boldsymbol{M}_{sm})\boldsymbol{x}_m=\\&-\boldsymbol{K}_{ss}^{-1}[\boldsymbol{K}_{sm}+\omega^2(\boldsymbol{M}_{ss}\boldsymbol{K}_{ss}^{-1}\boldsymbol{K}_{sm}-\boldsymbol{M}_{sm})+o(\omega^4)]\boldsymbol{x}_m\end{aligned} \tag{6.42}$$

根据静态模型降阶方法可知

$$\omega^2\boldsymbol{M}_R x_m=\boldsymbol{K}_R x_m \tag{6.43}$$

因此

$$\omega^2 x_m=\boldsymbol{M}_R^{-1}\boldsymbol{K}_R x_m \tag{6.44}$$

其中,$\boldsymbol{K}_R$,$\boldsymbol{M}_R$ 为静态降阶提取的降阶质量、刚度矩阵。所以

$$x_s=[-\boldsymbol{K}_{ss}^{-1}\boldsymbol{K}_{sm}+\boldsymbol{K}_{ss}^{-1}(\boldsymbol{M}_{sm}-\boldsymbol{M}_{ss}\boldsymbol{K}_{ss}^{-1}\boldsymbol{K}_{sm})\boldsymbol{M}_R^{-1}\boldsymbol{K}_R]\boldsymbol{x}_m \tag{6.45}$$

令

$$\boldsymbol{T}_{IRS}=-\boldsymbol{K}_{ss}^{-1}\boldsymbol{K}_{sm}+\boldsymbol{K}_{ss}^{-1}(\boldsymbol{M}_{sm}-\boldsymbol{M}_{ss}\boldsymbol{K}_{ss}^{-1}\boldsymbol{K}_{sm})\boldsymbol{M}_R^{-1}\boldsymbol{K}_R \tag{6.46}$$

则

$$\boldsymbol{T}_{IRS,i+1}=-\boldsymbol{K}_{ss}^{-1}\boldsymbol{K}_{sm}+\boldsymbol{K}_{ss}^{-1}(\boldsymbol{M}_{sm}-\boldsymbol{M}_{ss}\boldsymbol{K}_{ss}^{-1}\boldsymbol{K}_{sm})\boldsymbol{M}_{IRS,i}^{-1}\boldsymbol{K}_{IRS,i} \tag{6.47}$$

构成宏建模的迭代表达式,其初始迭代条件可设为 $\boldsymbol{M}_{IRS,0}=\boldsymbol{M}_R$,$\boldsymbol{K}_{IRS,0}=\boldsymbol{K}_R$。$\boldsymbol{T}_{IRS,i+1}$ 也称为主、从自由度之间的转换矩阵,因此

$$\begin{bmatrix}\boldsymbol{x}_m\\\boldsymbol{x}_s\end{bmatrix}=\begin{bmatrix}\boldsymbol{I}\\\boldsymbol{T}_{IRS,i}\end{bmatrix}\boldsymbol{x}_m=\boldsymbol{T}_i\boldsymbol{x}_m \tag{6.48}$$

迭代 i 次后宏模型的质量刚度阵为

$$\boldsymbol{M}_{IRS,i}=\boldsymbol{T}_i^T\boldsymbol{M}\boldsymbol{T}_i,\quad \boldsymbol{K}_{IRS,i}=\boldsymbol{T}_i^T\boldsymbol{K}\boldsymbol{T}_i \tag{6.49}$$

为了保持宏模型的完整性,一般还须考虑结构的阻尼矩阵,和基于 Krylov 子空间投影的宏建模方法类似,动态约束微结构的阻尼矩阵采用 Rayleigh 模型,即

$$\boldsymbol{D}_{IRS,i}=\alpha\boldsymbol{M}_{IRS,i}+\beta\boldsymbol{K}_{IRS,i} \tag{6.50}$$

宏模型描述为

$$\boldsymbol{M}_{IRS,i}\ddot{\boldsymbol{x}}_m+\boldsymbol{D}_{IRS,i}\dot{x}_m+\boldsymbol{K}_{IRS,i}\boldsymbol{x}_m=\boldsymbol{f}_m \tag{6.51}$$

6.4 几何非线性 MEMS 系统宏建模方法

MEMS 非线性的表现形式主要有三种:① 多能量域耦合所引起的非线性,如静电-结构耦合所引起的静电力与结构位移之间的非线性,流体-结构耦合所产生的空气阻尼力与结构位移的非线性;② 由残余应力等引起的材料非线性;③ 由结构大变形引起的几何非线性,如压力传感器由于结构大变形而产生的应力刚化现象。在这些非线性现象中,其共同的物理特点在于

描述模型的偏微分方程存在非线性项，即输入载荷-输出位移为非线性关系。相对于前述线性系统的状态方程，其在数学上表现为相应的系数矩阵为非常量矩阵，因而无法直接用基于 Krylov 子空间的投影法完成器件的宏建模。

本节将从 MEMS 几何非线性行为出发，研究基于 POD 方法的 MEMS 非线性动力学行为宏建模方法，对于多域耦合非线性的宏建模，将在下一节进行详细研究。

6.4.1　大变形非线性现象

以一个二维双端固定梁为例解释结构几何大变形原理。如图 6-9 所示，集中载荷 $\boldsymbol{F}$ 位于梁中点，梁中点的挠度采用余弦形式的试解：

$$\hat{w}=\frac{c}{2}\left(1+\cos\frac{2\pi x}{L}\right) \tag{6.52}$$

式中，c 为中心点的挠度，L 为梁长。当结构发生大变形时，由于梁两端固定，因此结构的侧向弯曲将使梁长显著伸长，从而产生轴向应力，而轴应力产生的弹性变形能将增加梁结构的硬度，导致应力刚化现象。因此，当结构大变形时，必须同时考虑侧向弯曲位移 w 和轴向拉伸位移 u。图 6-9 中显示了原中性轴部分在形变前后的差异。

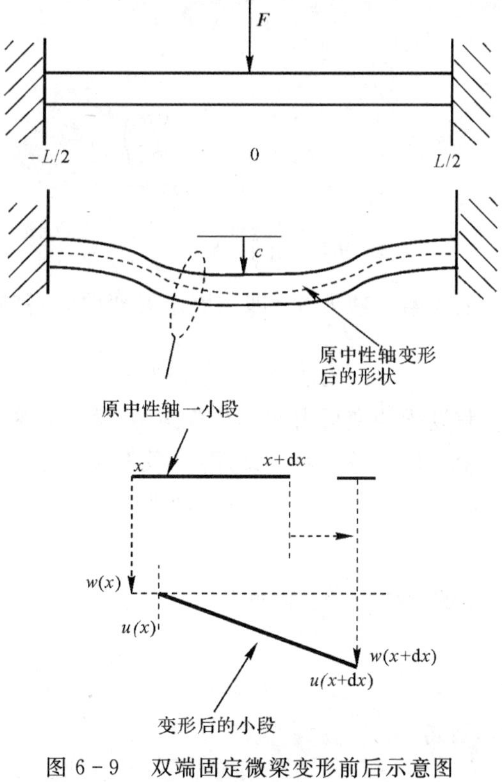

图 6-9　双端固定微梁变形前后示意图

选取梁的一段微分元 $\mathrm{d}x$，设其左端侧向挠度为 $w(x)$，轴向挠度为 $u(x)$，右端侧向挠度为 $w(x+\mathrm{d}x)$，轴向挠度为 $u(x+\mathrm{d}x)$，则 $\mathrm{d}x$ 变形后的长度为

$$\mathrm{d}s=\sqrt{[\mathrm{d}x+u(x+\mathrm{d}x)-u(x)]^2+[w(x+\mathrm{d}x)-w(x)]^2} \tag{6.53}$$

由于 $\delta \ll 0$，则有

$$\sqrt{1+\delta}\approx 1+\frac{\delta}{2} \tag{6.54}$$

因此，相应于低阶情况，可得

$$\mathrm{d}s=\mathrm{d}x\left[1+\frac{\mathrm{d}u}{\mathrm{d}x}+\frac{1}{2}\left(\frac{\mathrm{d}w}{\mathrm{d}x}\right)^2\right] \tag{6.55}$$

微分元的轴向应变为

$$\varepsilon_x=\frac{\mathrm{d}s-\mathrm{d}x}{\mathrm{d}x} \tag{6.56}$$

因此

$$\varepsilon_x=\frac{\mathrm{d}u}{\mathrm{d}x}+\frac{1}{2}\left(\frac{\mathrm{d}w}{\mathrm{d}x}\right)^2 \tag{6.57}$$

总的轴向形变为

$$\delta L=\int_{-L/2}^{L/2}\varepsilon_x\,\mathrm{d}x \tag{6.58}$$

总轴向应变为

$$\varepsilon_{\mathrm{a}}=\frac{1}{L}\int_{-L/2}^{L/2}\left[\frac{\mathrm{d}u}{\mathrm{d}x}+\frac{1}{2}\left(\frac{\mathrm{d}w}{\mathrm{d}x}\right)^2\right]\mathrm{d}x \tag{6.59}$$

进而得到

$$\varepsilon_{\mathrm{a}}=\frac{1}{L}\left[u\left(\frac{L}{2}\right)-u\left(-\frac{L}{2}\right)\right]+\frac{1}{L}\int_{-L/2}^{L/2}\frac{1}{2}\left(\frac{\mathrm{d}w}{\mathrm{d}x}\right)^2\mathrm{d}x \tag{6.60}$$

由于梁两端固定，因此上式第一项为 0。即当固定梁弯曲时，其轴向应变为

$$\varepsilon_{\mathrm{a}}=\frac{1}{L}\int_{-L/2}^{L/2}\frac{1}{2}\left(\frac{\mathrm{d}w}{\mathrm{d}x}\right)^2\mathrm{d}x \tag{6.61}$$

现在考虑梁的总应变，假设梁的变形由两个步骤组成：第一步将梁的右端在 x 方向上自由移动，使梁弯曲至想要的形状；第二部移动右支撑点，使其回到初始位置，这一步将产生轴应力。定义梁变形前后的中性轴长度改变所产生的总应变为

$$\varepsilon_T=\varepsilon_{\mathrm{bending}}+\varepsilon_{\mathrm{stretching}} \tag{6.62}$$

式中，$\varepsilon_{\mathrm{bending}}=-z\dfrac{\mathrm{d}^2\hat{w}}{\mathrm{d}x^2}$，为梁的弯曲应变。因此

$$\varepsilon_T=-z\frac{\mathrm{d}^2\hat{w}}{\mathrm{d}x^2}+\frac{1}{L}\int_{-L/2}^{L/2}\frac{1}{2}\left(\frac{\mathrm{d}w}{\mathrm{d}x}\right)^2\mathrm{d}x \tag{6.63}$$

将式(6.52)代入式(6.61)，可得

$$\varepsilon_{\mathrm{a}}=\frac{\pi^2}{4L^2}c^2 \tag{6.64}$$

因此总变形能为

$$\text{Sene}=\frac{EW}{2}\int_{-H/2}^{H/2}\int_{-L/2}^{L/2}\varepsilon_T^2\mathrm{d}x\mathrm{d}z \tag{6.65}$$

其中，E 为弹性模量；W 为梁宽；H 为梁厚。积分可得总势能为

$$U=\frac{EWH\pi^4(8H^2+3c^2)c^2}{96L^3}-Fc \tag{6.66}$$

对 c 求导并令其为零，可得梁的载荷-挠度特性方程

$$F=\frac{\pi^4}{6}\left[\frac{EWH^3}{L^3}\right]c+\frac{\pi^4}{8}\left[\frac{EWH}{L^3}\right]c^3 \tag{6.67}$$

式(6.67)表明，载荷 F 和挠度 c 是三次非线性关系，其刚度比原线性刚度明显增大，即结构大变形产生应力刚化现象。其中，第一项是弯曲变形结果，第二项为轴向变形结果。由式(6.67)可知，对于粗梁(H 较大)，弯曲占主要地位；而对于细梁，拉伸占主要地位；当 $c=H$，即侧向变形等于梁厚时，弯曲刚度等于轴应变刚度。一般当 $c\geqslant 15\%H$ 时，认为是大变形。

式(6.67)称为几何非线性的静态方程，Mehner 进一步指出了几何非线性的动力学方程[21]：

$$F=\ddot{c}+2\xi\omega_0\dot{c}+\omega_0^2c+\varepsilon c^3 \tag{6.68}$$

式(6.68)称为几何非线性的三次 duffing 方程。其中，ξ 是结构的模态阻尼比；ω_0 为谐振频率；ε 为非线性常数，直接控制结构非线性程度。当 $\varepsilon=0$ 时，结构为线性变形；当 $\varepsilon>0$ 时，产生应力刚化效应；当 $\varepsilon<0$ 时，产生软弹簧效应。F 为外部载荷。

6.4.2　基于 POD 分解和 Galerkin 原理结合的非线性宏建模方法

基于上述几何非线性理论，这里提出综合正交分解(Proper Orthogonal Decomposition, POD)方法和 Galerkin 原理的非线性 MEMS 宏建模方法，其流程图如图 6-10 所示。该方法主要包括两项关键技术：①POD 方法提取 MEMS 的基函数，建立由基函数表征的宏模型行为方程；②Galerkin 原理求解基函数系数，完成宏模型输出。

6.4.2.1　POD 方法原理

基于 POD 的基函数提取方法的基本原理在数学上和 KL 分解等价，基函数的提取均为基于有限元采样结果的奇异值分解。此处采用基于 POD 分解法获取非线性 MEMS 系统的基函数，方法原理如下：设 $u(x,t)$ 是器件偏微分方程待求解的位移变量，采用有限元等数值方法对偏微分方程进行离散，并进行瞬态仿真。选取时间点 $\{t_1,t_2,\cdots,t_M\}$ 作为瞬态仿真采样点，对每个采样时间步 t_i，记录 MEMS 器件模型所有节点的位移，用位移向量 $\boldsymbol{u}_i$ 表示，则 $\boldsymbol{u}_i\in\mathbf{R}^N$($N$ 为节点个数)是一个列向量，也称为第 i 个时间步的采样快照。然后将所有采样快照按列组装成位移矩阵 $\boldsymbol{U}$，即 $\boldsymbol{U}=[\boldsymbol{u}_1\quad\boldsymbol{u}_2\quad\cdots\quad\boldsymbol{u}_M]\in\mathbf{R}^{N\times M}$，$M$ 为采样时间点个数。

瞬态仿真采样须要注意：① 为了完整捕捉器件的非线性行为，采样时间 t 必须大于器件的线性振动周期 T，即 $t>T$，以确保采样结果的完整性。② 采样时间步长应尽可能小，以避免器

件在某个时刻的“跳跃”行为被“淹没”，确保采样结果的准确性。

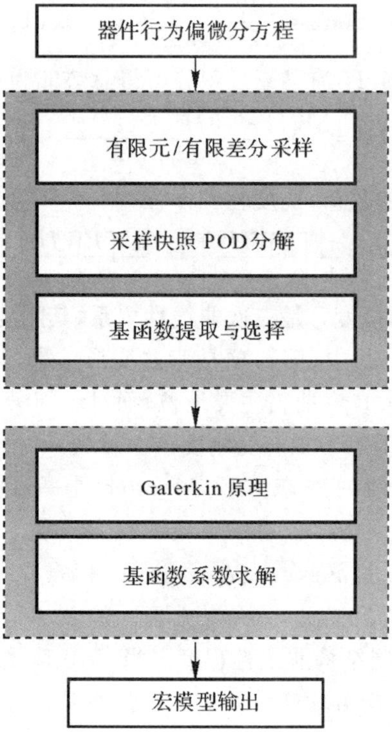

图 6-10　POD 方法流程图

为了获取表征器件非线性行为的基函数，可对矩阵 $\boldsymbol{U}$ 进行奇异值分解，即

$$\boldsymbol{U}=\boldsymbol{V\Sigma}\boldsymbol{W}^{\mathrm{T}} \tag{6.69}$$

其中，$\boldsymbol{V}\in\mathbf{R}^{N\times M}$ 和 $\boldsymbol{W}\in\mathbf{R}^{N\times M}$ 都是列正交矩阵。根据奇异值分解理论可知，矩阵 $\boldsymbol{V}$ 由 $\boldsymbol{U}\boldsymbol{U}^{\mathrm{T}}$ 的列特征向量构成，而 $\boldsymbol{W}$ 由 $\boldsymbol{U}^{\mathrm{T}}\boldsymbol{U}$ 的列特征向量构成。$\boldsymbol{\Sigma}=\mathrm{diag}(\sigma_1,\sigma_2,\cdots,\sigma_M)$ 是对角矩阵，其元素由矩阵$\boldsymbol{U}$的奇异值构成，不失一般性，可将奇异值按由大到小的顺序排列，即$\sigma_1\geqslant\sigma_2\geqslant\cdots\geqslant\sigma_M\geqslant0$。矩阵$\boldsymbol{V}$的列向量即是POD方法产生的基函数集，MEMS器件的行为方程可以表征为基函数集的函数。宏建模的目的就是从基函数集中选择少数几个重要的基函数，将由初始的 M 个基函数表征的行为方程近似地用选取出来的 m 个基函数表征，其中 $m\ll M$，从而达到模型降阶的目的。因此，基函数的选择标准就成为 POD 方法的一个关键问题。

从能量角度看，奇异值的大小一般可以作为基函数重要性的评判标准，奇异值越大，其对应的基函数所存储的势能越大，因此越重要。为了定量描述奇函数的选择标准，通常将奇异值$(\sigma_1,\sigma_2,\cdots,\sigma_M)$ 进行归一化处理，用其所占能量百分比描述其重要性，第 k 个基函数所占能量百分比为

$$e_k=\sigma_k\Big/\sum_{i=1}^{M}\sigma_i\times100\% \tag{6.70}$$

因此，假设要求宏模型相对原始模型的精度为 a，则只须保证下式成立：

$$\sum_{i=1}^{m} e_i \geqslant a \tag{6.71}$$

采用 POD 方法提取的基函数能使待求量 $u(x,t)$ 的误差在最小二乘意义下最小[22]。

6.4.2.2　Galerkin 原理

一个 MEMS 器件的动态模型可以表示为如下偏微分方程(PDE) 的形式[23]：

$$P(\boldsymbol{u}(\boldsymbol{x},t)) = \boldsymbol{f}(\boldsymbol{x},t) \tag{6.72}$$

式中，P 是非线性偏微分算子；x 是状态变量，可以是一维、二维或三维坐标；$u(x,t)$ 是要求解的未知量，它是时间变量 t 和空间状态变量 $\boldsymbol{x}$ 的函数；$\boldsymbol{f}(\boldsymbol{x},t)$ 表示外部载荷向量。

给定 P 和 $\boldsymbol{f}(\boldsymbol{x},t)$，要求解未知量 $\boldsymbol{u}(\boldsymbol{x},t)$，可以将 $\boldsymbol{u}(\boldsymbol{x},t)$ 写成如下展开的形式：

$$\boldsymbol{u}(\boldsymbol{x},t) = \sum_{i=1}^{M} a_i(t)\boldsymbol{v}_i(\boldsymbol{x}) \tag{6.73}$$

式中，$\boldsymbol{v}_i(\boldsymbol{x})$ 为由 POD 方法提取的系统基函数；$a_i(t)$ 是和时间相关的系数；M 为系统采样点个数。宏建模的目的就是将 $\boldsymbol{u}(\boldsymbol{x},t)$ 近似地写成

$$\hat{\boldsymbol{u}}(\boldsymbol{x},t) = \sum_{i=1}^{m} a_i(t)\boldsymbol{v}_i(\boldsymbol{x}) \tag{6.74}$$

式中，m 是选取的基函数个数。这样，原 PDE 模型可以通过一个 m 维的低阶系统来近似替代，m 由 POD 分解的截断点，即宏模型的精度决定。现在的问题是如何求解系数 $a_i(t)$，从而完成宏模型的显式表征，这里采用了 Galerkin 方法。

Galerkin 方法是对动态偏微分方程(6.72) 的基于对未知变量展开的一种离散方法，其目的是要得到满足未知量 $\boldsymbol{u}(\boldsymbol{x},t)$ 展开式(6.74) 中的系数 $a_i(t)$，$i=1,2,\cdots,m$。设原始模型与宏模型之间的残差

$$\boldsymbol{r}(\boldsymbol{x},t) = \boldsymbol{f}(\boldsymbol{x},t) - P(\hat{\boldsymbol{u}}(\boldsymbol{x},t)) \tag{6.75}$$

Galerkin 原理要求残差与所有选取的基函数正交，即

$$\langle \boldsymbol{r}(\boldsymbol{x},t),\boldsymbol{v}_i\rangle = \int_D \boldsymbol{r}(\boldsymbol{x},t)\boldsymbol{v}_i \mathrm{d}\Omega = 0 \quad (i=1,2,\cdots,m) \tag{6.76}$$

将残差表达式(6.75) 及未知量 $\boldsymbol{u}(\boldsymbol{x},t)$ 的近似展开式(6.73) 代入上式，可得到求解 $\boldsymbol{u}(\boldsymbol{x},t)$ 的展开系数 $a_i(t)$ 的微分 / 代数方程组。解出 $a_i(t)$，即可得到方程(6.72) 的近似解。

6.5　多域耦合 MEMS 宏建模方法

能量法是一种综合多域耦合系统的 Lagrange 动力学行为方程和线性系统的模态叠加原理的宏建模方法，如图 6-11 所示是基于能量法的多域耦合 MEMS 宏建模流程图。首先，根据测试载荷分析选取适当的模态基函数；然后，通过数值采样计算各能域的能量，并将其表征为所选模态基函数和相应模态坐标的函数；最后，按照能量守恒原理和 Lagrange 动力学行为方

程进行能量函数组装，形成只用少数模态基函数和模态坐标表征的器件行为方程，即器件宏模型。其关键技术主要包括模态基函数选取、各能域的能量函数表征、Lagrange 动力学方程组装和器件宏模型输出。

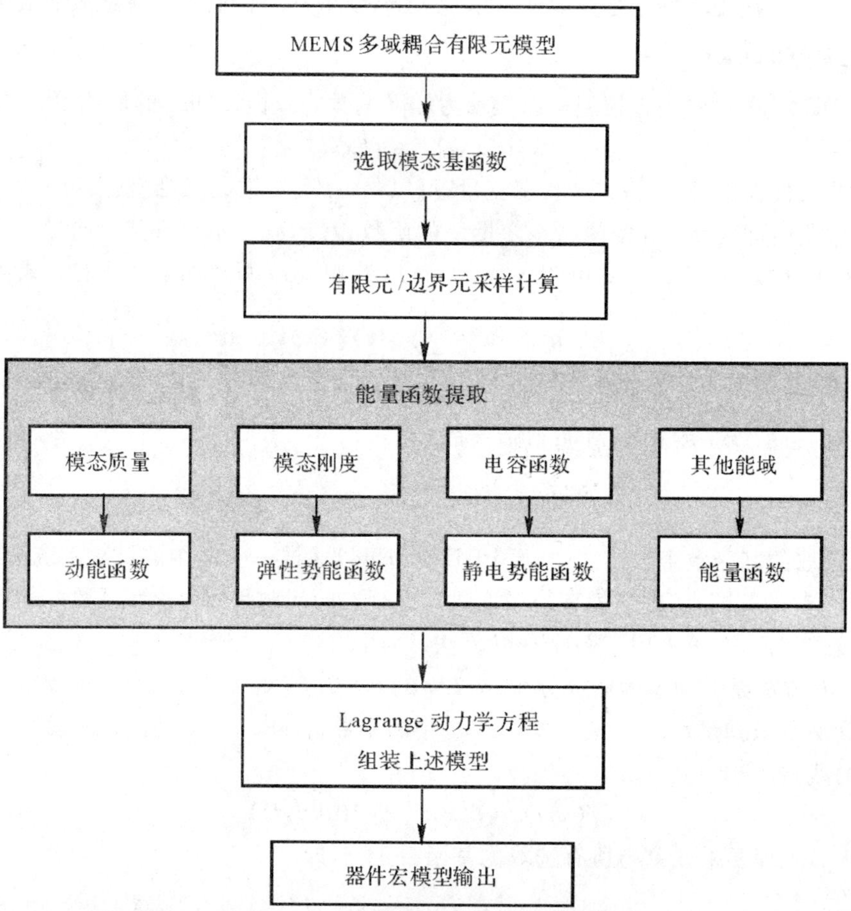

图 6-11　基于能量法的宏建模流程图

采用能量法[24]可完成多域耦合 MEMS 的宏模型提取。首先根据二阶振动理论提取器件的模态基函数，采用最小二乘法计算每个模态对于器件运动的贡献因子，并以此为依据选择合适的模态基函数，然后将各能域的能量表征为所选模态基函数和相应模态坐标的函数，按照虚功原理和 Lagrange 动力学行为方程进行能量函数组装，形成只用少数模态基函数和模态坐标表征的器件行为方程，即器件宏模型。此外，由于汉密尔顿(Hamilton) 原理和 Lagrange 动力学行为方程遵守能量守恒原理和动平衡原理，采用统一的模态坐标和基函数表征，因而基于能量法的宏建模方法具有能域扩展性及通用性。

6.5.1 Hamilton 原理与 Lagrange 动力学方程

Hamilton 原理即结构动力学的虚功原理，可以表示为

$$\int_{t_1}^{t_2}\delta(T-U)\mathrm{d}t+\int_{t_1}^{t_2}\delta W_{nc}\mathrm{d}t=0 \tag{6.77}$$

其中，T 为系统的总动能；U 为系统的总势能，包括应变能和保守力产生的势能，如弹性势能、电场能、电磁能等；δW_{nc} 为作用于系统的外部非保守力所做虚功，包括阻尼力和没有计算在 U 中的外力所做的虚功；t_1, t_2 为器件位置变化的时间间隔。Hamilton 原理的突出优点在于不显式使用力进行计算，而用能量变分代替，这样就将基于力的矢量计算转换成基于能量的标量计算，从而将 MEMS 问题求解过程简化。

对于绝大多数系统，式(6.77) 中的动能可表示为广义位移及其对时间的一阶导数即广义速度的函数，而势能可直接表示为广义位移的函数。同样，在广义位移中非保守力作用所产生的虚功，可表示为广义位移变分的线性函数。即

$$\left.\begin{aligned}&T=T(q_1,q_2,\cdots,q_N,\dot{q}_1,\dot{q}_2,\cdots,\dot{q}_N,t)\\&U=U(q_1,q_2,\cdots,q_N,t)\\&\delta W_{nc}=Q_1\delta q_1+Q_2\delta q_2+\cdots+Q_N\delta q_N\end{aligned}\right\} \tag{6.78}$$

式中，N 表示系统的自由度数目；$Q_1, Q_2, \cdots, Q_N$ 为作用于系统的广义非保守力；$q_1, q_2, \cdots, q_N$ 为相应的广义位移。因此，$Q_i\delta q_i$ 有功的单位。将式(6.78) 代入 Hamilton 原理式(6.77)，可得

$$\begin{aligned}\int_{t_1}^{t_2}\Big(&\frac{\partial T}{\partial q_1}\delta q_1+\frac{\partial T}{\partial q_2}\delta q_2+\cdots+\frac{\partial T}{\partial q_N}\delta q_N+\frac{\partial T}{\partial \dot{q}_1}\delta \dot{q}_1+\frac{\partial T}{\partial \dot{q}_2}\delta \dot{q}_2+\cdots+\frac{\partial T}{\partial \dot{q}_N}\delta \dot{q}_N-\\&\frac{\partial U}{\partial q_1}\delta q_1-\frac{\partial U}{\partial q_2}\delta q_2-\cdots-\frac{\partial U}{\partial q_N}\delta q_N+Q_1\delta q_1+Q_2\delta q_2+\cdots+Q_N\delta q_N\Big)\mathrm{d}t=0\end{aligned} \tag{6.79}$$

对式(6.79) 中的 $\delta\dot{q}_i$ 进行分部积分，于是

$$\int_{t_1}^{t_2}\frac{\partial T}{\partial \dot{q}_i}\delta\dot{q}_i\mathrm{d}t=\int_{t_1}^{t_2}\frac{\partial T}{\partial \dot{q}_i}\frac{\mathrm{d}}{\mathrm{d}t}(\delta q_i)\mathrm{d}t=\int_{t_1}^{t_2}\frac{\partial T}{\partial \dot{q}_i}\mathrm{d}\delta q_i=\frac{\partial T}{\partial \dot{q}_i}\delta q_i\Big|_{t_1}^{t_2}-\int_{t_1}^{t_2}\frac{\mathrm{d}}{\mathrm{d}t}\left(\frac{\partial T}{\partial \dot{q}_i}\right)\delta q_i\mathrm{d}t \tag{6.80}$$

由于此处所应用的 Hamilton 原理是固定边界条件下的极值问题，即在时间 $t=t_1$ 及 $t=t_2$ 时，位移变分 $\delta q_i(t_1)=\delta q_i(t_2)=0$，因此，式(6.79) 可写成如下形式：

$$\sum_{i=1}^{N}\int_{t_1}^{t_2}\left[-\frac{\mathrm{d}}{\mathrm{d}t}\left(\frac{\partial T}{\partial \dot{q}_i}\right)+\frac{\partial T}{\partial q_i}-\frac{\partial U}{\partial q_i}+Q_i\right]\delta q_i\mathrm{d}t=0 \tag{6.81}$$

由于 $\delta q_i(i=1,2,\cdots,n)$ 的任意性，式(6.81) 成立的充要条件为方括号内的表达式对每个 i 值都为零，即

$$\frac{\mathrm{d}}{\mathrm{d}t}\left(\frac{\partial T}{\partial \dot{q}_i}\right)-\frac{\partial T}{\partial q_i}+\frac{\partial U}{\partial q_i}=Q_i\quad(i=1,2,\cdots,N) \tag{6.82}$$

式(6.82) 称为 Lagrange 动力学行为方程。根据该式，可定义 Lagrange 算子如下：

$$L(q,\dot{q},t)=T(q,\dot{q},t)-U(q,\dot{q},t) \tag{6.83}$$

Lagrange 算子 $L(q,\dot{q},t)$ 是广义位移 q、广义速度 $\dot{q}$ 以及时间 t 的函数。其中，$T(q,\dot{q},t)$ 表示系统动能，$U(q,\dot{q},t)$ 表示系统各能量域的所有势能代数和。对于多域耦合 MEMS 系统，势能可包括静电势能、弹性势能及电磁能等。对于保守多域耦合 MEMS 系统（能量守恒系统），由于外部非保守力为 $Q_i=0$，因此

$$\frac{\mathrm{d}}{\mathrm{d}t}\left(\frac{\partial L}{\partial \dot{q}_i}\right)-\frac{\partial L}{\partial q_i}=0 \tag{6.84}$$

式(6.84) 称为保守系统的 Lagrange 算子。

6.5.2 线性 MEMS 系统的模态叠加原理

6.5.2.1 线性 MEMS 系统的模态振型及性质

由结构动力学原理以及振动理论可知，含有 N 个自由度的 MEMS 器件有限元模型的无阻尼自由振动方程可表示为

$$\boldsymbol{M}\ddot{\boldsymbol{u}}+\boldsymbol{K}\boldsymbol{u}=\boldsymbol{0} \tag{6.85}$$

其中，$\boldsymbol{u}$ 为器件的 N 维节点位移向量；$\boldsymbol{M},\boldsymbol{K}\in\mathbf{R}^{N\times N}$ 分别为质量矩阵和刚度矩阵。

设式(6.85) 的一个特解为

$$\boldsymbol{u}_i=\boldsymbol{\varphi}_i\sin(\omega_i t+\theta_i) \tag{6.86}$$

此特解表示各广义坐标均作同一频率和初相角但振幅不同的简谐振动。将式(6.86) 代入式(6.85)，可得

$$(-\omega_i^2\boldsymbol{M}+\boldsymbol{K})\boldsymbol{\varphi}_i=\boldsymbol{0} \tag{6.87}$$

其中，ω_i，$\boldsymbol{\varphi}_i$ 分别为系统的第 i 阶谐振频率（特征值）和相应的模态振型（模态基函数）。式(6.87) 是一个广义特征值问题，模态振型 $\boldsymbol{\varphi}_i$ 有非零解的充要条件为系数矩阵的行列式等于零，即

$$|\boldsymbol{K}-\omega_i^2\boldsymbol{M}|=0 \tag{6.88}$$

将式(6.88) 求解的特征值按由小到大排列为 $\omega_1\leqslant\omega_2\leqslant\cdots\leqslant\omega_N$，依次称为系统的一阶、二阶、…、$N$ 阶谐振圆频率。

设频率 ω_i 和 ω_j 对应的模态振型分别为 $\boldsymbol{\varphi}_i$ 和 $\boldsymbol{\varphi}_j$，则根据式(6.87) 可得

$$\boldsymbol{K}\boldsymbol{\varphi}_i=\omega_i^2\boldsymbol{M}\boldsymbol{\varphi}_i \tag{6.89}$$

$$\boldsymbol{K}\boldsymbol{\varphi}_j=\omega_j^2\boldsymbol{M}\boldsymbol{\varphi}_j \tag{6.90}$$

由于 $\boldsymbol{M}$ 和 $\boldsymbol{K}$ 都是对称矩阵，式(6.89) 两边转置后同时右乘 $\boldsymbol{\varphi}_j$，可得

$$\boldsymbol{\varphi}_i^{\mathrm{T}}\boldsymbol{K}\boldsymbol{\varphi}_j=\boldsymbol{\omega}_i^2\boldsymbol{\varphi}_i^{\mathrm{T}}\boldsymbol{M}\boldsymbol{\varphi}_j \tag{6.91}$$

将式(6.90) 两边同时左乘 $\boldsymbol{\varphi}_i^{\mathrm{T}}$，得

$$\boldsymbol{\varphi}_i^{\mathrm{T}}\boldsymbol{K}\boldsymbol{\varphi}_j=\boldsymbol{\omega}_j^2\boldsymbol{\varphi}_i^{\mathrm{T}}\boldsymbol{M}\boldsymbol{\varphi}_j \tag{6.92}$$

将式(6.91) 和式(6.92) 相减，得

$$(\boldsymbol{\omega}_i^2-\boldsymbol{\omega}_j^2)\boldsymbol{\varphi}_i^{\mathrm{T}}\boldsymbol{M}\boldsymbol{\varphi}_j=\boldsymbol{0} \tag{6.93}$$

由此，若 $i\neq j$，则有

$$\boldsymbol{\varphi}_i^{\mathrm{T}}\boldsymbol{M}\boldsymbol{\varphi}_j=\mathbf{0}\quad(i\neq j)\tag{6.94}$$

式(6.94)的物理意义可以解释为：对于线性 MEMS 系统，不同固有频率的模态振型之间存在着关于质量矩阵的正交性。同理可知，不同固有频率的模态振型之间也存在着关于刚度矩阵的正交性，即

$$\left.\begin{array}{l}\boldsymbol{\varphi}_j^{\mathrm{T}}\boldsymbol{M}\boldsymbol{\varphi}_i=\delta_{ij}\boldsymbol{m}_i\\ \boldsymbol{\varphi}_j^{\mathrm{T}}\boldsymbol{K}\boldsymbol{\varphi}_i=\delta_{ij}\boldsymbol{k}_i\end{array}\quad(i=j,\delta_{ij}=1;\ i\neq j,\delta_{ij}=0)\right\}\tag{6.95}$$

式中，m_i，k_i 为系统的第 i 阶模态质量和模态刚度。设系统的模态振型空间为

$$\boldsymbol{\varphi}=[\boldsymbol{\varphi}_1,\boldsymbol{\varphi}_2,\cdots,\boldsymbol{\varphi}_N]$$

并定义全局质量、刚度矩阵 $\boldsymbol{M}_{\mathrm{G}}$，$\boldsymbol{K}_{\mathrm{G}}$ 为

$$\left.\begin{array}{l}\boldsymbol{M}_{\mathrm{G}}=\boldsymbol{\varphi}^{\mathrm{T}}\boldsymbol{M}\boldsymbol{\varphi}\\ \boldsymbol{K}_{\mathrm{G}}=\boldsymbol{\varphi}^{\mathrm{T}}\boldsymbol{K}\boldsymbol{\varphi}\end{array}\right\}\tag{6.96}$$

根据方程(6.95)中的模态正交性，可知全局质量、刚度矩阵 $\boldsymbol{M}_G$，$\boldsymbol{K}_G$ 为对角矩阵。

6.5.2.2　模态叠加原理

根据结构动力学的模态叠加原理，线性 MEMS 系统的位移可以表示为模态坐标与模态振型的函数，即

$$\boldsymbol{u}(t)=\boldsymbol{u}_{\mathrm{eqm}}+\sum_{i=1}^{N}q_i(t)\boldsymbol{\varphi}_i\tag{6.97}$$

其中，$\boldsymbol{u}_{\mathrm{eqm}}$ 为系统初始状态下的节点位移向量；q_i 是第 i 阶时域无量纲模态振幅，也称模态坐标、广义位移，和式(6.78)中的广义位移含义相同。考虑机电耦合线性 MEMS 系统，其二阶运动学行为方程可表示为

$$\boldsymbol{M}\frac{\mathrm{d}^2\boldsymbol{u}}{\mathrm{d}t^2}+\boldsymbol{F}_{\mathrm{m}}(\boldsymbol{u},t)-\boldsymbol{F}_{\mathrm{e}}(\boldsymbol{u},t)=\mathbf{0}\tag{6.98}$$

其中，$\boldsymbol{M}\dfrac{\mathrm{d}^2\boldsymbol{u}}{\mathrm{d}t^2}$ 为惯性力；$\boldsymbol{F}_{\mathrm{m},i}(\boldsymbol{u},t)=\dfrac{\partial U_{\mathrm{m}}(\boldsymbol{u},\dot{\boldsymbol{u}},t)}{\partial\boldsymbol{u}_i}$ 为由结构变形所产生的静弹性力；$\boldsymbol{F}_{\mathrm{e},i}(\boldsymbol{u},t)=\dfrac{\partial U_{\mathrm{e}}(\boldsymbol{u},\dot{\boldsymbol{u}},t)}{\partial\boldsymbol{u}_i}$，为静电力。它们分别采用动能、弹性势能 $U_{\mathrm{m}}(\boldsymbol{u},\dot{\boldsymbol{u}},t)$ 和静电势能 $U_{\mathrm{e}}(\boldsymbol{u},\dot{\boldsymbol{u}},t)$ 对位移向量 $\boldsymbol{u}$ 的梯度表征。对于小变形线性运动情况，由于刚度矩阵恒定，方程(6.98)可表示为

$$\boldsymbol{M}\frac{\mathrm{d}^2\boldsymbol{u}}{\mathrm{d}t^2}+\boldsymbol{K}\boldsymbol{u}=\boldsymbol{F}_{\mathrm{e}}(\boldsymbol{u},t)\tag{6.99}$$

将式(6.97)代入上式，并左乘 $\boldsymbol{\varphi}^{\mathrm{T}}$，可得

$$\boldsymbol{M}_{\mathrm{G}}\frac{\mathrm{d}^2\boldsymbol{q}}{\mathrm{d}t^2}+\boldsymbol{K}_{\mathrm{G}}q=\boldsymbol{F}_{\mathrm{e}}(\boldsymbol{q},t)\tag{6.100}$$

其中，$\boldsymbol{M}_{\mathrm{G}}$，$\boldsymbol{K}_{\mathrm{G}}$ 分别为全局质量、刚度矩阵。这样，通过基函数的变换，可将运动学行为方程由位移空间的函数转换为模态位移空间的函数，即由 $\boldsymbol{u}$ 空间转换为 $\boldsymbol{q}$ 空间。由于全局质量、刚度矩阵均为对角阵，因此不同模态之间的惯性项和刚度项相互独立，即式(6.100)通过模态正交和函数变换实现了不同模态之间的解耦[25]。

6.5.3 多域耦合 MEMS 宏模型提取

方程(6.97) 采用所有模态基函数和模态坐标描述 MEMS 器件的节点位移，对于一个含有 N(N 一般大于 5 000) 个自由度的系统，时域运动方程(6.100) 是由 N 个方程构成的方程组。由于 N 比较大，瞬态求解须要耗费大量的计算资源和求解时间，对于某些复杂 MEMS 器件甚至无法求解，因此，须要对上述方程进行简化，只选择少数几个主要模态基函数和相应的模态坐标表示器件的运动，从而使方程(6.100) 求解速度大幅加快。

6.5.3.1 模态选取

当外部激励频率接近 MEMS 器件的第 k 阶固有频率时，其他主坐标的振幅相对较小，占主导地位的是第 k 阶主模态，此时，式(6.97) 可以近似写为

$$\boldsymbol{u}(t) \approx \boldsymbol{u}_{\text{eqm}} + \sum_{i=1}^{n} \boldsymbol{q}_i \boldsymbol{\varphi}_i \tag{6.101}$$

式中，n 个主要振型 $\boldsymbol{\varphi}_i$ 就是选取出来的基函数。当 $n \ll N$ 时，整个系统运动方程的求解效率将大幅提高。在实际的应用中，选取的基函数数量 n 一般小于 5，且为器件运动方向上的低阶主模态。Anathasuresh[26] 从理论上阐述了高阶模态对器件动态响应可以忽略的原因。

为了定量分析各阶模态对器件动态行为的贡献，从而根据所需的求解精度选择合适的模态基函数，这里采用测试载荷分析完成模态基函数的选取。

首先须要确定器件的主要运动方向，即工作模态，并在器件运动方向上施加测试载荷。测试载荷的形式一般不受限制，可以为力、电压、压力、加速度等。然后进行静态分析，提取结构的节点位移向量 $\boldsymbol{u}$，则模态贡献因子向量 $\boldsymbol{c} = (a_1 \quad a_2 \quad \cdots \quad a_N)^{\mathrm{T}}$ 定义为

$$\boldsymbol{\varphi c} = \boldsymbol{u} \tag{6.102}$$

其中，$a_1, a_2, \cdots, a_N$ 对应为不同模态对器件运动贡献值，它是衡量模态重要性的指标，也是模态选取的理论依据。对于绝大部分 MEMS 器件而言，低阶模态往往在其动力学方程中占据主导地位。通过式(6.102) 解出系数 $a_i (i=1, \cdots, N)$，各系数即为相应模态的贡献因子。为了便于选择，一般将模态贡献因子按照 $a_i = a_i / \sum_{i=1}^{N} a_i$ 进行归一化处理，使 a_i 直观地表达为各模态贡献因子的百分比。这样就可以根据相应的求解精度选择合适的模态基函数，同时所选模态基函数的贡献因子总和将直接决定宏模型的精度。

须要指出的是：① 测试载荷分析的目的在于寻找合适的模态基函数，其本身的求解精度并不重要。② 在进行模态贡献因子求解时，非器件运动方向上的模态应直接舍去，否则由于其在运动方向上的振幅极小而可能导致相应的贡献因子极大，从而使方程(6.102) 出现畸解。

6.5.3.2 能量函数计算

设 m_i 是器件第 i 阶模态的模态质量，则对于线性系统，根据式(6.89) 可知相应的模态刚

度为 $m_i\omega_i^2$。联系 Lagrange 方程及模态正交性，可得系统动能和弹性势能分别为

$$\left.\begin{aligned} T(q,\dot{q},t) &= \frac{1}{2}M\dot{u}^2 \approx \sum_{i=1}^{n}\frac{1}{2}m_i\dot{q}_i^2 \\ U_m(q,\dot{q},t) &= \frac{1}{2}Ku^2 \approx \sum_{i=1}^{n}\frac{1}{2}m_i\omega_i^2 q_i^2 \end{aligned}\right\} \tag{6.103}$$

对于机电耦合系统，势能由弹性势能和静电势能构成。对于电压控制的电容器，其静电势能为

$$U_e(q) = \frac{1}{2}C(q)V^2 \tag{6.104}$$

式中，V 是应用于电容器的电压。因此，为了计算静电势能，必须确定电容与模态坐标 q 的函数。

由于静电势能与器件位移 u 的非线性关系，无法直接写成由模态坐标 q_i 表达的形式。为此，Gabbay[24] 提出了 Latin Hypercube 采样方法，并采用最小二乘法对采样结果进行拟合，得到电容 C 关于模态坐标的函数表达式为

$$C(q_1,q_2,\cdots,q_n) = \frac{\sum_{i_1=0}^{R_1}\sum_{i_2=0}^{R_2}\cdots\sum_{i_n=0}^{R_n} a_{i_1 i_2\cdots i_n} q_1^{i_1} q_2^{i_2}\cdots q_n^{i_n}}{\sum_{i_1=0}^{S_1}\sum_{i_2=0}^{S_2}\cdots\sum_{i_n=0}^{S_n} b_{i_1 i_2\cdots i_n} q_1^{i_1} q_2^{i_2}\cdots q_n^{i_n}} \tag{6.105}$$

式中，$a_{i_1 i_2\cdots i_n}$，$b_{i_1 i_2\cdots i_n}$ 分别为拟合得到的多项式系数；R_n，S_n 分别为选定的第 i 个模态方向上的采样个数。

6.5.3.3　方程组装与宏模型输出

系统动能、弹性势能和静电势能确定以后，就可以采用保守系统的 Lagrange 动力学方程 (6.84) 对上述能量函数进行组装。将上述能量函数沿 q_i 求梯度，则组装后系统的运动方程为

$$m_i\ddot{q}_i + m_i\omega_i^2 q_i = \sum_k \frac{1}{2}\frac{\partial C_k(q)}{\partial q_i}V_k^2 \quad (i=1,2,\cdots,n) \tag{6.106}$$

其中，k 表示系统电容个数；C_k 表示第 k 个电容函数；V_k 表示应用于第 k 个电容上的电压值。

最后，给出机电耦合 MEMS 系统的宏模型解析表达式[24]：

$$\left.\begin{aligned} &C_k(q_1,q_2,\cdots,q_n) = f_{\text{polynomial}}(q_1,q_2,\cdots q_n) \\ &Q_k = C_k(q_1,q_2,\cdots,q_n)V_k \\ &I_k = \dot{Q}_k \end{aligned}\right\} \tag{6.107}$$

$$\left.\begin{aligned} &m_1\ddot{q}_1 + k_1 q_1 = \frac{1}{2}\sum_k \frac{\partial C_k(q_1,q_2,\cdots,q_n)}{\partial q_1}\cdot V_k^2 \\ &\cdots\cdots \\ &m_n\ddot{q}_n + k_n q_n = \frac{1}{2}\sum_k \frac{\partial C_k(q_1,q_2,\cdots,q_n)}{\partial q_n}\cdot V_k^2 \end{aligned}\right\} \tag{6.108}$$

其中,第一组方程定义器件的电容、电量以及电流,用于描述系统的电学行为;第二组方程是系统的 Lagrange 动力学方程,用于描述系统的运动行为。这两个方程可以采用硬件描述语言表征,选择的标准取决于所选系统级仿真器。

6.5.3.4 能量法的多能域扩展

前文讨论了保守机电耦合 MEMS 系统宏建模方法,实际 MEMS 系统可能包含其他各种能量域,如各种阻尼、热能域、电磁行为等。另外,由于 Lagrange 动力学行为方程采用统一的模态坐标表征所有能量函数,不限于特定的能量域,因此,可以根据需要进行能域扩展。以下为充分考虑这些能量域所建立的统一的多域耦合 MEMS 宏模型 Lagrange 动力学行为方程[27-28]:

$$m_i\ddot{q}_i+2\xi_i\omega_i m_i\dot{q}_i+\frac{\partial U_m}{\partial q_i}+\frac{\partial U_{\text{heat}}}{\partial q_i}=\sum_j\varphi_i^{\mathrm{T}}F_j+\frac{1}{2}\sum_k\frac{\partial c_k}{\partial q_i}V_k^2+\frac{\partial U_{\text{magnetostatic}}}{\partial q_i} \tag{6.109}$$

式中,ξ_i 表示系统的第 i 阶模态阻尼比;F_j 为作用于系统的外部力,且 $\varphi_i^{\mathrm{T}}F_j=Q_j$ 为作用于系统的广义外部力;U_{heat} 表示系统的热能;$U_{\text{magnetostatic}}$ 表示系统的电磁势能。通过确定热能、电磁能等关于模态坐标 q_i 的表达式,即可输出多域耦合系统的宏模型。

6.6 参数化模型降阶方法

当前绝大部分的宏模型提取都是针对特定的几何尺寸、材料参数和初始方位提取的,一旦相关参数变化,必须重新提取宏模型。而宏模型提取过程本身需要大量的数值计算,为了提高效率,并考虑到系统级设计迭代及优化的需要,须要研究宏模型参数化,包括材料属性参数化、方位角参数化和一定程度的几何参数化。该节对参数化宏建模的这一关键技术进行了研究。

6.6.1 角度参数化

大部分 MEMS 器件均具有几何对称性特点,如图 6-3 所示的含折叠梁的平面微加速度计。其结构关于 z 轴呈中心对称,且关于 x,y 呈轴对称。MEMS 器件的几何对称性导致几何形状完全相同[29]、初始方位不同的功能部件广泛存在,如图 6-3 所示的折叠梁。根据现有的宏建模方法,必须对这些结构分别处理,各自独立地提取宏模型,这种方法过于烦琐,效率低下。一种较好的解决方法是对于这些几何重复性结构,只提取其中一个宏模型,然后通过设置相应的方位角参数,直接获得其他结构的宏模型,即实现宏模型的角度参数化,这对于解决相同结构的宏模型重复获取问题,提高 MEMS 的设计效率具有重要意义。

这里提出的宏模型角度参数化流程如图6-12所示。首先,从相同几何形状的结构中任意选取一个作为参考微结构,采用前述的 Krylov 子空间投影法或迭代 IRS 方法提取其宏模型。然后,根据结构之间的方位关系,采用矩阵坐标变换方法建立其他方位结构相对参考结构的力与位移转换方程。最后,将转换方程代入宏模型的行为方程中,设置相应的角度参数,实现

MEMS 结构的宏模型角度参数化。

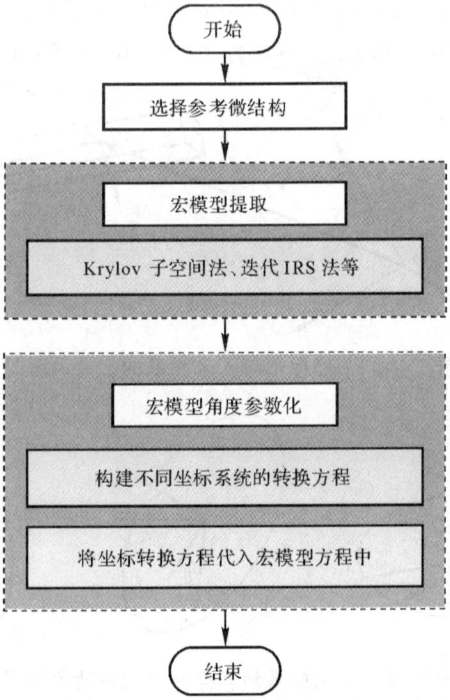

图 6-12　宏模型角度参数化流程图

为了详细论述角度参数化过程，首先定义两个坐标系，以描述微结构在三维空间内的运动。把与参考结构初始方位重合的坐标系称为总体坐标系，用 $c-x_cy_cz_c$ 表示，简称 c 坐标系。为了便于描述结构的转动行为，把固连于参考结构某点 p 的坐标系称为局部坐标系，用 $p-x_py_pz_p$ 表示，简称 p 坐标系，如图 6-13 所示。由上述定义可知，c 坐标系是静止坐标系，而 p 坐标系随部件运动。这样，通过 p 坐标系的转动可描述微结构的转动行为。采用以下转动顺序引入确定 p 坐标系在 c 坐标系的方位角，即 p 坐标系绕 c 坐标系 x，y，z 坐标轴的相对转角，也即其他微结构相对参考微结构的转角，用 (α,β,γ) 表示。最初两坐标系完全重合，而后顺序通过三次转动达到 p 坐标系所在方位。这三次转动为：绕 z_c 转一个 γ 角，使 $p-x_py_pz_p$ 由最初与 $c-x_cy_cz_c$ 重合的位置转到 $p-x_{p1}y_{p1}z_c$；第二次绕 y_{p1} 轴转 β 角，使 $p-x_{p1}y_{p1}z_c$ 到达新的 $p-x_{p2}y_{p1}z_{p2}$ 位置；第三次绕 x_{p2} 转 α 角，使 $p-x_{p2}y_{p1}z_{p2}$ 到达 $p-x_py_pz_p$ 的最终位置。把这种转动方式记为 $c\xrightarrow[z_c]{\gamma}1\xrightarrow[y_1]{\beta}2\xrightarrow[x_2]{\alpha}p$，其转动过程如图 6-14 所示。

设 $\boldsymbol{T}_c^p$ 为变换过程中 c 坐标系到 p 坐标系的转换矩阵，则

$$\boldsymbol{T}_c^p=\begin{bmatrix}1 & 0 & 0\\ 0 & \cos\alpha & \sin\alpha\\ 0 & -\sin\alpha & \cos\alpha\end{bmatrix}\begin{bmatrix}\cos\beta & 0 & -\sin\beta\\ 0 & 1 & 0\\ \sin\beta & 0 & \cos\beta\end{bmatrix}\begin{bmatrix}\cos\gamma & \sin\gamma & 0\\ -\sin\gamma & \cos\gamma & 0\\ 0 & 0 & 1\end{bmatrix}=$$

$$\begin{bmatrix} \cos\gamma\cos\beta & \sin\gamma\cos\beta & -\sin\beta \\ -\sin\gamma\cos\alpha+\cos\gamma\sin\beta\sin\alpha & \cos\gamma\cos\alpha+\sin\gamma\sin\beta\sin\alpha & \cos\beta\sin\alpha \\ \sin\gamma\sin\alpha+\cos\gamma\sin\beta\cos\alpha & -\cos\gamma\sin\alpha+\sin\gamma\sin\beta\cos\alpha & \cos\beta\cos\alpha \end{bmatrix} \tag{6.110}$$

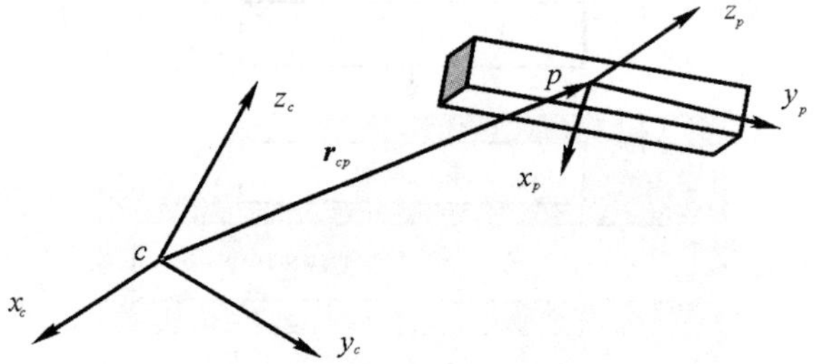

图 6-13 c 坐标系与 p 坐标系的定义示意图

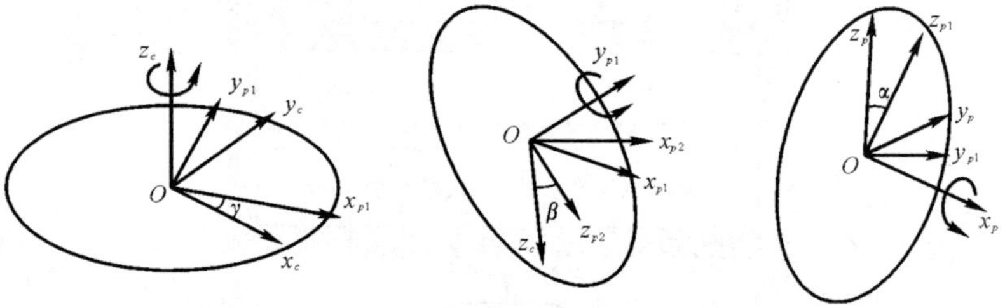

图 6-14 c 坐标系到 p 坐标系的转动示意图

设 p 坐标系中微结构在总体坐标系的位移与转角为

$$\boldsymbol{u}_{cp}=[u_x \quad u_y \quad u_z \quad a_x \quad a_y \quad a_z]^{\mathrm{T}}$$

微结构所受力及转矩为

$$\boldsymbol{F}_{cp}=[F_x \quad F_y \quad F_z \quad T_x \quad T_y \quad T_z]^{\mathrm{T}}$$

其中，u_x,u_y,u_z,a_x,a_y,a_z 分别为沿坐标轴的位移和绕坐标轴的转角。相似地，F_x,F_y,F_z,T_x,T_y,T_z 分别为沿坐标轴的力和绕坐标轴的扭矩，则有

$$\boldsymbol{u}_{cp}=\begin{bmatrix} \boldsymbol{T}_c^p & \boldsymbol{0} \\ \boldsymbol{0} & \boldsymbol{T}_c^p \end{bmatrix}\boldsymbol{u}_c, \quad \boldsymbol{F}_{cp}=\begin{bmatrix} \boldsymbol{T}_c^p & \boldsymbol{0} \\ \boldsymbol{0} & \boldsymbol{T}_c^p \end{bmatrix}\boldsymbol{F}_c \tag{6.111}$$

其中，$\boldsymbol{u}_c$ 为参考微结构在 c 坐标系中的位移与转角；$\boldsymbol{F}_c$ 为参考微结构在 c 坐标系中的力与转矩。式(6.111)表明，微结构在 c 坐标系与 p 坐标系中的动力学关系可通过矩阵坐标变换来表征。将方程(6.111)的 $\boldsymbol{u}_c,\boldsymbol{F}_c$ 代入宏模型的行为方程(6.2)中的 $\boldsymbol{y}_r(t),\boldsymbol{u}(t)$ 或方程(6.27)的 $\boldsymbol{u}_i,\boldsymbol{F}_i$ 中，同时根据其他微结构相对参考微结构的方位，设置相对转角参数值(α,β,γ)，即可迅速提取其他方位微结构的宏模型，实现宏模型的角度参数化。

6.6.2 基于显式矩匹配的参数化降阶算法

上一节结合 MEMS 器件的几何对称性，论述了宏模型的角度参数化技术。本节研究材料属性的宏建模参数化技术。

对于一阶线性参数化系统：

$$\left.\begin{aligned}&\boldsymbol{C}(q_1,q_2,\cdots,q_m)\dot{\boldsymbol{x}}(t)+\boldsymbol{G}(p_1,p_2,\cdots,p_m)\boldsymbol{x}(t)=\boldsymbol{Bu}(t)\\&\boldsymbol{y}(t)=\boldsymbol{L}^{\mathrm{T}}\boldsymbol{x}(t)\end{aligned}\right\}\tag{6.112}$$

其中，q_i，p_i 是系统的材料参数；$\boldsymbol{C}$，$\boldsymbol{G}$ 为与参数 q_i 和 p_i 相关的系统矩阵。材料属性参数化宏建模的目的就是找到一个低阶系统：

$$\left.\begin{aligned}&\boldsymbol{C}_r(q_1,q_2,\cdots,q_m)\dot{\boldsymbol{x}}_r(t)+\boldsymbol{G}_r(p_1,p_2,\cdots,p_m)\boldsymbol{x}_r(t)=\boldsymbol{B}_r\boldsymbol{u}(t)\\&\boldsymbol{y}_r(t)=\boldsymbol{L}_r^{\mathrm{T}}\boldsymbol{x}_r(t)\end{aligned}\right\}\tag{6.113}$$

其中，$r\ll N$。当参数 $q_1,q_2,\cdots,q_m,p_1,p_2,\cdots,p_m$ 在一定范围内变化时，降阶后的输出变量 $\boldsymbol{y}_r$ 与降阶前的输出变量 $\boldsymbol{y}$ 之间的误差 ε 都保持在所要求的范围之内，即

$$\|\boldsymbol{y}-\boldsymbol{y}_r\|<\varepsilon,\quad \forall q_i,\forall p_i,i=1,2,\cdots,m$$

显式矩匹配参数化宏建模是通过直接计算低阶矩，并舍去高阶矩来得到投影矩阵 $\boldsymbol{V}$。由于输出矩阵 $\boldsymbol{L}$ 不影响投影矩阵 $\boldsymbol{V}$，因此只须对频域状态变量 $\boldsymbol{X}(s)$ 进行级数展开，而无须对传递函数 $\boldsymbol{H}(s)$ 展开[30]。式(6.112)经过 Laplace 变换后可以变为

$$\begin{aligned}\boldsymbol{X}(s)=&[s\boldsymbol{C}(q_1,q_2,\cdots,q_m)+\boldsymbol{G}(p_1,p_2,\cdots,p_n)]^{-1}\boldsymbol{Bu}=\\&\Big[s\sum_{i=1}^{m}q_i\boldsymbol{C}_i+\Big(\boldsymbol{G}_0+\sum_{i=1}^{n}p_i\boldsymbol{G}_i\Big)\Big]^{-1}\boldsymbol{Bu}=\\&\Big[\boldsymbol{I}-\Big(-s\boldsymbol{G}_0^{-1}\sum_{i=1}^{m}q_i\boldsymbol{C}_i-\boldsymbol{G}_0^{-1}\sum_{i=1}^{m}p_i\boldsymbol{G}_i\Big)\Big]^{-1}\boldsymbol{G}_0^{-1}\boldsymbol{Bu}=\\&-\sum_{j=0}^{\infty}\Big[s\boldsymbol{G}_0^{-1}\sum_{i=1}^{m}q_i\boldsymbol{C}_i+\boldsymbol{G}_0^{-1}\sum_{i=1}^{m}p_i\boldsymbol{G}_i\Big]^j\boldsymbol{G}_0^{-1}\boldsymbol{Bu}=\\&-\sum_{j=0}^{\infty}\Big[\boldsymbol{G}_0^{-1}\sum_{i=1}^{m}\tilde{s}_i\boldsymbol{C}_i+\boldsymbol{G}_0^{-1}\sum_{i=m+1}^{2m}\tilde{s}_i\boldsymbol{G}_i\Big]^j\boldsymbol{G}_0^{-1}\boldsymbol{Bu}=\\&\{\boldsymbol{B}_M+[\boldsymbol{M}_1\boldsymbol{B}_M\tilde{s}_1+\boldsymbol{M}_2\boldsymbol{B}_M\tilde{s}_2+\cdots+\boldsymbol{M}_m\boldsymbol{B}_M\tilde{s}_m+\boldsymbol{M}_{m+1}\boldsymbol{B}_M\tilde{s}_{m+1}+\\&\boldsymbol{M}_{m+2}\boldsymbol{B}_M\tilde{s}_{m+2}+\boldsymbol{M}_{2m}\boldsymbol{B}_M\tilde{s}_{2m}]+[\boldsymbol{M}_1^2\boldsymbol{B}_M\tilde{s}_1^2+(\boldsymbol{M}_1\boldsymbol{M}_2+\boldsymbol{M}_2\boldsymbol{M}_1)\boldsymbol{B}_M\tilde{s}_1\tilde{s}_2+\cdots+\\&(\boldsymbol{M}_1\boldsymbol{M}_{2m}+\boldsymbol{M}_{2m}\boldsymbol{M}_1)\boldsymbol{B}_M\tilde{s}_1\tilde{s}_{2m}+\boldsymbol{M}_2^2\boldsymbol{B}_M\tilde{s}_2^2+(\boldsymbol{M}_2\boldsymbol{M}_3+\boldsymbol{M}_3\boldsymbol{M}_2)\boldsymbol{B}_M\tilde{s}_2\tilde{s}_3+\cdots+\\&(\boldsymbol{M}_2\boldsymbol{M}_{2m}+\boldsymbol{M}_{2m}\boldsymbol{M}_2)\boldsymbol{B}_M\tilde{s}_2\tilde{s}_{2m}+\cdots+\boldsymbol{M}_{2m}^2\boldsymbol{B}_M\tilde{s}_{2m}^2+\cdots]+\\&[\boldsymbol{M}_1^3\boldsymbol{B}_M\tilde{s}_1^3+(\boldsymbol{M}_1^2\boldsymbol{M}_2+\boldsymbol{M}_2\boldsymbol{M}_1^2)\boldsymbol{B}_M\tilde{s}_1^2\tilde{s}_2+\cdots+\boldsymbol{M}_{2m}^3\boldsymbol{B}_M\tilde{s}_{2m}^3]+\cdots+\boldsymbol{M}_1^j\boldsymbol{B}_M\tilde{s}_1^j+\cdots\}\boldsymbol{u}=\\&-\sum_{j=0}^{\infty}\sum_{k_2=0}^{j-(k_3+\cdots+k_{2m})}\cdots\sum_{k_{2m-1}=0}^{j-k_{2m}}\sum_{k_{2m}=0}^{j}[\boldsymbol{F}_{k_2,\cdots,k_{2m}}^j(\boldsymbol{M}_1,\cdots,\boldsymbol{M}_{2m})\boldsymbol{B}_M\boldsymbol{u}]\tilde{s}_1^{j-(k_2+\cdots+k_{2m})}\tilde{s}_2^{k_2}\cdots\tilde{s}_{2m}^{k_{2m}}\end{aligned}\tag{6.114}$$

其中

$$\tilde{s}_i=sq_i\quad(i=1,2,\cdots,m)$$

$$\tilde{s}_i=p_k\quad(i=m+1,\cdots,2m,k=1,2,\cdots,m)$$

$$\boldsymbol{M}_i=\boldsymbol{G}_0^{-1}\boldsymbol{C}_i\quad(i=1,2,\cdots,m)$$

$$\boldsymbol{M}_i=\boldsymbol{G}_0^{-1}\boldsymbol{G}_i\quad(i=m+1,\cdots,2m)$$

$$B_M = G_0^{-1} B$$

$$F^j_{k_2,\cdots,k_{2m}}(M_1,\cdots,M_{2m}) = \begin{cases} \mathbf{0}, & k_i \notin \{0,1,\cdots,j\} \quad i=2,\cdots,2m \\ \mathbf{0}, & k_2+\cdots+k_{2m} \notin \{0,1,\cdots,j\} \\ I, & j=0 \\ M_1 F^{j-1}_{k_2,\cdots,k_{2m}}(M_1,\cdots,M_{2m}) + M_2 F^{j-1}_{k_2-1,\cdots,k_{2m}}(M_1,\cdots,M_{2m}) + \cdots + \\ \qquad M_{2m} F^{j-1}_{k_2,\cdots,k_{2m}-1}(M_1,\cdots,M_{2m}) \end{cases}$$

假设 G_0 为非奇异矩阵。因此,投影矩阵 V 为

$$\begin{aligned} \operatorname{spancol}[V] = \operatorname{spancol}\{ & \bigcup_{j=0}^{j_q} \bigcup_{k_2=0}^{j-(k_{2m}+\cdots+k_3)} \cdots \bigcup_{k_{2m-1}=0}^{j-k_{2m}} \bigcup_{k_{2m}=0}^{j} F^j_{k_2,\cdots,k_{2m}}(M_1,\cdots,M_{2m}) B_M \} = \\ \operatorname{spancol}\{ & B_M, M_1 B_M, M_2 B_M, \cdots, M_m B_M, M_{m+1} B_M, \\ & M_{m+2} B_M, M_{2m} B_M, M_1^2 B_M, (M_1 M_2 + M_2 M_1) B_M, \cdots, \\ & (M_1 M_{2m} + M_{2m} M_1) B_M, M_2^2 B_M, (M_2 M_3 + M_3 M_2) B_M, \cdots, \\ & (M_2 M_{2m} + M_{2m} M_2) B_M, \cdots, M_{2m}^2 B_M, \cdots \} \end{aligned} \tag{6.115}$$

这里引入混合矩和纯矩的概念。在矩阵 M_i 和 B_M 形成的矩当中,其前面所乘的系数只有一个参数,即 i,j,k 只有一个为非零时,这些矩称为纯矩,否则称为混合矩。

从式(6.115)可以看出,一方面,当系统的参数较多时,求解投影矩阵的过程较为复杂。一般来说,通过 $j=0,1$ 来选取低阶矩,所得到的低阶模型已经有较高的精度。然而,由于显式矩匹配算法通过显式求解状态变量的各阶矩,因此高阶矩很快就线性相关了,从而造成了数值计算的不稳定。另一方面,矩阵的连续相乘会导致圆整误差的积累,从而限制了迭代的次数,并影响宏模型的精度。此外,显式矩匹配算法对各个参数和频域变量采用相同的阶数进行 Taylor 级数展开,这样当参数的变化范围较小,而系统的频域考察范围较大时,要达到可接受的求解精度,就必须采用很高的展开阶数,从而造成极高的计算复杂度。

6.6.3 基于隐式矩匹配的参数化降阶算法

为了避免显式矩匹配方法的不足,可以通过采用基于 Krylov 子空间迭代的隐式矩匹配方式[31-32]。为了简化论述过程,此处仅保留一个参数 p,则状态方程为

$$\left.\begin{aligned} C\dot{x}(t) + G(p)x(t) = Bu(t) \\ y(t) = L^{\mathrm{T}} x(t) \end{aligned}\right\} \tag{6.116}$$

该系统的传递函数为

$$H(s,p) = L^{\mathrm{T}}(sC + G(q))^{-1} B = L(sC + G_0 + qG)^{-1} B \tag{6.117}$$

首先,将传递函数在 $s=0$ 处展开成 s 的级数,即

$$\begin{aligned} H(s,p) = L^{\mathrm{T}}[I - (-(G_0 + qG)^{-1} Cs)]^{-1} (G_0 + qG)^{-1} B = \\ L^{\mathrm{T}} \sum_{j=0}^{\infty} [-(G_0 + qG)^{-1} C]^j (G_0 + qG)^{-1} B s^j = L^{\mathrm{T}} \sum_{j=0}^{\infty} \widetilde{M}_j s^j \end{aligned} \tag{6.118}$$

其中,$\widetilde{M}_j$ 与参数 q 有关。然后,将 $\widetilde{M}_j$ 在 $q=0$ 处进行级数展开。

当 $j=0$ 时，有

$$\widetilde{\boldsymbol{M}}_0=(\boldsymbol{G}_0+q\boldsymbol{G})^{-1}\boldsymbol{B}=[\boldsymbol{I}-(-q\boldsymbol{G}_0^{-1}\boldsymbol{G})]^{-1}\boldsymbol{G}_0^{-1}\boldsymbol{B}=\sum_{i_0=0}^{\infty}(-\boldsymbol{G}_0^{-1}\boldsymbol{G})^{i_0}\boldsymbol{G}_0^{-1}\boldsymbol{B}q^{i_0} \tag{6.119}$$

当 $j=1$ 时，有

$$\begin{aligned}\widetilde{\boldsymbol{M}}_1&=-(\boldsymbol{G}_0+q\boldsymbol{G})^{-1}\boldsymbol{C}(\boldsymbol{G}_0+q\boldsymbol{G})^{-1}\boldsymbol{B}=-(\boldsymbol{G}_0+q\boldsymbol{G})^{-1}\boldsymbol{C}\widetilde{\boldsymbol{M}}_0=\\&-[\boldsymbol{I}-(-q\boldsymbol{G}_0^{-1}\boldsymbol{G})]^{-1}\boldsymbol{G}_0^{-1}\boldsymbol{C}\widetilde{\boldsymbol{M}}_0=-\sum_{i_1=0}^{\infty}(-\boldsymbol{G}_0^{-1}\boldsymbol{G})^{i_1}\boldsymbol{G}_0^{-1}\boldsymbol{C}q^{i_1}\widetilde{\boldsymbol{M}}_0=\\&\left[-\sum_{i_1=0}^{\infty}(-\boldsymbol{G}_0^{-1}\boldsymbol{G})^{i_1}\boldsymbol{G}_0^{-1}\boldsymbol{C}q^{i_1}\right]\left[\sum_{i_0=0}^{\infty}(-\boldsymbol{G}_0^{-1}\boldsymbol{G})^{i_0}\boldsymbol{G}_0^{-1}\boldsymbol{B}q^{i_0}\right]\end{aligned} \tag{6.120}$$

对于任意的 j，有

$$\begin{aligned}\widetilde{\boldsymbol{M}}_j&=[-(\boldsymbol{G}_0+q\boldsymbol{G})^{-1}\boldsymbol{C}]^j(\boldsymbol{G}_0+q\boldsymbol{G})^{-1}\boldsymbol{B}=[-(\boldsymbol{G}_0+q\boldsymbol{G})^{-1}\boldsymbol{C}]\widetilde{\boldsymbol{M}}_{j-1}=\\&\left[-\sum_{i_j=0}^{\infty}(-\boldsymbol{G}_0^{-1}\boldsymbol{G})^{i_j}\boldsymbol{G}_0^{-1}\boldsymbol{C}q^{i_j}\right]\widetilde{\boldsymbol{M}}_{j-1}=\\&\left[-\sum_{i_j=0}^{\infty}(-\boldsymbol{G}_0^{-1}\boldsymbol{G})^{i_j}\boldsymbol{G}_0^{-1}\boldsymbol{C}q^{i_j}\right]\left[-\sum_{i_{j-1}=0}^{\infty}(-\boldsymbol{G}_0^{-1}\boldsymbol{G})^{i_{j-1}}\boldsymbol{G}_0^{-1}\boldsymbol{C}q^{i_{j-1}}\right]\widetilde{\boldsymbol{M}}_{j-2}=\\&\cdots\cdots\\&\left[\prod_{t=1}^{j}\left(-\sum_{i_t=0}^{\infty}(-\boldsymbol{G}_0^{-1}\boldsymbol{G})^{i_t}\boldsymbol{G}_0^{-1}\boldsymbol{C}q^{i_t}\right)\right]\left[\sum_{i_0=0}^{\infty}(-\boldsymbol{G}_0^{-1}\boldsymbol{G})^{i_0}\boldsymbol{G}_0^{-1}\boldsymbol{B}q^{i_0}\right]\end{aligned} \tag{6.121}$$

$\widetilde{\boldsymbol{M}}_1$ 可以进一步整理成

$$\widetilde{\boldsymbol{M}}_1=-\sum_{i_1=0}^{\infty}\sum_{i_0=0}^{\infty}-(\boldsymbol{G}_0^{-1}\boldsymbol{G})^{i_1}\boldsymbol{G}_0^{-1}\boldsymbol{G}(-\boldsymbol{G}_0^{-1}\boldsymbol{G})^{i_0}\boldsymbol{G}_0^{-1}\boldsymbol{B}q^{i_1}q^{i_0} \tag{6.122}$$

相应地，$\widetilde{\boldsymbol{M}}_j$ 可整理成

$$\begin{aligned}\widetilde{\boldsymbol{M}}_j=(-1)^{-j}\sum_{i_j=0}^{\infty}\sum_{i_{j-1}=0}^{\infty}\cdots\sum_{i_1=0}^{\infty}\sum_{i_0=0}^{\infty}[(-\boldsymbol{G}_0^{-1}\boldsymbol{G})^{i_j}\boldsymbol{G}_0^{-1}C(-\boldsymbol{G}_0^{-1}\boldsymbol{G})^{i_{j-1}}\\\boldsymbol{G}_0^{-1}\boldsymbol{C}\cdots(-\boldsymbol{G}_0^{-1}\boldsymbol{C})^{i_1}\boldsymbol{G}_0^{-1}\boldsymbol{C}(-\boldsymbol{G}_0^{-1}\boldsymbol{G})^{i_0}\boldsymbol{G}_0^{-1}\boldsymbol{B}]k^{i_j}k^{i_{j-1}}\cdots k^{i_0}\end{aligned} \tag{6.123}$$

从式(6.123)可以看出，$k^{i_t},t=0,1,\cdots,j$ 是各阶矩的系数，而 $\widetilde{\boldsymbol{M}}_j$ 是下列矩阵的线性组合。

$$\left.\begin{aligned}&(-\boldsymbol{G}_0^{-1}\boldsymbol{G})^{i_j}\boldsymbol{G}_0^{-1}\boldsymbol{C}(-\boldsymbol{G}_0^{-1}\boldsymbol{G})^{i_{j-1}}\boldsymbol{G}_0^{-1}\boldsymbol{C}\cdots(-\boldsymbol{G}_0^{-1}\boldsymbol{C})^{i_1}\boldsymbol{G}_0^{-1}\boldsymbol{C}(-\boldsymbol{G}_0^{-1}\boldsymbol{G})^{i_0}\boldsymbol{G}_0^{-1}\boldsymbol{B}\\&(i_j,\cdots i_1,i_0=0,1,\cdots,\infty)\end{aligned}\right\} \tag{6.124}$$

然后构造投影矩阵 $\boldsymbol{V}$。根据 $\widetilde{\boldsymbol{M}}_0$ 构造投影矩阵 $\boldsymbol{V}_0$：

$$\text{spancol}[\boldsymbol{V}_0]=\boldsymbol{G}_{i_0}(-\boldsymbol{G}_0^{-1}\boldsymbol{G},\boldsymbol{G}_0^{-1}\boldsymbol{B}) \tag{6.125}$$

根据 $\widetilde{\boldsymbol{M}}_1$ 构造投影矩阵 $\boldsymbol{V}_1$：

$$\left.\begin{aligned}&\boldsymbol{B}_1=\boldsymbol{C}[\boldsymbol{G}_0^{-1}\boldsymbol{B},(-\boldsymbol{G}_0^{-1}\boldsymbol{G})\boldsymbol{G}_0^{-1}\boldsymbol{B},\cdots,(-\boldsymbol{G}_0^{-1}\boldsymbol{G})^{r_{i0}}\boldsymbol{G}_0^{-1}\boldsymbol{B}]\\&\text{spancol}[\boldsymbol{V}_1]=\boldsymbol{G}_{i_1}(-\boldsymbol{G}_0^{-1}\boldsymbol{G},\boldsymbol{G}_0^{-1}\boldsymbol{B}_1)\end{aligned}\right\} \tag{6.126}$$

类似可以构造其他的投影矩阵 $\boldsymbol{V}_j$：

$$\left.\begin{aligned}&\boldsymbol{B}_2=\boldsymbol{C}[\boldsymbol{G}_0^{-1}\boldsymbol{B}_1,-\boldsymbol{G}_0^{-1}\boldsymbol{G}\boldsymbol{G}_0^{-1}\boldsymbol{B}_1,\cdots,(-\boldsymbol{G}_0^{-1}\boldsymbol{G})^{r_{i1}}\boldsymbol{G}_0^{-1}\boldsymbol{B}_1]\\&\text{spancol}[\boldsymbol{V}_2]=\boldsymbol{G}_{i_2}(-\boldsymbol{G}_0^{-1}\boldsymbol{G},\boldsymbol{G}_0^{-1}\boldsymbol{B}_2)\\&\cdots\cdots\\&\boldsymbol{B}_j=\boldsymbol{C}[\boldsymbol{G}_0^{-1}\boldsymbol{B}_{j-1},-\boldsymbol{G}_0^{-1}\boldsymbol{G}\boldsymbol{G}_0^{-1}\boldsymbol{B}_{j-1},\cdots,(-\boldsymbol{G}_0^{-1}\boldsymbol{G})^{r_i}_{j-1}\boldsymbol{G}_0^{-1}\boldsymbol{B}_{j-1}]\\&\text{spancol}[\boldsymbol{V}_j]=\boldsymbol{G}_{i_j}(-\boldsymbol{G}_0^{-1}\boldsymbol{G},\boldsymbol{G}_0^{-1}\boldsymbol{B}_j)\\&i_j,i_{j-1},\cdots,i_0,\quad j\leqslant r\ll n\end{aligned}\right\}\tag{6.127}$$

最终的投影矩阵 $\boldsymbol{V}$ 由上述所有投影矩阵通过施密特正交化而组成，即

$$\text{spancol}[\boldsymbol{V}]=\text{spancol}[\boldsymbol{V}_0,\boldsymbol{V}_1,\cdots,\boldsymbol{V}_j]\tag{6.128}$$

由于投影矩阵 $\boldsymbol{V}$ 与参数 q 无关，因此可以输出关于 q 的参数化宏模型。

上述矩匹配方法虽然通过 Krylov 子空间迭代的隐式方法实现了矩匹配，但是对于多参数系统，须要连续在多个参数方向进行级数展开，实现起来较为复杂，得到的宏模型的阶数也往往较高，因此该矩匹配方法很难适用于多参数系统。

结合上述两种方法，即在显式生成矩的基础上忽略混合距，然后在每个参数方向通过 Krylov 子空间迭代的隐式方法生成矩[33-34]。

于是，系统(6.112) 的状态变量 $\boldsymbol{X}(s)$ 可以表示为

$$\boldsymbol{X}(s)=-\Big[\sum_{i=1}^{m}\sum_{j=0}^{\infty}(\tilde{s}_i\boldsymbol{G}_0^{-1}\boldsymbol{C}_i)^j+\sum_{i=m+1}^{2m}\sum_{j=0}^{\infty}(\tilde{s}_i\boldsymbol{G}_0^{-1}\boldsymbol{G}_i)^j\Big]\boldsymbol{G}_0^{-1}\boldsymbol{B}\boldsymbol{u}=-\sum_{i=1}^{2m}\sum_{j=0}^{\infty}(\boldsymbol{M}_i)^j\boldsymbol{B}_M\tag{6.129}$$

实际 MEMS 设计中往往须要考虑高阶的时间项或惯性项，尤其是惯性 MEMS 器件，为此，下面以二阶线性系统为例介绍隐式矩匹配的多参数降阶方法。

$$\left.\begin{aligned}&\boldsymbol{M}(m_1,m_2,\cdots,m_I)\ddot{\boldsymbol{x}}(t)+\boldsymbol{C}(e_1,e_2,\cdots,e_J)\dot{\boldsymbol{x}}(t)+\boldsymbol{G}(k_1,k_2,\cdots,k_k)\boldsymbol{x}(t)=\boldsymbol{B}\boldsymbol{u}(t)\\&\boldsymbol{y}(t)=\boldsymbol{L}^{\mathrm{T}}\boldsymbol{x}(t)\end{aligned}\right\}\tag{6.130}$$

式(6.130) 进一步可化为

$$\left.\begin{aligned}&\sum_{i=1}^{I}m_i\boldsymbol{M}_i\ddot{\boldsymbol{x}}(t)+\sum_{j=0}^{J}e_j\boldsymbol{C}_j\dot{\boldsymbol{x}}(t)+\sum_{k=1}^{K}k_k\boldsymbol{G}\boldsymbol{x}(t)+\boldsymbol{G}_0\boldsymbol{x}(t)=\boldsymbol{B}\boldsymbol{u}(t)\\&\boldsymbol{y}(t)=\boldsymbol{L}^{\mathrm{T}}\boldsymbol{x}(t)\end{aligned}\right\}\tag{6.131}$$

系统(6.131) 经过拉普拉斯变换后可变为

$$\left.\begin{aligned}&\sum_{i=1}^{I}m_iM_is^2\boldsymbol{X}(s)+\sum_{j=0}^{J}e_j\boldsymbol{C}_js\boldsymbol{X}(s)+\sum_{k=1}^{K}k_k\boldsymbol{G}\boldsymbol{X}(s)+\boldsymbol{G}_0\boldsymbol{X}(s)=\boldsymbol{B}\boldsymbol{U}(s)\\&\boldsymbol{Y}(s)=\boldsymbol{L}^{\mathrm{T}}\boldsymbol{X}(s)\end{aligned}\right\}\tag{6.132}$$

其传递函数为

$$\boldsymbol{H}(s)=\boldsymbol{L}^{\mathrm{T}}\Big[\sum_{i=1}^{I}m_i\boldsymbol{M}_is^2+\sum_{j=0}^{J}e_j\boldsymbol{C}_js+\sum_{k=1}^{K}k_k\boldsymbol{G}_k+\boldsymbol{G}_0\Big]^{-1}\boldsymbol{B}=$$

$$\boldsymbol{L}^{\mathrm{T}}\left[\sum_{i=1}^{I}\tilde{s}_i\boldsymbol{P}_i+\sum_{i=I+1}^{I+J}\tilde{s}_i\boldsymbol{P}_i+\sum_{i=I+J+1}^{I+J+K}\tilde{s}_iP_i+\boldsymbol{G}_0\right]^{-1}\boldsymbol{B}=\boldsymbol{L}^{\mathrm{T}}\left[\sum_{i=1}^{I+J+K}\tilde{s}_i\boldsymbol{P}_i+\boldsymbol{G}_0\right]^{-1}\boldsymbol{B}=$$
$$\boldsymbol{L}^{\mathrm{T}}\left[\boldsymbol{I}-\left(-\sum_{i=1}^{I+J+K}\tilde{s}_i\boldsymbol{G}_0^{-1}\boldsymbol{P}_i\right)\right]^{-1}\boldsymbol{G}_0^{-1}\boldsymbol{B}=\boldsymbol{L}^{\mathrm{T}}\sum_{q=1}^{\infty}\left(-\sum_{i=1}^{I+J+K}\tilde{s}_i\boldsymbol{G}_0^{-1}\boldsymbol{P}_i\right)^q\boldsymbol{G}_0^{-1}\boldsymbol{B}\approx$$
$$\boldsymbol{L}^{\mathrm{T}}\sum_{i=1}^{I+J+K}\sum_{q=1}^{\infty}(-\boldsymbol{G}_0^{-1}\boldsymbol{P}_i)^q\boldsymbol{G}_0^{-1}\boldsymbol{B}\tilde{s}_i^q \tag{6.133}$$

其中

$$\tilde{s}_i=\begin{cases}s^2m_i & (i=1,2,\cdots,I)\\ se_j & (i=I+1,I+2,\cdots,I+J,j=1,\cdots,J)\\ k_k & (i=I+J+1,I+J+2,\cdots,I+J+K,k=1,2,\cdots,K)\end{cases}$$

$$\boldsymbol{P}_i=\begin{cases}\boldsymbol{M}_i & (i=1,2,\cdots,m)\\ \boldsymbol{C}_j & (i=I+1,I+2,\cdots,I+J,j=1,2,\cdots,J)\\ \boldsymbol{G}_k & (i=I+J+1,I+J+2,\cdots,I+J+K,k=1,2,\cdots,K)\end{cases}$$

$\boldsymbol{G}_0$ 为非奇异矩阵。

在每个参数方向上可以通过标准的 Arnoldi 方法来构造相应的投影矩阵

$$\left.\begin{array}{l}\text{spancol}[\boldsymbol{V}_1]=\boldsymbol{G}_q(-\boldsymbol{G}_0^{-1}\boldsymbol{P}_1,\boldsymbol{G}_0^{-1}\boldsymbol{B})\\ \vdots\\ \text{spancol}[\boldsymbol{V}_i]=\boldsymbol{K}_q(-\boldsymbol{G}_0^{-1}\boldsymbol{P}_i,\boldsymbol{G}_0^{-1}\boldsymbol{B})\\ (1\leqslant i\leqslant I+J+K,q\ll n)\end{array}\right\} \tag{6.134}$$

因此，最终的投影矩阵 $\boldsymbol{V}$ 由上述投影矩阵通过施密特正交化得到，即

$$\text{spancol}[\boldsymbol{V}]=\text{spancol}[\boldsymbol{V}_1,\boldsymbol{V}_2,\cdots,\boldsymbol{V}_{I+J+K}] \tag{6.135}$$

由于在每个参数方向上分别进行级数展开，消除了混合矩的影响，因此可以根据每个参数的变化范围，方便地选择在相应参数方向降阶的级数。

如果一些参数在远离零点的范围进行变化，就须要在非零点 $\tilde{s}_{i0}$ 进行泰勒展开。这时只须要根据展开点来调整常矩阵 $\boldsymbol{G}_0$。对于多个扩展点，常矩阵 $\boldsymbol{G}_0$ 可以调整为

$$\widetilde{\boldsymbol{G}}_0=\boldsymbol{G}_0+\sum_{i=0}^{I+J+K}\tilde{s}_{i0}\boldsymbol{P}_i \tag{6.136}$$

6.7　宏建模方法的应用

6.7.1　微型可编程光栅的光栅梁宏建模

如图 6-15 所示是一种周期可调式微型可编程光栅的示意图，由弹性梁、支撑梁、光栅梁、驱动梳齿和锚点构成。其中，光栅梁是由约 540 根简单梁构成的梁群，器件设计参数见表 6-1。其工作原理为：利用施加于梳齿上的不同驱动电压使光栅梁之间的间隙和光栅周期发生连续变化，从而对特定波长入射光的出射角进行调制。微型可编程光栅在现代光谱成像、光

谱分析等领域具有较好的应用前景。

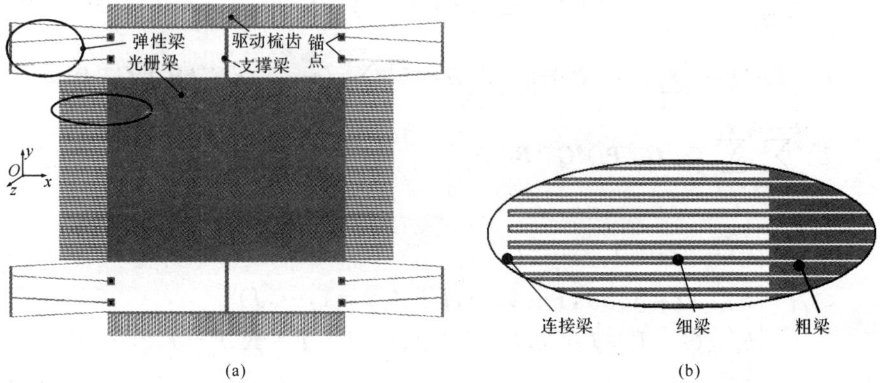

图 6-15　微型可编程光栅示意图

表 6-1　可编程光栅设计参数

组件名称	参数值
驱动梳齿	180 μm×4 μm×60 μm,重叠长度:20 μm,齿间隙:3 μm,齿数:285
光栅梁	粗梁:2 000 μm×20 μm×60 μm;细梁:400 μm×4 μm×60 μm;连接梁:4 μm×3 μm×60 μm;重复数:62
弹性梁	竖梁:410 μm×20 μm×60 μm;横梁:800 μm×5 μm×60 μm;高度:45 μm
材料属性	$E=165$ GPa,$\lambda=0.22$,$\rho=2\ 330$ kg/m^3

6.7.1.1　系统级多域异构建模

在光栅器件的版图中,由于锚点只是作为约束结构,因此与弹性梁一起建模为有约束弹性梁。驱动梳齿和支撑梁由于结构相对简单、规则,因而采用参数化组件库建模。而光栅梁和弹性梁由于相对复杂的几何形状,采用宏模型建模。

由光栅的几何对称性及工作原理可知,光栅梁仅在 y 方向运行,在 x 方向保持静止。因此,为了减少计算量,可沿 y 轴方向选取光栅上半部分进行分析。光栅梁上半部分结构如图 6-16 所示,有限元求解提取的运动方程约含 33 400 个自由度,采用大规模二阶分块 Arnoldi 降阶算法提取的宏模型如图 6-17 所示。另外,由于光栅梁包含两个输出节点共 12 个机械端口(沿 x,y,z 方向的平动和绕它们的转动),也可采用含大量输入端口的分块叠加 Arnoldi 算法提取宏模型。

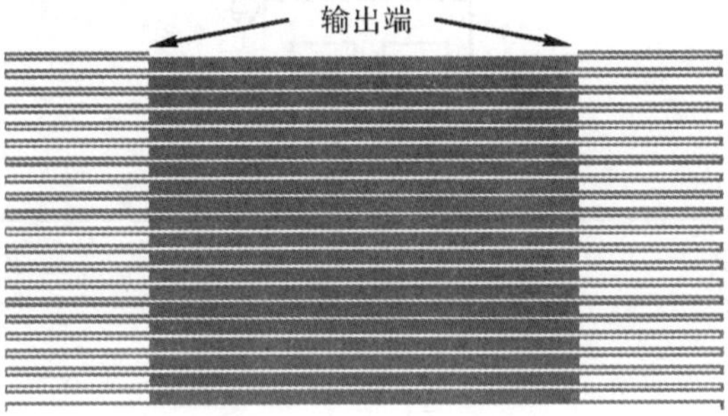

图 6 - 16 光栅梁结构示意图

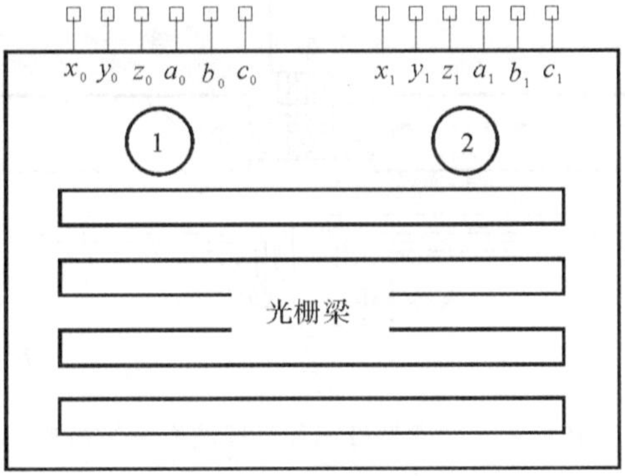

图 6 - 17 光栅梁示意图

弹性梁规模相对较小，采用分块 Arnoldi 算法提取宏模型。由于光栅中包含四个几何形状完全相同，但居于不同角落的弹性梁，因而必须应用宏模型角度参数化。此处以左上角弹性梁为参考结构，其他方位弹性梁宏模型的角度参数设置见表 6 - 2。采用参数化组件库和宏模型建立的光栅系统级异构模型如图 6 - 18 所示。

表 6 - 2 弹性梁宏模型的角度参数设置 单位：(°)

弹性梁方位	α	β	γ
左上角	0	0	0
右上角	0	180	0
左下角	180	0	0
右下角	0	0	180

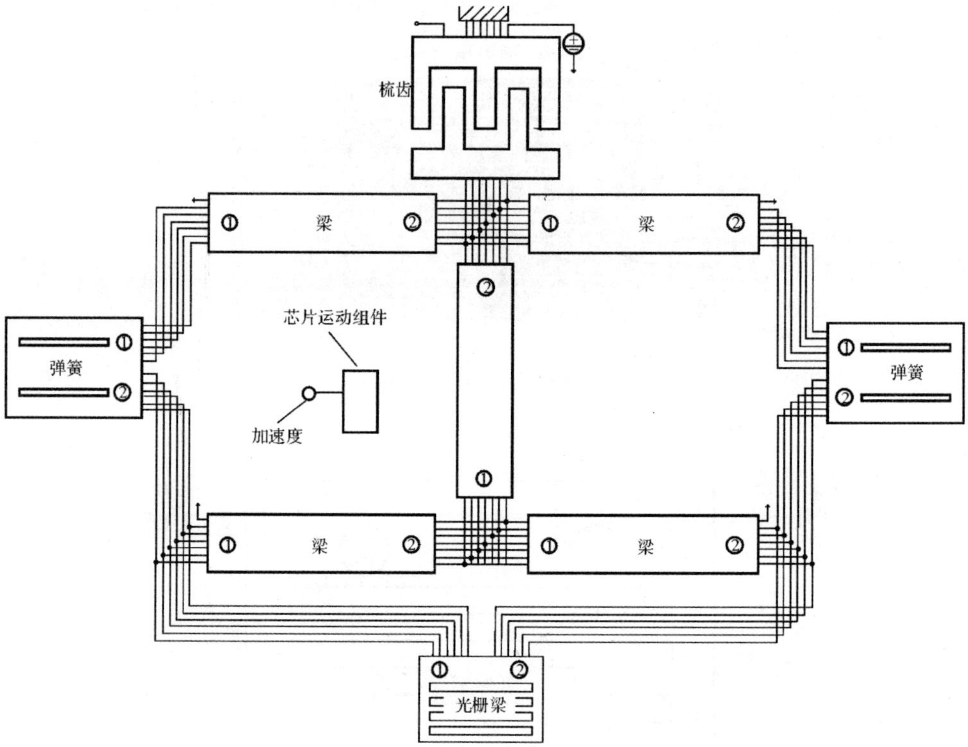

图 6-18　微型可编程光栅的系统级模型

6.7.1.2　系统级频域仿真

在光栅系统级异构模型的 y 端口输入小幅值正弦信号，对该模型进行频域分析，结果如图 6-19 所示。可知光栅在 y 方向的固有频率为 1 194.1 Hz。为了验证该模型能否精确地描述器件的动态行为特性，在相同条件下采用有限元方法进行模态分析，可得一阶模态频率为 1 188 Hz，相对误差约为 0.5%，这说明该光栅的系统级异构模型能够精确地描述器件的动态行为特性。

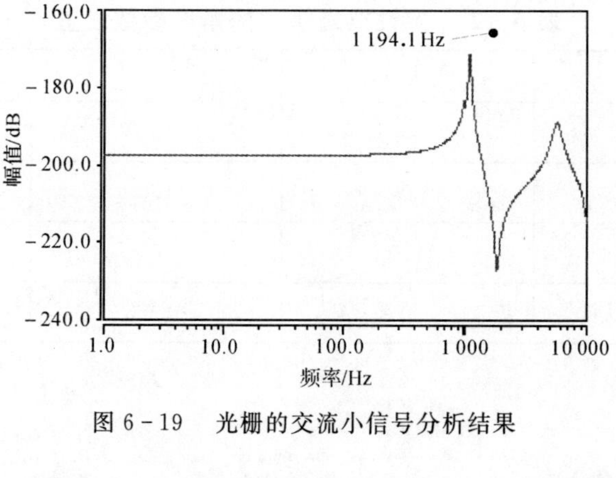

图 6-19　光栅的交流小信号分析结果

6.7.1.3　时域机电耦合仿真

在标准大气压下，分别给驱动梳齿施加 10 V，40 V，60 V，90 V，100 V 的直流驱动电压，在 10 ms 内以 10 μs 的时间步长进行瞬态机电耦合分析，结果如图 6－20 所示。表 6－3 是仿真结果与相同条件下二维、三维有限元分析结果的比较，可知相对误差不超过 1.1%，且光栅 y 方向的位移与驱动电压的平方成正比，这与实际情况相符。另外，系统级异构模型的仿真时间均约为 4 min，而三维有限元模型的仿真时间约为 3 h，效率提高约 45 倍，所有仿真均在 3.0 GB 内存、双核 3.0 GHz CPU 的 PC 机上执行。因此，系统级异构模型在保证足够仿真精度的条件下，极大地提高了效率。

须要说明的是，对于类似微型可编程光栅的复杂 MEMS 器件，采用依赖组件库的结构化设计方法几乎无法完成系统级建模；而有限元方法不仅效率极低，在 PC 机上有时甚至连网格划分都无法完成。

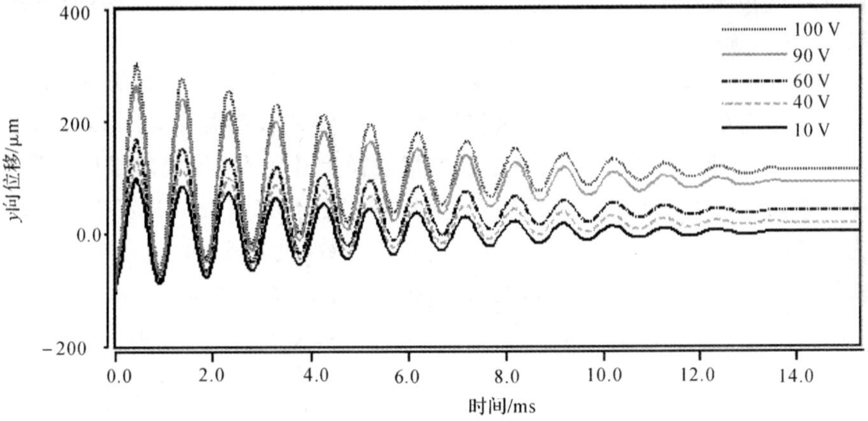

图 6－20　瞬态机电耦合分析结果

表 6－3　光栅宏模型的仿真结果与有限元仿真结果比较

电压 /V	y 方向位移 /μm（ANSYS 2D 模型）	y 方向位移 /μm（ANSYS 3D 模型）	y 方向位移 /μm（异构模型）	相对误差
10	1.099	1.094	1.102	0.27% ～ 0.72%
40	17.604	17.520	17.618	0.079% ～ 0.55%
60	39.643	39.454	39.231	1% ～ 0.56%
90	89.275	88.855	89.606	0.36% ～ 0.83%
100	110.213	109.628	110.9	0.62% ～ 1.1%

6.7.2　平面微加速度计的折叠梁宏建模

微加速度计是加速度信号的传感、检测器件，在国防、军事、民用产品中有重要的应用。图 6－3 所示为一种平面微加速度计的版图，由锚点、检测梳齿、质量块、变截面折叠梁组成，其设计参数见表 6-4。其工作原理为:如果沿 x 方向施加一个加速度,则质量块将沿 x 方向运动,从而导致检测梳齿电容发生改变,根据电容变化量的大小即可检测出输入加速度的大小。

表 6-4　平面微加速度计的设计参数

组件名称	参数值
偏置梳齿	尺寸:90 μm × 5 μm × 60 μm;重叠长度:80 μm;齿间隙:3 μm,齿数:92
质量块	1 320 μm×230 μm×60 μm,2 600 μm×200 μm×60 μm,780 μm×1 240 μm × 60 μm
变截面折叠梁	长梁:360 μm × 10 μm × 60 μm;短梁:40 μm × 20 μm × 60 μm;变截面部分:5 μm × (18,22,26,30)μm × 60 μm
材料属性	$E = 165$ GPa,$\lambda = 0.22$,$\rho = 2\ 330\ \text{kg/m}^3$

6.7.2.1　系统级多域异构建模

在加速度计的功能部件中,锚点、检测梳齿直接采用参数化组件库建模,质量块尽管几何形状相对复杂,其系统级模型也可采用简单质量的参数化模型连接而成。而对于如图 6-3 所示的折叠梁,由 25 根简单三维梁构成。如果采用常规的多端口组件建模方法,那么整个加速度计将使用 100 根简单梁的组件模型。这将导致:① 系统级模型复杂,不易理解,且建模过程耗时长、效率低;② 加速度计系统级模型控制方程规模迅速上升,导致求解效率降低。为此,可将变截面折叠梁处理为动态约束微结构,并采用迭代 IRS 方法提取其宏模型。同时以左上角折叠梁为参考结构,并设置其他方位折叠梁的角度参数(见表 6-2)。

为了验证变截面折叠梁宏模型的精度,在宏模型的一端施加约束,然后分别进行频域和时域仿真,结果如图 6-21 所示。可知,y 方向的一阶模态频率为 12 778 Hz。在 y 方向施加 3 μN 阶跃力,在 6 ms时间内以 10 μs为步长进行时域仿真,可知其稳态值为 0.003 17 μm,与有限元仿真结果的相对误差分别为 0.14%,2.5%,这说明宏模型能够精确地描述器件的动态行为特性。

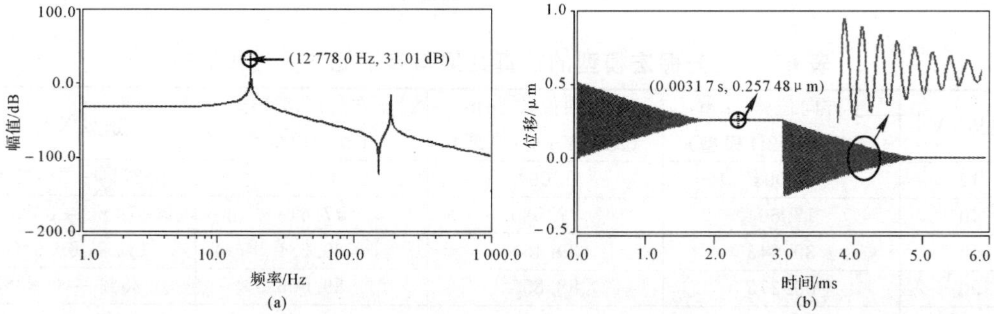

图 6-21　变截面折叠梁的宏模型仿真结果

(a) 频域仿真;　(b) 时域仿真

将所有部件的参数化组件模型或宏模型按照微加速度计的原始拓扑进行互联,建立系统级异构模型如图 6-22 所示。

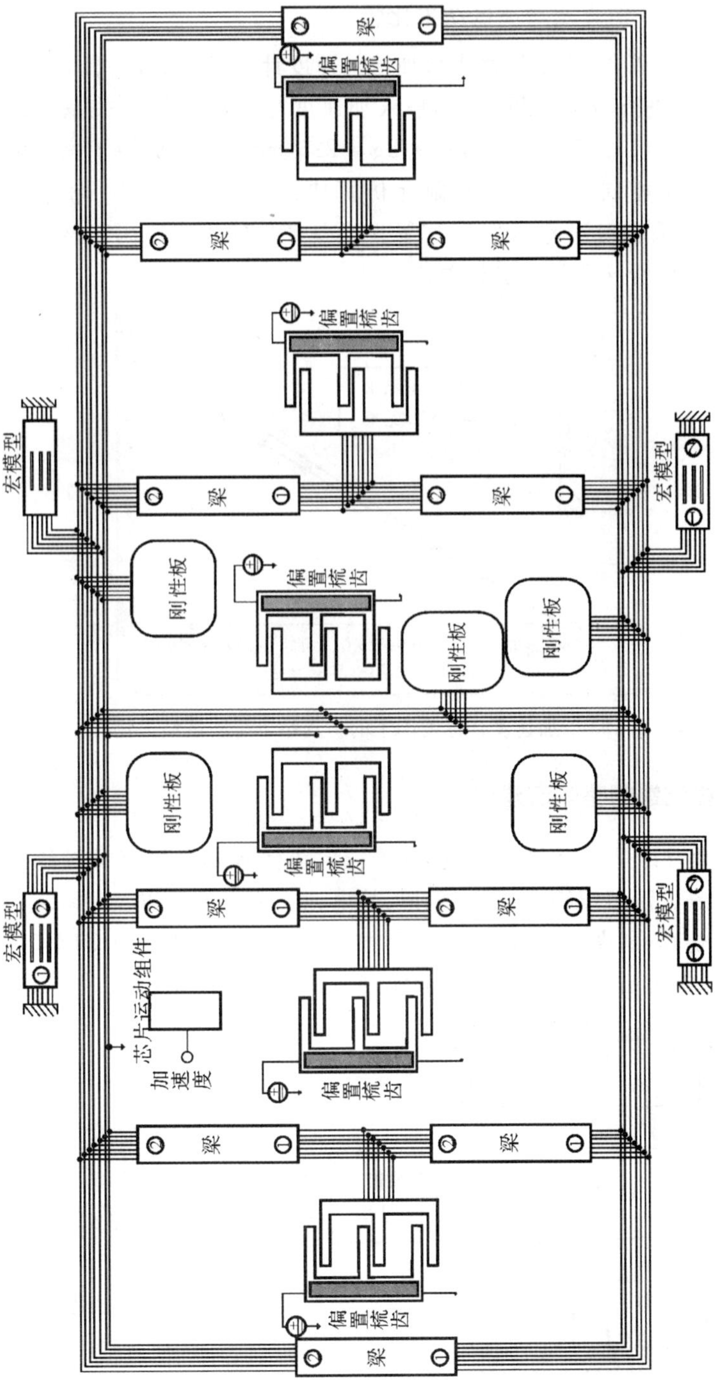

图 6-22　加速度计的系统级模型

6.7.2.2 标度因子仿真及与测试结果比较

由 $-1g \sim 1g$ 并以 $0.2g$ 的步长逐步增加该加速度计 x 方向的输入加速度，并设置检测梳齿的偏置电压为 5 V，进行瞬态分析，得到输入加速度与输出电压的关系曲线如图 6-23 所示。可知标度因子约为 $(13.75\mathrm{V}-13.30\mathrm{V})/2g=225\ \mathrm{mV}/g$，且保持了良好的线性度。整个仿真时间约为 80 s，比相同条件下的有限元仿真快约两个数量级。标度因子测试值约为 $250\ \mathrm{mV}/g$，与仿真结果相对误差约为 8.16%。误差产生的主要原因包括由工艺水平导致的加工误差和由测试条件所导致的测试误差。

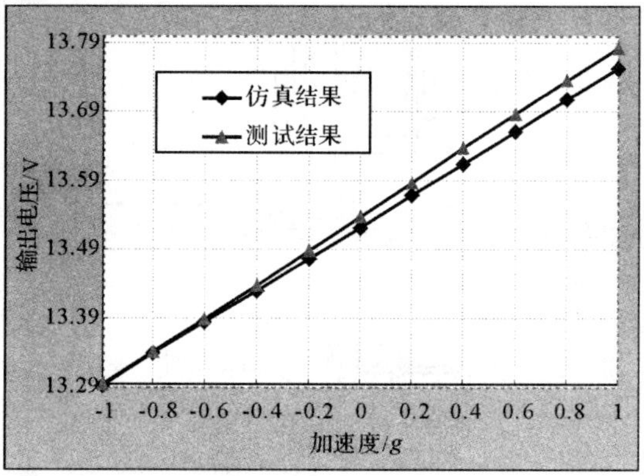

图 6-23 加速度计标度因子的仿真结果与测试结果比较

6.7.3 微机械陀螺的整体宏建模

z 轴微机械陀螺设计是一个包含机械、电子、热、流体等多学科交叉设计的过程。采用系统级异构建模与仿真方法可以综合结构、阻尼、静电、热、离心效应以及闭环接口电路对陀螺系统行为进行建模与仿真，如图 6-24 所示。这种方法不仅可以快速获得多因素影响下的陀螺整体行为模型，而且能保留一些重要参数，从而实现陀螺的设计优化。

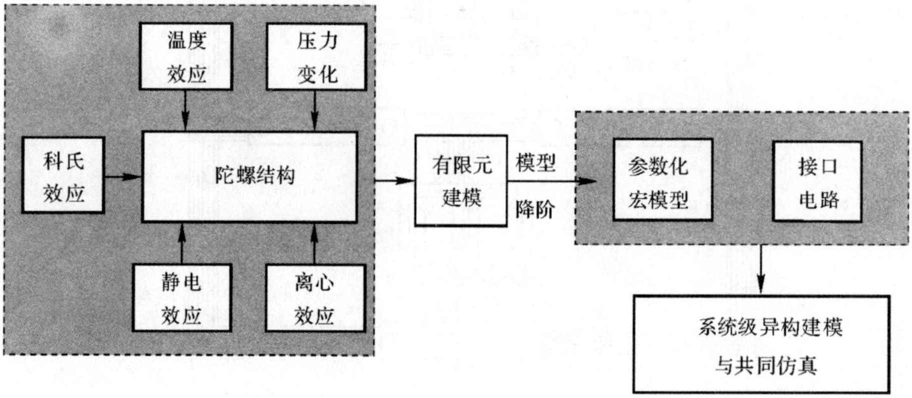

图 6-24 陀螺整体行为建模方法

6.7.3.1 微陀螺多因素建模

如果同时考虑阻尼、温度、静电力、科氏力、离心力等因素，那么陀螺的多自由度振动方程为

$$\rho \boldsymbol{M}\ddot{\boldsymbol{x}}(t)+(\boldsymbol{D}+\omega\rho\boldsymbol{G})\dot{\boldsymbol{x}}(t)+(E\boldsymbol{K}+ETC_{\mathrm{h}}\Delta T\boldsymbol{S})\boldsymbol{x}(t)=\boldsymbol{F}_{\mathrm{e}}+\boldsymbol{F}_{\mathrm{t}}+\boldsymbol{F}_{\mathrm{r}} \tag{6.137}$$

其中，t 为时间变量；$\boldsymbol{x}(t)$ 为状态空间变量；$\boldsymbol{M}$，$\boldsymbol{D}$，$\boldsymbol{G}$，$\boldsymbol{K}$ 和 $\boldsymbol{S}$ 分别代表质量、阻尼、科氏、刚度和温度应力刚度矩阵。$\boldsymbol{F}_{\mathrm{e}}$，$\boldsymbol{F}_{\mathrm{t}}$，$\boldsymbol{F}_{\mathrm{r}}$ 分别为静电、热、离心载荷向量。参数 ρ，ω，E，TC_{h}，ΔT 分别为材料密度、角速度、弹性模量、热扩散系数、温度变化量。阻尼由瑞利(Rayleigh)阻尼来表示，即阻尼矩阵 $\boldsymbol{D}$ 是质量和刚度矩阵的线性组合。矩阵 $\boldsymbol{S}$ 由预应力的非线性静态分析得到。

1. 结构建模

所要建模的对称式 z 轴陀螺结构如图 6-25 所示。通过施加于驱动电极上的电压产生静电力来驱动陀螺的质量块在 x 方向振动。当有绕 z 轴的角速度输入时，产生的科氏力使质量块在 y 方向振动。于是，通过检测敏感电极与质量块之间的电容变化来得到输入角速率。该陀螺的具体材料和结构参数如表 6-5 所示。

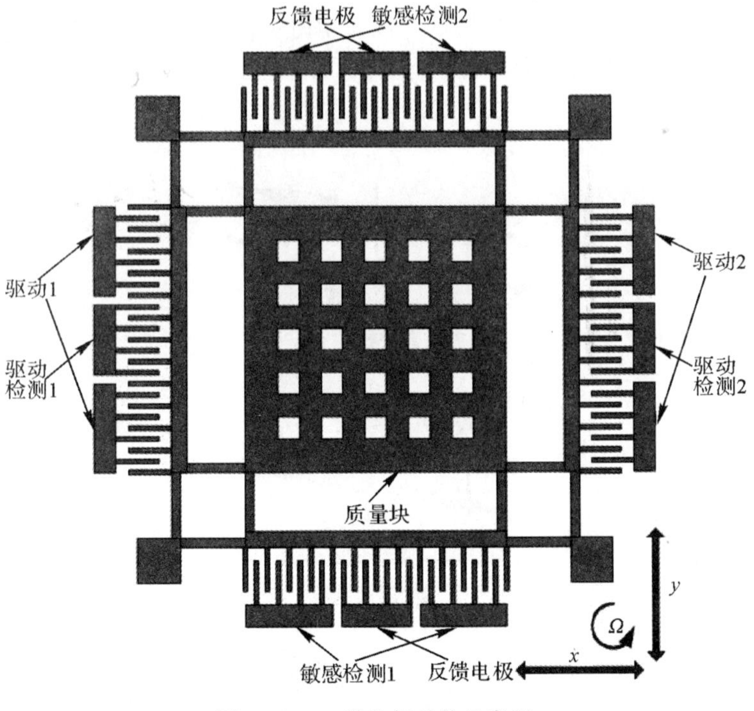

图 6-25 z 轴陀螺结构示意图

表 6-5 z 轴对称解耦陀螺参数取值表

参数	数值	参数	数值
弹性模量	1.3E5 MPa	质量块长	2 000 μm
泊松比	0.22	质量块宽	2 000 μm
热扩散系数	2.6E−6/℃	梳齿宽	5 μm
弹性模量温度系数	−75E−6/℃	梳齿长	60 μm
密度	2 330 kg/m³	梳齿间隙	3 μm
支撑梁长	500 μm	梳齿重叠部分长	35 μm
支撑梁宽	10 μm	梳齿与衬底的间隙	30 μm
支撑梁厚	65 μm		

在陀螺的结构模型中，由于梳齿不会对陀螺结构的谐振频率造成显著影响，且梳齿会显著增加结构的网格节点数，因此可以去除梳齿来简化陀螺结构模型。利用有限元分析软件ANSYS建立的有限元模型如图 6-26 所示。该模型由 45 092 个四面体结构单元(Solid187)和 93 139 个节点组成。在 8 根支撑梁的底部施加狄利克雷边界条件后，共有 1 656 个自由度被约束。质量块的中心节点被选为输出点来观察结构的动态响应。

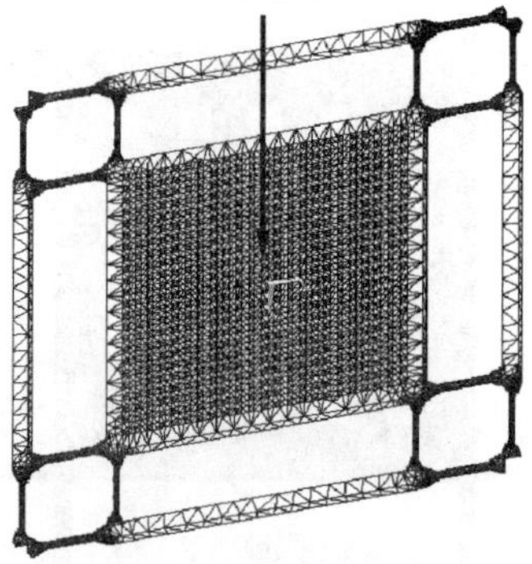

图 6-26 z 轴对称解耦陀螺的有限元模型及输出点定义

2. 阻尼建模

对于陀螺来讲，黏性阻尼是一个很重要的设计参数，它决定了传感器的动态特性。通常，MEMS 器件中的阻尼可分为滑膜和压膜两种。所设计的 z 轴陀螺中，滑膜阻尼起主要作用。图 6-27 表示的是平面振动的微陀螺的能量耗散行为，这种耗散行为在微陀螺中主要表现为梳齿间以及质量块与衬底之间的空气阻尼。其主要包括库特流 (Couette flow)和斯托克斯流(Stokes flow)两种形式。

库特流通常发生在低频，因为在低频时相对运动平板之间流体的速度梯度可近似为常数。此时的阻尼系数可表示为

$$C=\frac{\mu A}{d} \tag{6.138}$$

其中，μ 为流体的黏度系数；A 为平板的正对面积；d 为平板之间的间隙。

斯托克斯流通常发生在高频，因为在高频时相对运动平板之间流体速度梯度为变量。其中由库特流向斯托克斯流转变的截止频率为

$$f_c=\frac{\mu}{2\pi\rho d^2} \tag{6.139}$$

其中，ρ 为流体密度。

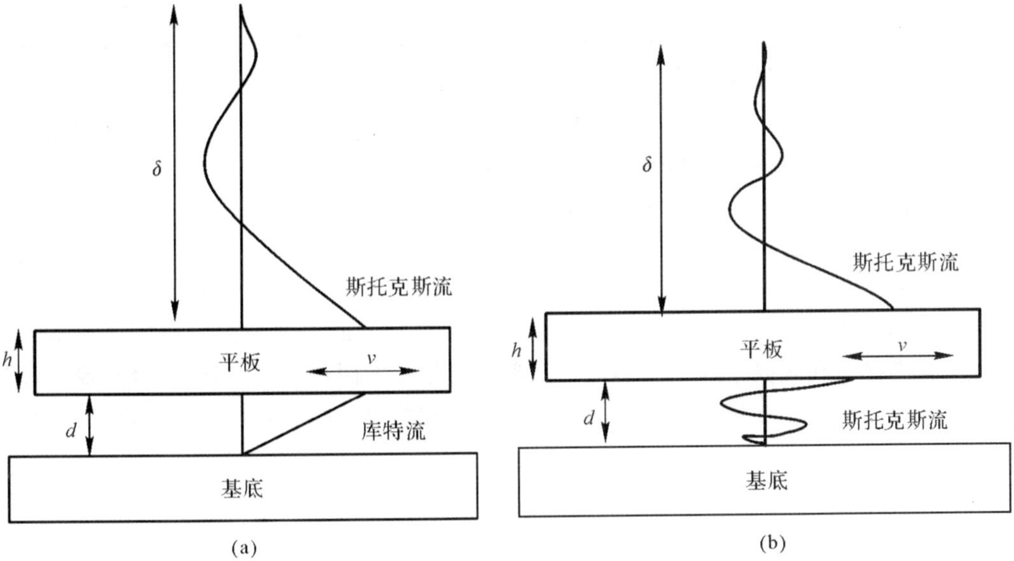

图 6-27　陀螺的能量耗散过程

(a) 低频；(b) 高频

对于该 z 轴陀螺，其滑膜阻尼分为振动质量平板上方的外部流体阻尼及平板之间的流体阻尼。其中外部流体阻尼通常表现为斯托克斯流，其阻尼系数为 $C=\mu A\beta$[35]。而平板之间的斯托克斯流阻尼系数为

$$C=\mu A\beta\,\frac{\sinh(2\beta d)+\sin(2\beta d)}{\cosh(2\beta d)-\cos(2\beta d)} \tag{6.140}$$

其中，$\beta=\sqrt{\pi f/\nu}$；f 为谐振频率；ν 为动力黏度系数。当计算平板之间的阻尼时，d 为平板间间隙；当计算平板上方的阻尼时，d 为渗透深度 δ，其中 $\delta=1/\beta$。

当外部压强减小时，就必须考虑气体的稀薄效应。通常通过施加各种边界条件如一阶或者高阶滑流边界条件来考虑稀薄效应。由于气体的稀薄效应会导致气体性质发生变化，为此

引入有效黏度系数[36]

$$\mu_{\text{eff}} = \frac{\mu}{1 + 2K_{\text{n}}} \tag{6.141}$$

其中，K_{n} 代表努森数，它等于平均分子自由程与气体间隙 d 的比值，即

$$K_{\text{n}} = \frac{\lambda}{d} \tag{6.142}$$

在驱动模态与敏感模态中，滑膜阻尼为由质量块和梳齿引起的阻尼之和，即

$$c_{\text{slide}} = c_{\text{mass}} + c_{\text{combs}} \tag{6.143}$$

阻尼比为

$$\xi_i = c_i / 2\omega_i m_i \tag{6.144}$$

其中，c_i 为第 i 阶模态的阻尼系数；ω_i 为第 i 阶模态的特征频率；m_i 为第 i 阶模态质量。

如前所述，在陀螺振动方程中阻尼模型采用瑞利阻尼。瑞利阻尼假设结构的阻尼矩阵是质量和刚度矩阵的线性组合，即

$$\boldsymbol{D} = \alpha\boldsymbol{M} + \beta\boldsymbol{K} \tag{6.145}$$

其中，α 和 β 是两个比例系数，分别具有 s^{-1} 和 s 的量纲。

为保证构造的阻尼矩阵合理、可靠，在确定瑞利阻尼的常数 α 和 β 时，必须遵循一定的原则，否则构造的阻尼矩阵可能导致计算结果的严重失真。

确定瑞利阻尼的原则是：两个用于确定瑞利阻尼系数 α 和 β 的频率点 ω_i 和 ω_j 要覆盖结构分析中关注的频段[37]。该频率的确定要根据作用于结构上的外载荷的频率成分和结构的动力特性综合考虑。在频段 $[\omega_i, \omega_j]$ 内，阻尼比略小于给定的阻尼比。这样，在该频段内计算的阻尼略小于实际阻尼。在频段 $[\omega_i, \omega_j]$ 以外，其阻尼比将迅速增大，这样频率成分的振动反应会被抑制。

对于 z 轴陀螺而言，通过选择驱动模态和检测模态的特征频率确定瑞利阻尼系数。驱动和检测模态为陀螺的前两阶模态，其阻尼系数为

$$c_1 = c_2 = c_{\text{slide}} \tag{6.146}$$

前两阶模态的阻尼比可由式(6.144)得到。

于是瑞利阻尼系数可由下式得到：

$$\begin{aligned} \alpha/(2\omega_1) + \beta\omega_1/2 = \xi_1 \\ \alpha/(2\omega_2) + \beta\omega_2/2 = \xi_2 \end{aligned} \tag{6.147}$$

$$\begin{aligned} \alpha &= \frac{2(\omega_1\omega_2^2\xi_1 - \omega_1^2\omega_2\xi_2)}{\omega_2^2 - \omega_1^2} = \frac{c_{\text{slide}}(\omega_2^2/m_1 - \omega_1^2/m_2)}{\omega_2^2 - \omega_1^2} \\ \beta &= \frac{2(\omega_1\xi_1 - \omega_2\xi_2)}{\omega_1^2 - \omega_2^2} = \frac{c_{\text{slide}}(1/m_1 - 1/m_2)}{\omega_1^2 - \omega_2^2} \end{aligned} \tag{6.148}$$

3. 静电-位移建模

在该 z 轴陀螺中，梳齿通过静电场将驱动电压转换为相应的质量位移。静电力与电容变化之间的关系为

$$F_e = \frac{1}{2} V(t)^2 \frac{\partial C}{\partial x} \tag{6.149}$$

为了考虑梳齿边缘场效应，此处电容与位移的关系通过有限元进行一系列静电力计算得到。对得到的数据进行最小二乘拟合后，电容与位移的关系为$C=0.000\ 399x+0.015\ 998$，并如图 6－28 所示。

施加到机械结构上总的静电力可以转化为相应的面力，于是静电力向量可以表示为

$$\boldsymbol{F}_e = \frac{N}{2} V(t)^2 \frac{\partial C}{\partial x} (\boldsymbol{B}_{dl} + \boldsymbol{B}_{dr} + \boldsymbol{B}_{su} + \boldsymbol{B}_{sd}) \tag{6.150}$$

其中，N，$\boldsymbol{B}_{dl}$，$\boldsymbol{B}_{dr}$，$\boldsymbol{B}_{su}$，$\boldsymbol{B}_{sd}$ 分别为单侧梳齿的个数，陀螺四周四个电容的静电力分布矩阵。

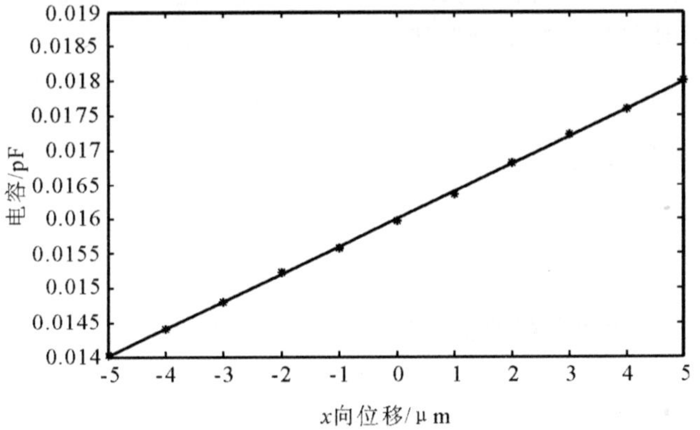

图 6－28 陀螺电容与位移的关系

4. 温度效应

温度对陀螺的性能影响很大。温度变化对系统频率的影响可以分解为三种形式：弹性模量的变化，热扩散和热应力。

弹性模量与温度之间的关系为

$$E(T) = E(T_0) + E(T_0) TC_E \Delta T \tag{6.151}$$

其中，$E(T)$ 为在温度 T 下的弹性模量；$E(T_0)$ 为弹性模量的初始值；TC_E 为弹性模量的热系数。

施加到结构上的热载荷向量为

$$\boldsymbol{F}_t = ETC_h \Delta T \boldsymbol{B}_t \tag{6.152}$$

其中，$\boldsymbol{B}_t$ 为热载荷分布矩阵。

在 MEMS 加工过程中，残余应力是经常遇到的问题，它会影响整个器件的性能。由于热应力可以通过式

$$\boldsymbol{\sigma} = \boldsymbol{ETC}_h \Delta \boldsymbol{T} \tag{6.153}$$

来计算，因此残余应力效应可以转化为相应的热载荷。

5. 离心效应

陀螺在旋转时将产生离心力,其可以表示为

$$\boldsymbol{F}_{\mathrm{r}} = \omega^2 \rho \boldsymbol{B}_{\mathrm{r}} \tag{6.154}$$

其中,ω 为角速度,$\boldsymbol{B}_{\mathrm{r}}$ 为离心载荷分布矩阵。

离心力引起的弹簧软化效应,在结构小变形时可以忽略不计。因此,此处对于离心力引起的刚度矩阵变换并未考虑。

6.7.3.2 参数化降阶过程

确定了微陀螺的原始模型,采用合适的参数化降阶策略即可实现从高阶模型到低阶模型的转换,同时主要参数将得到保留。对方程(6.137)进行参数化降阶的过程如下所述。

科氏矩阵可通过质量矩阵的组合得到。其中单元质量矩阵为

$$\boldsymbol{M}_e = \rho \int_V \boldsymbol{N}^{\mathrm{T}} \boldsymbol{N} \mathrm{d}v \tag{6.155}$$

其中,$\boldsymbol{N}$ 为单元形函数矩阵。

单元科氏矩阵为

$$\boldsymbol{G}_e = \rho \int_V \boldsymbol{N}^{\mathrm{T}} \boldsymbol{\Omega} \boldsymbol{N} \mathrm{d}v \tag{6.156}$$

其中,$\boldsymbol{\Omega}$ 为旋转矩阵。这里只考虑绕 z 轴的角速度,因此 $\boldsymbol{\Omega}$ 可以写为

$$\boldsymbol{\Omega} = \omega_z \begin{bmatrix} 0 & -1 & 0 \\ 1 & 0 & 0 \\ 0 & 0 & 0 \end{bmatrix} \tag{6.157}$$

整体质量和科氏矩阵可由其单元矩阵组装而成,即

$$\begin{aligned} \boldsymbol{M} &= \sum_e \boldsymbol{N}_e^{\mathrm{T}} \boldsymbol{M}_e \boldsymbol{N}_e \\ \boldsymbol{G} &= \sum_e \boldsymbol{N}_e^{\mathrm{T}} \boldsymbol{G}_e \boldsymbol{N}_e \end{aligned} \tag{6.158}$$

阻尼矩阵 $\boldsymbol{D}$ 可以不参与到降阶过程中[38],这里科氏矩阵 $\boldsymbol{G}$ 与其类似,其都没有包括式(6.159)。

于是微陀螺振动方程可重新写为

$$c_1 \boldsymbol{M} \ddot{\boldsymbol{u}}(t) + (\boldsymbol{K} + c_2 \boldsymbol{S}) \boldsymbol{u}(t) = \frac{1}{E} (\boldsymbol{F}_{\mathrm{e}} + \boldsymbol{F}_{\mathrm{t}} + \boldsymbol{F}_{\mathrm{r}}) \tag{6.159}$$

其中,$c_1 = \rho / E$,$c_2 = T C_{\mathrm{h}} \Delta T$。

因此,在降阶过程中只须保留两个参数 c_1 和 c_2 即可。刚度矩阵 $\boldsymbol{K}$ 作为常矩阵来生成映射空间。

式(6.159) 经过拉普拉斯变换可以得到

$$[c_1 \boldsymbol{M} s^2 + (\boldsymbol{K} + c_2 \boldsymbol{S})] \boldsymbol{X}(s) = \frac{1}{E} \boldsymbol{B} \boldsymbol{U}(s) \tag{6.160}$$

这里引入更一般的参数 p_i 以及相关矩阵 $\boldsymbol{P}_i$,上式可写为

$$(p_1\boldsymbol{P}_1+\boldsymbol{K}+p_2\boldsymbol{P}_2)\boldsymbol{X}(s)=\frac{1}{E}\boldsymbol{B}\boldsymbol{U}(s)$$

$$\left(\boldsymbol{K}+\sum_{i=1}^{2}p_i\boldsymbol{P}_i\right)\boldsymbol{X}(s)=\frac{1}{E}\boldsymbol{B}\boldsymbol{U}(s) \tag{6.161}$$

其中，$p_1=c_1s^2$，$p_2=c_2$，$\boldsymbol{P}_1=\boldsymbol{M}$，$\boldsymbol{P}_2=\boldsymbol{S}$。

由于显式矩匹配技术不仅导致降阶后的模型阶数较高，而且会引起圆整误差的迅速积累，因此这里采用隐式矩匹配技术，通过保留非混合矩来生成子空间。

两个映射矩阵可由下面两式分别得到：

$$\mathrm{colspan}(\boldsymbol{V}_1)=\boldsymbol{K}_{r1}(\boldsymbol{K}^{-1}\boldsymbol{P}_1,\boldsymbol{K}^{-1}\boldsymbol{B}) \tag{6.162}$$

$$\mathrm{colspan}(\boldsymbol{V}_2)=\boldsymbol{K}_{r2}(\boldsymbol{K}^{-1}\boldsymbol{P}_2,\boldsymbol{K}^{-1}\boldsymbol{B}) \tag{6.163}$$

最终的映射矩阵可由上述两个映射矩阵组合而得，即

$$\mathrm{colspan}(\boldsymbol{V})=\mathrm{colspan}(\boldsymbol{V}_1,\boldsymbol{V}_2) \tag{6.164}$$

于是通过映射原始方程于子空间 $\boldsymbol{V}$ 可得到如下式所示的参数化宏模型：

$$\rho\boldsymbol{M}_r\ddot{\boldsymbol{x}}_r(t)+(\boldsymbol{D}_r+\omega\rho\boldsymbol{G}_r)\dot{\boldsymbol{x}}_r(t)+(E\boldsymbol{K}_r+ETC_h\Delta T\boldsymbol{S}_r)\boldsymbol{x}_r(t)=\boldsymbol{F}_{er}+\boldsymbol{F}_{tr}+\boldsymbol{F}_{rr} \tag{6.165}$$

其中，$\boldsymbol{M}_r=\boldsymbol{V}^T\boldsymbol{M}\boldsymbol{V}$，$\boldsymbol{D}_r=\boldsymbol{V}^T\boldsymbol{D}\boldsymbol{V}$，$\boldsymbol{G}_r=\boldsymbol{V}^T\boldsymbol{G}\boldsymbol{V}$，$\boldsymbol{K}_r=\boldsymbol{V}^T\boldsymbol{K}\boldsymbol{V}$，$\boldsymbol{M}_r=\boldsymbol{V}^T\boldsymbol{S}\boldsymbol{V}$，$\boldsymbol{F}_{er}=\boldsymbol{V}^T\boldsymbol{F}_e$，$\boldsymbol{F}_{tr}=\boldsymbol{V}^T\boldsymbol{F}_t$，$\boldsymbol{F}_{rr}=\boldsymbol{V}^T\boldsymbol{F}_r$。

一些重要的设计参数如材料密度、瑞利阻尼系数、角速度、弹性模量、热扩散系数等得以保留。最终低阶模型的阶数为 70，相比于原始有限元模型的 334 713 阶简化了 4 781 倍。

6.7.3.3　系统级仿真及验证

1. 频域仿真及比较

基于所得到的参数化宏模型进行谐响应分析，通过改变各参数可分析到各参数对微陀螺谐振频率的影响。

在常温常压下，陀螺驱动模态的谐响应分析如图 6-29 所示。可以看出降阶模型与原始模型的仿真结果即使在高频处也能较好地重合，两者之间的相对误差在 0.000 7% 以下。

改变输入角速度，敏感方向的谐响应如图 6-30 所示。当输入角速度为 100 rad/s 时，原始模型与降阶模型的相对误差在 0.2% 以内。

在 100℃ 和 −100℃ 时陀螺的谐响应分别如图 6-31 和图 6-32 所示。可以看出降阶模型与原始模型的仿真结果能较好地重合，其中，100℃ 时两者相对误差在 0.17% 以内，−100℃ 时两者相对误差在 0.42% 以内。从图 6-31 和图 6-32 还可以看出，在温度从 −100℃ 变化到 100℃ 的过程中，由于 z 轴陀螺结构上的对称性，其驱动模态和敏感模态仍能较好地匹配。

通过上述仿真比较可以发现，参数化宏模型具有足够的准确度，平均误差在 0.5% 以内，而仿真速度提高了 27 倍。

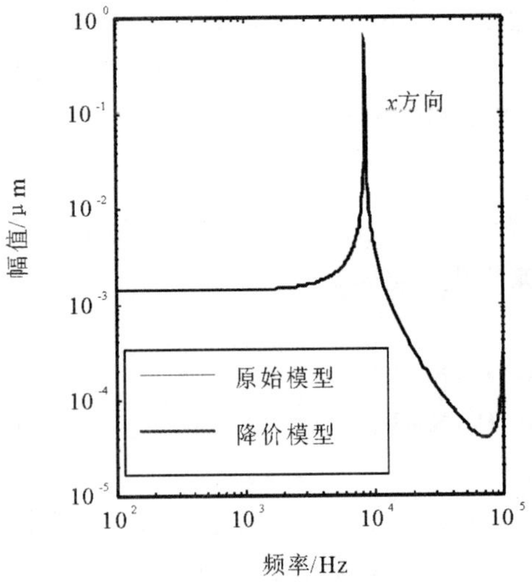

图 6-29 常温常压下驱动方向谐响应

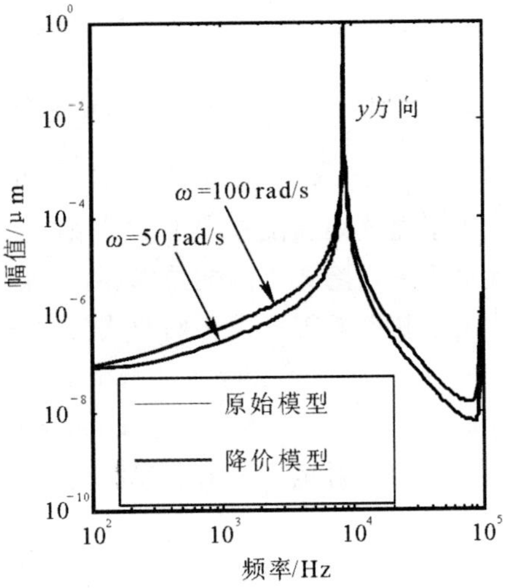

图 6-30 常温常压下检测方向谐响应

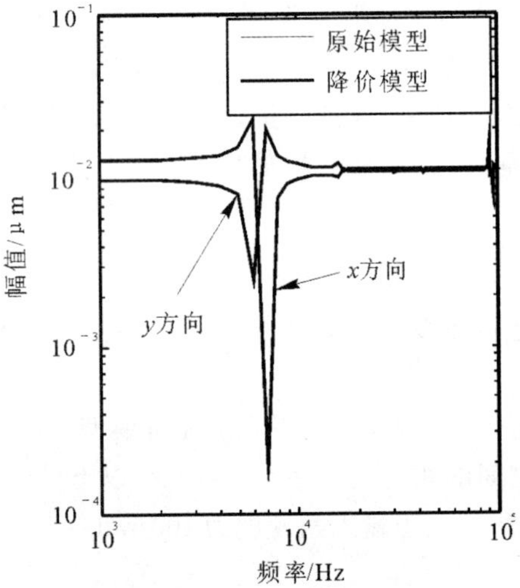

图 6-31 100℃ 时谐响应

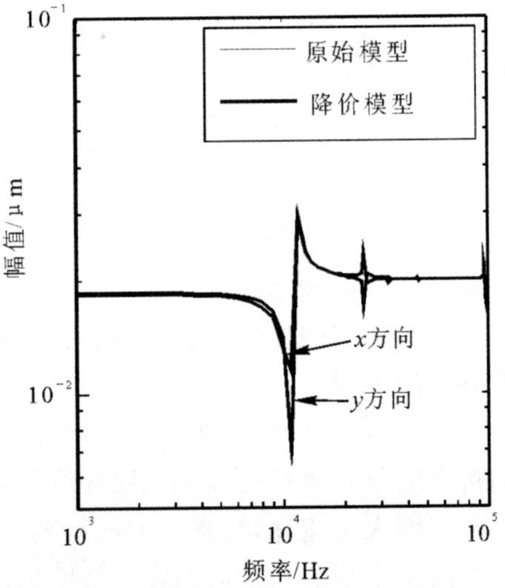

图 6-32 －100℃ 时谐响应

2. 时域仿真及实验验证

基于所得到的参数化宏模型还可进行敏感结构与接口电路的联合仿真。陀螺的接口电路框图如图 6-33 所示。其中，驱动环路采用自激振荡驱动技术，该方案利用陀螺自身的选频特性使整个驱动信号的频率保持在驱动模态的固有频率上。陀螺检测电路主要通过两次解调来实现。如此复杂的电路是无法与有限元模型进行共同仿真的，此处将通过实验来验证模型的准确性。

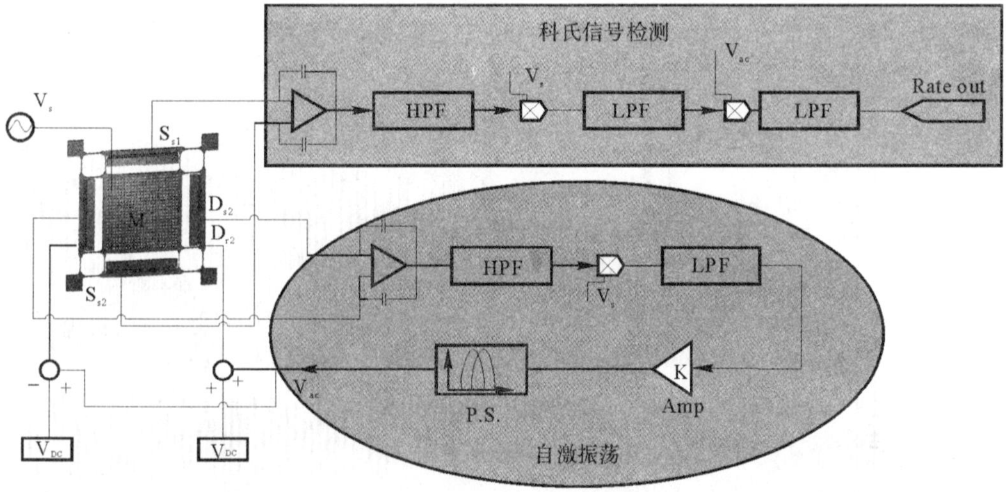

图 6－33　陀螺接口电路框图

HPF－高通滤波；　LPF－低通滤波；　Amp－信号放大；　V_{DC}－直流电压源

V_s－载波信号；　M－敏感质量；　S_{s1}，S_{s2}－信号检测；　D_{s2}－驱动检测

D_{r2}－驱动；　V_{ac}－驱动反馈；　P. S. －移相；　Rate out－角速率输出

当驱动环路增益为 1 500 时，仿真得到的驱动环路自激振荡起振过程如图 6－34 所示，此时驱动环路起振时间为 250 ms。当驱动环路增益增大到 1 800 时，该驱动环路起振时间为 75 ms（见图 6－35）。而陀螺的测试结果表明，当驱动环路增益为 274 时，系统的起振时间为 2.96 s（见图 6－36）；而当环路增益增大到 298 时，系统的起振时间缩短至 548 ms（见图 6－37）。可以看到，尽管实验结果与仿真结果存在一定的偏差，但这主要是由于电路设计过程中许多未知的非理想因素引起的，两者均验证了随着增益增大而起振时间缩小的趋势。

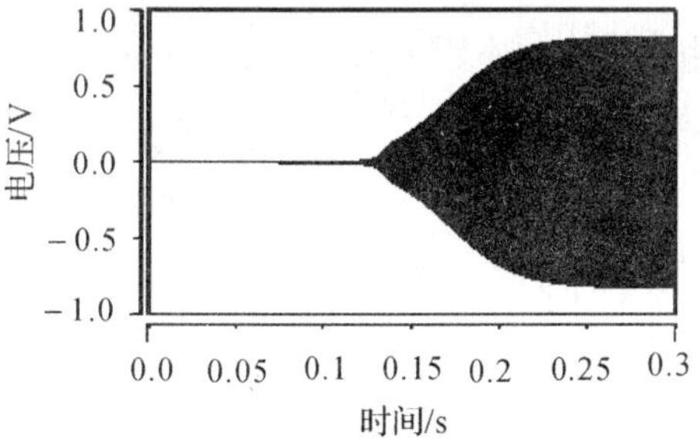

图 6－34　驱动电路起振仿真图（G = 1 500）

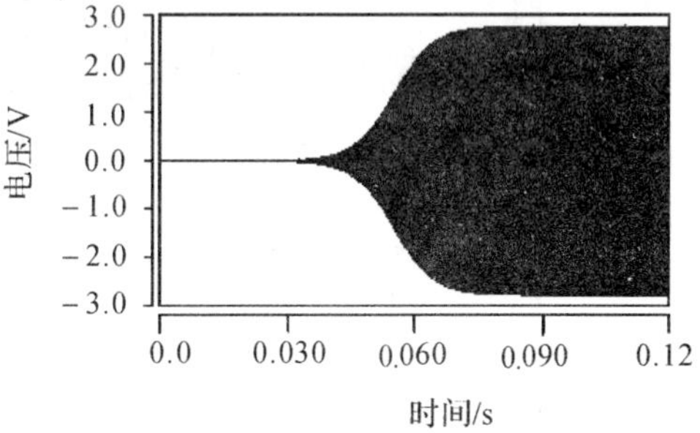

图 6－35　驱动电路起振仿真图（G = 1 800）

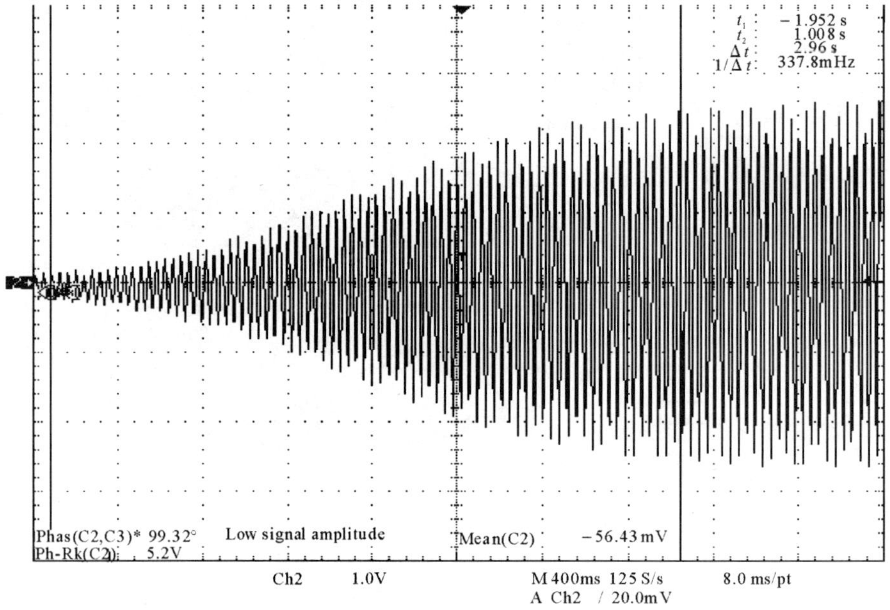

图 6-36　闭环驱动信号起振图(G = 274)

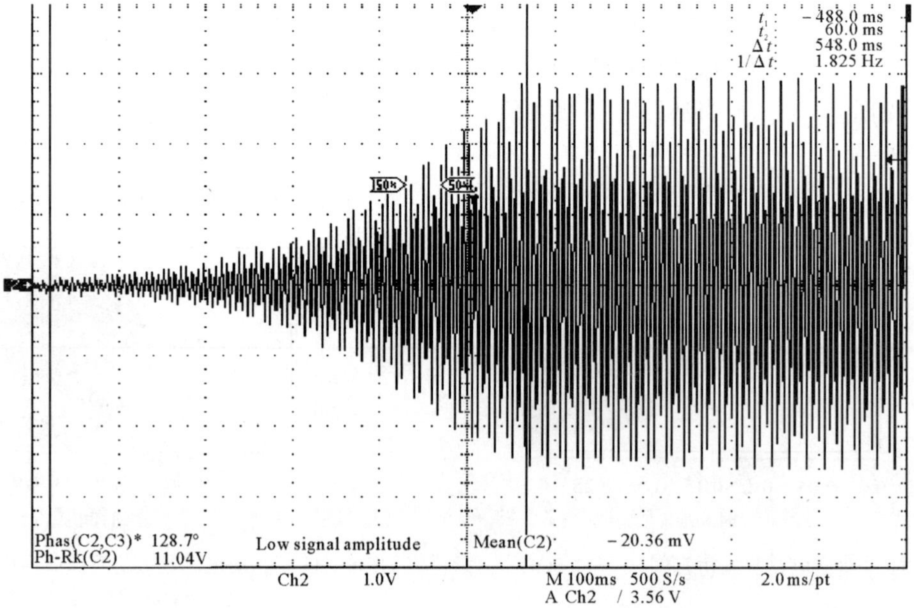

图 6-37　闭环驱动信号起振图(G = 298)

6.7.4　电容式射频开关的多场耦合宏建模

如图 6-2 所示为一种射频开关示意图，由上电极（双端固定微梁）、下电极和基体构成。其工作原理为：在上、下电极施加一变化的电压 V，双端固定微梁将产生 z 方向的变形，电压越大，变形越大，直至开关闭合；电压消失时，上电极由于弹性回复力将恢复到平衡位置，开关断开。因此，上电极双端固定微梁的变形行为将决定该开关的性能，构成上电极的双端固定微梁建模为欧拉梁方程：

$$EI\frac{\partial^4 z}{\partial x^4}-S\frac{\partial^2 z}{\partial x^2}=-\frac{\xi_0 wV^2}{2z^2}-\rho\frac{\partial^2 z}{\partial t^2} \tag{6.166}$$

其中，$F_{\text{elec}}=-\xi_0 wV^2/(2z^2)$ 是静电力；$z(x,t)$ 是梁与基体间隙，它是梁的 x 坐标与时间 t 的函数。梁的弹性模量 $E=149$ GPa，惯性矩 $I=wh^3/12$，梁长 $l=610\ \mu$m，梁宽 $w=40\mu$m，梁厚 $h=2.2\ \mu$m，初始间隙 $z_0=2.3\ \mu$m，残余应力 $S/(hw)=-0.7$ MPa，密度 $\rho/(hw)=2\ 330\ \text{kg/m}^3$。

6.7.4.1　全局基函数提取

为了提取上电极的基函数，首先将其偏微分方程采用有限元方法进行离散，离散后上电极有限元模型如图 6-38 所示，其网格模型尺寸为 61×4×1。

为了确定瞬态分析采样的时间范围，首先对上电极有限元模型进行模态分析，提取其 z 方向的谐振频率约为 49 kHz，因此振动周期为 2.04E－5s。然后在梁的上表面施加 3E－3MPa 的阶跃载荷，并取时间步长为 4E-7s，时间范围为 2 个周期，对梁进行瞬态动力学分析，梁中心点的挠度随时间的变化曲线如图 6-39 所示；提取一个周期内 50 个时间步的快照，进行 POD 分解。

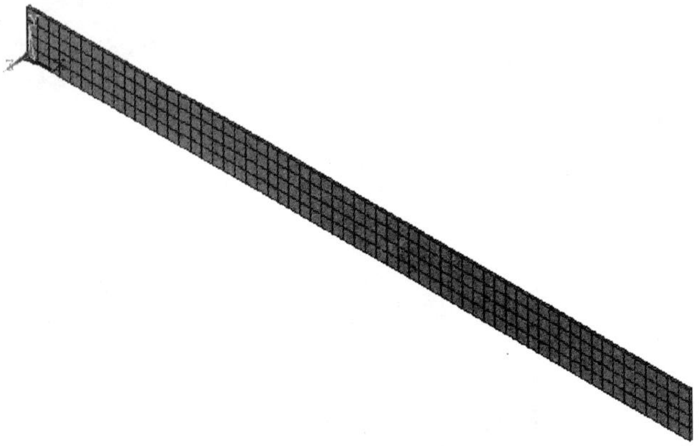

图 6-38　梁的有限元模型

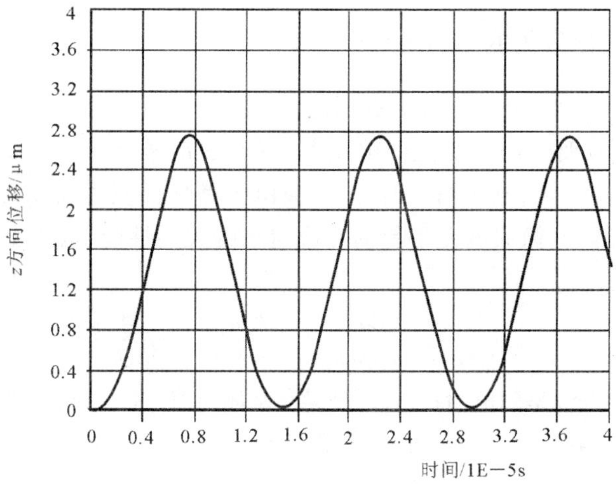

图 6-39　两个周期内的瞬态仿真结果

图 6-40 是提取的模型前 3 阶基函数,其对应特征值分别为 3 916.7,0.784 93,0.004 75,共捕捉系统总能量的 99.99%。注意到 POD 方法提取的基函数和器件的线性模态振型类似。

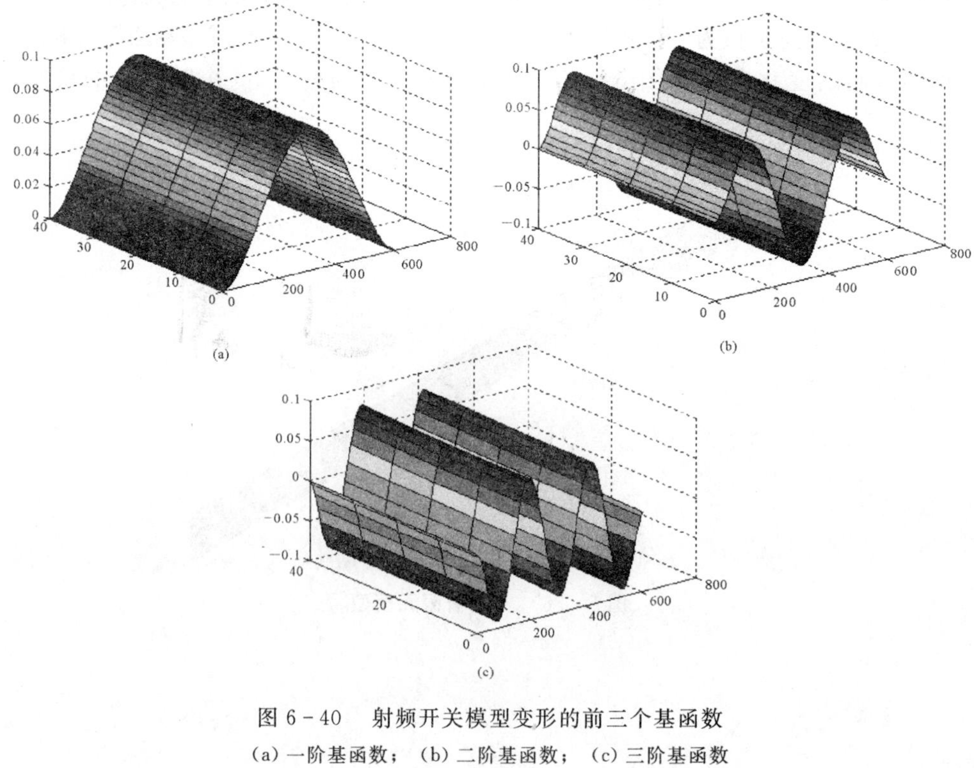

图 6-40　射频开关模型变形的前三个基函数

(a) 一阶基函数；(b) 二阶基函数；(c) 三阶基函数

6.7.4.2　基函数系数求解

设上电极在 z 方向的输出位移可以表示为

$$z(x,t)=z_0+\sum_{i=1}^{m}\beta_i(t)b_i(x) \tag{6.167}$$

其中，z_0 是初始电容间隙；m 是使用的基函数的个数；$b_i(x)$ 是提取的基函数。因此，根据 Galerkin 原理可得

$$\int_{\Omega} b_i\left(EI\frac{\partial^4 z}{\partial x^4}-S\frac{\partial^2 z}{\partial x^2}-F_{\text{elec}}+\rho\frac{\partial^2 z}{\partial t^2}\right)\mathrm{d}x\mathrm{d}y=0 \tag{6.168}$$

其中，Ω 为积分区域，即为上、下电极的正对面积。对式(6.168)高次微分项采用分部积分：

$$\int_{\Omega}\left[b_i\rho\frac{\partial^2 z}{\partial t^2}+EI\frac{\partial}{\partial x}\left(b_i\frac{\partial^3 z}{\partial x^3}\right)-S\frac{\partial}{\partial x}\left(b_i\frac{\partial z}{\partial x}\right)-b_iF_{\text{elec}}-EI\frac{\partial b_i}{\partial x}\frac{\partial^3 z}{\partial x^3}+S\frac{\partial b_i}{\partial x}\frac{\partial z}{\partial x}\right]\mathrm{d}x\mathrm{d}y=0 \tag{6.169}$$

根据散射理论以及格林公式，可知积分项

$$\int_{\Omega}\left[EI\frac{\partial}{\partial x}\left(b_i\frac{\partial^3 z}{\partial x^3}\right)-S\frac{\partial}{\partial x}\left(b_i\frac{\partial z}{\partial x}\right)\right]\mathrm{d}\Omega=\oint_C\left[\left(EIb_i\frac{\partial^3 z}{\partial x^3}-Sb_i\frac{\partial z}{\partial x}\right)n_x\right]\mathrm{d}s=0 \tag{6.170}$$

其中，C 为积分域的边界，即围线积分(Contour Integrals)为零。因此，式(6.170)可化简为

$$\int_{\Omega}\left[b_i\rho\frac{\partial^2 z}{\partial t^2}-b_iF_{\text{elec}}+S\frac{\partial b_i}{\partial x}\frac{\partial z}{\partial x}-EI\frac{\partial b_i}{\partial x}\frac{\partial^3 z}{\partial x^3}\right]\mathrm{d}x\mathrm{d}y=0 \tag{6.171}$$

再次应用散射理论及格林公式，可进一步得到

$$\int_{\Omega}\left(b_i\rho\frac{\partial^2 z}{\partial t^2}-b_iF_{\text{elec}}+S\frac{\partial b_i}{\partial x}\frac{\partial z}{\partial x}+EI\frac{\partial^2 b_i}{\partial x^2}\frac{\partial^2 z}{\partial x^2}\right)\mathrm{d}x\mathrm{d}y=0 \tag{6.172}$$

将基函数表示的 $z(x,t)$ 代入式(6.172)，得

$$\int_{\Omega}\left(b_i\rho\sum_{j=1}^{m}b_j\ddot{\beta}_j+EI\frac{\partial^2 b_i}{\partial x^2}\sum_{j=1}^{m}\beta_j\frac{\partial^2 b_j}{\partial x^2}+S\frac{\partial b_i}{\partial x}\sum_{j=1}^{m}\beta_j\frac{\partial b_j}{\partial x}-b_iF_{\text{elec}}\right)\mathrm{d}x\mathrm{d}y=0 \tag{6.173}$$

注意式(6.173)的积分项是一个关于 x 的函数，其对 y 的积分为常数，因此方程可直接去除对 y 的积分，然后写成矩阵形式

$$\boldsymbol{M}\ddot{\beta}+\boldsymbol{K}\beta+\boldsymbol{f}=\boldsymbol{0} \tag{6.174}$$

其中

$$M_{ij}=\int_L\rho b_ib_j\mathrm{d}x$$

$$K_{ij}=\int_L\left(EI\frac{\partial b_i^2}{\partial x^2}\frac{\partial b_j^2}{\partial x^2}+S\frac{\partial b_i}{\partial x}\frac{\partial b_j}{\partial x}\right)\mathrm{d}x\quad(i,j=1,2,3)$$

$$f_i=-\int_L b_iF_{\text{elec}}\mathrm{d}x$$

L 表示沿上电极的长度方向积分。方程(6.174)和方程(6.167)就是静电致动 RF 开关的宏模型，它仅由 3 个微分 / 代数方程构成，而原始有限元模型的维数为 1 650，宏模型的规模仅

为原始模型的 1/550，因而其求解效率将大幅提高。

6.7.4.3 宏模型求解

对宏模型应用8E 4MPa的阶跃载荷，并取时间步长为4E－7 s，进行瞬态仿真。图6-41是不同时刻的仿真结果，整个仿真时间不到 5 s，而原始模型的有限元求解超过 2 min。图 6-42 是宏模型与有限元仿真结果的比较，相对误差小于 3%。

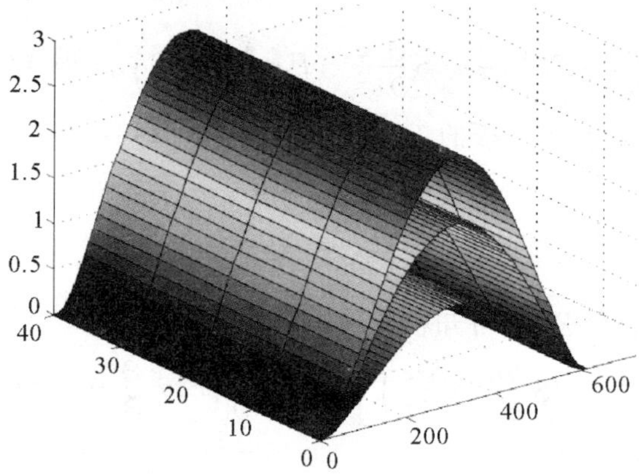

图 6-41 第 3.2E－6 s，4.8E－6 s，8E－6 s 时上电极的变形

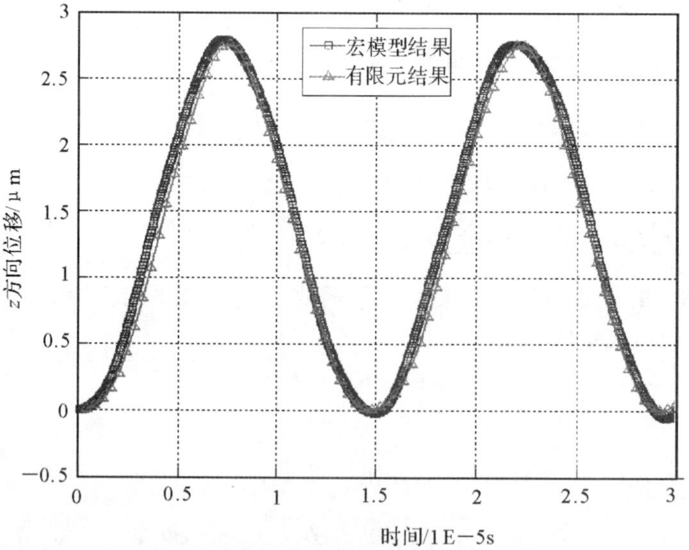

图 6-42 开关的有限元与宏模型结果比较

注意，相对误差与采样时间间隔、所使用基函数的数量有关，采样时间间隔越短，所使用的基函数越多，精度越高，误差越小。宏模型提取之后，可以对 RF 开关进行静电-结构耦合分

析，计算得到 Pull-in 电压，即 RF 开关的闭合电压约为 8.2 V，与 Hung 等人的实验测试结果几乎一致[22]。

6.7.5　压阻式压力传感器的多场耦合宏建模

压阻式压力传感器的基本结构包括一个面积为 S 的正方形压力膜片，在压力膜片的特定方向上分布四个等值的半导体电阻 R_1，R_2，R_3，R_4（见图 6-43），并连成惠斯通电桥，以作为力-电转换的敏感变换元件；当压力膜片受外界压力作用时，电桥失去平衡。若对电桥施加激励电源（恒流或恒压），便可得到与被测电压成正比的输出电压，从而达到压力测量的目的。

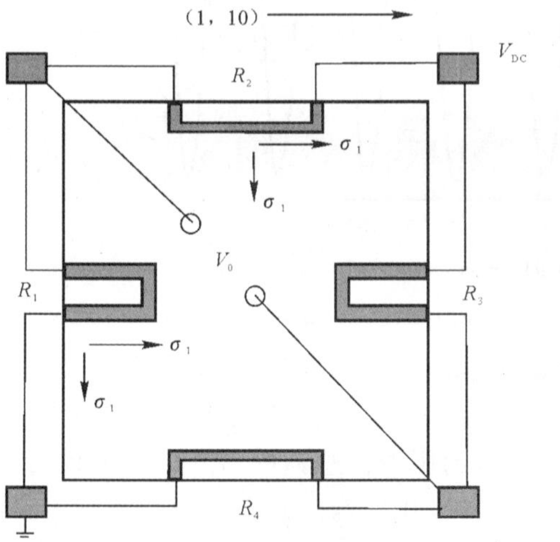

图 6-43　压力传感器结构示意图

图 6-44　压力膜片有限元模型示意图

图 6-44 为所设计的一种压力传感器压力膜片的有限元模型示意图，其顶面是一个边长为 1 000 μm 的正方形，厚度为 30 μm。网格尺寸为 25×25×3。

6.7.5.1　全局基函数提取

假设该压力传感器的质量为 m，空气阻尼系数为 η，挠曲膜的挠度 $\omega(x,y)$ 与外界压力 $P(t)$ 之间的关系为

$$m\frac{\partial^2\omega}{\partial t^2}+\eta\frac{\partial\omega}{\partial t}+Sh^3D\left(\frac{\partial^4\omega}{\partial x^4}+2\frac{\partial^4\omega}{\partial x^2\partial y^2}+\frac{\partial^4\omega}{\partial y^4}\right)=SP(t) \tag{6.175}$$

式(6.175) 的边界条件为

$$\omega\left(x=\pm\frac{a}{2},y,t\right)=0,\quad \frac{\partial\omega}{\partial x}\left(x=\pm\frac{a}{2},y,t\right)=0$$

$$\omega\left(x,y=\pm\frac{a}{2},t\right)=0,\quad \frac{\partial\omega}{\partial y}\left(x,y=\pm\frac{a}{2},t\right)=0$$

其中，$m=\rho Sh$；面积 $S=a^2$；$\rho=2\ 330\text{kg/m}^3$；$D=E/[12(1-\nu^2)]$，其中，ν 为结构的泊松比，$E=14.2$ GPa。

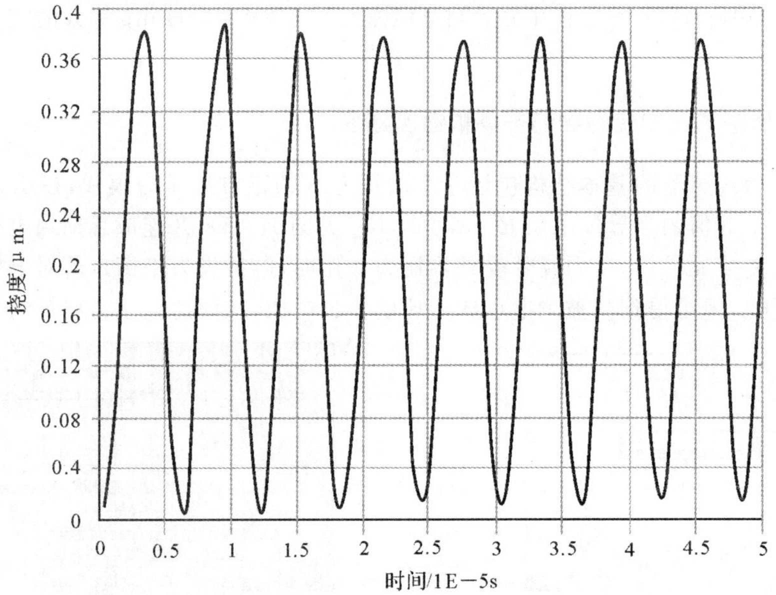

图 6-45　压阻式压力传感器原始模型有限元仿真结果

在压力传感器的压力膜片上施加 3E−3 MPa 的均布阶跃压力，在 5E−5 s 的时间内(约 8 个线性振动周期)，以 2E−7 s 的时间步长进行瞬态分析采样，得到传感器的中心点瞬态响应曲线如图 6-45 所示。对采样结果进行 POD 分解，得到压力传感器的前五个基函数，如图 6-46 所示。其对应特征值分别为 8.6E−3，1.47E−5，1.13E−7，8.50E−8，3.81E−9，存储能量为系统总能量的 99.999 9%。

6.7.5.2　基函数系数求解

设压力膜片的挠度方程表示为

$$\omega(x,y,t)=\omega_0+\sum_{i=1}^{m}\beta_i(t)\phi_i(x,y) \tag{6.176}$$

其中，ω_0 是初始状态的挠度。Galerkin 原理要求所有基函数 $\phi_i(i=1,2,\cdots,5)$ 和原偏微分方程的残量正交，即

$$\int_\Omega \phi_i(x,y)\left[m\frac{\partial^2\omega}{\partial t^2}+\eta\frac{\partial\omega}{\partial t}+Sh^3D\left(\frac{\partial^4\omega}{\partial x^4}+2\frac{\partial^4\omega}{\partial x^2\partial y^2}+\frac{\partial^4\omega}{\partial y^4}\right)-SP(t)\right]\mathrm{d}x\mathrm{d}y=0 \tag{6.177}$$

其中，Ω 为积分面积，即压力膜片表面积。对式(6.177) 积分项进行分部积分来简化：

$$\int_\Omega\left\{\phi_i(x,y)\left(m\frac{\partial^2\omega}{\partial t^2}+\eta\frac{\partial\omega}{\partial t}\right)+Sh^3D\left[\frac{\partial}{\partial x}\left(\phi_i\frac{\partial^3\omega}{\partial x^3}\right)+\frac{\partial}{\partial y}\left(\phi_i\frac{\partial^3\omega}{\partial y^3}\right)+\frac{\partial}{\partial x}\left(2\phi_i\frac{\partial^3\omega}{\partial x\partial y^2}\right)\right]+\right.$$
$$\left.Sh^3D\left(-\frac{\partial\phi_i}{\partial x}\frac{\partial^3\omega}{\partial x^3}-2\frac{\partial\phi_i}{\partial x}\frac{\partial^3\omega}{\partial x\partial y^2}-\frac{\partial\phi_i}{\partial y}\frac{\partial^3\omega}{\partial y^3}\right)-\phi_i(x,y)SP(t)\right\}\mathrm{d}x\mathrm{d}y=0 \tag{6.178}$$

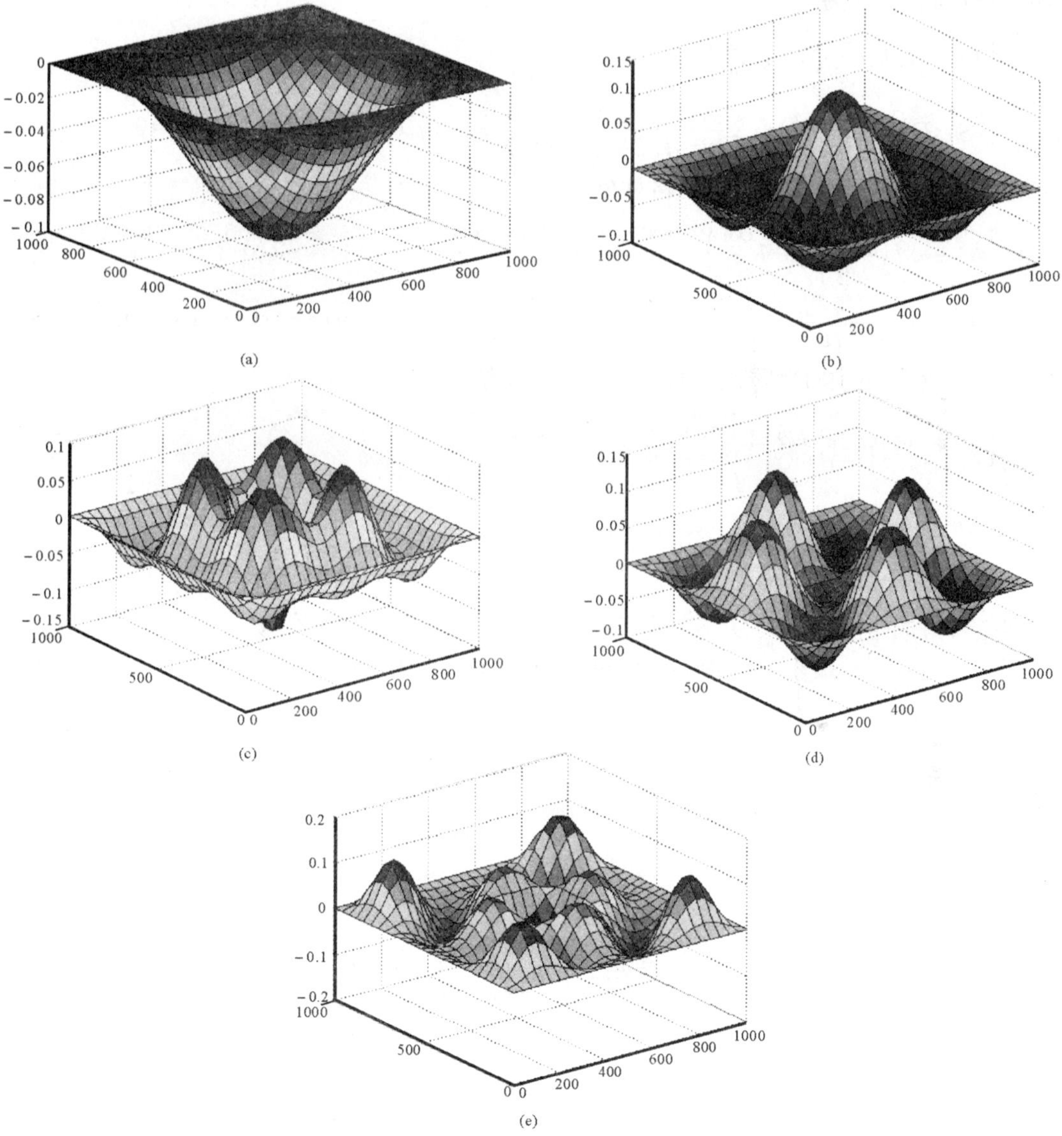

图 6-46　采用 POD 方法提取的压力传感器前五阶基函数

(a) 一阶基函数；(b) 二阶基函数；(c) 三阶基函数；(d) 四阶基函数；(e) 五阶基函数

根据格林公式

$$\int_{\Omega}\frac{\partial}{\partial x}(\phi_i\phi(x))\,\mathrm{d}\Omega=\oint_C(\phi_i\phi(x))\,\mathrm{d}y$$

其中，C 为积分域的边界。因为该压力膜片的空间对称性，沿其边界闭曲线的积分为零，所以

式(6.178) 可以简化为

$$\int_{\Omega}\left\{\phi_i(x,y)\left(m\frac{\partial^2\omega}{\partial t^2}+\eta\frac{\partial\omega}{\partial t}\right)+\right.$$

$$\left.Sh^3D\left(-\frac{\partial\phi_i}{\partial x}\frac{\partial^3\omega}{\partial x^3}-2\frac{\partial\phi_i}{\partial x}\frac{\partial^3\omega}{\partial x\partial y^2}-\frac{\partial\phi_i}{\partial y}\frac{\partial^3\omega}{\partial y^3}\right)-\phi_i(x,y)SP(t)\right\}\mathrm{d}x\mathrm{d}y=0$$

再对上式进行分部积分和运用格林公式，有

$$\int_{\Omega}\left\{\phi_i(x,y)\left(m\frac{\partial^2\omega}{\partial t^2}+\eta\frac{\partial\omega}{\partial t}\right)+\right.$$

$$\left.Sh^3D\left(\frac{\partial^2\phi_i}{\partial x^2}\frac{\partial^2\omega}{\partial x^2}+2\frac{\partial^2\phi_i}{\partial x\partial y}\frac{\partial^2\omega}{\partial x\partial y}+\frac{\partial^2\phi_i}{\partial y^2}\frac{\partial^2\omega}{\partial y^2}\right)-\phi_i(x,y)SP(t)\right\}\mathrm{d}x\mathrm{d}y=0$$

将基函数表示的挠度方程(6.176) 代入上式，有

$$\int_{\Omega}\left[\phi_i(x,y)\left(m\sum_{j=1}^{M}\phi_j\ddot{\beta}_j+\eta\sum_{j=1}^{M}\phi_j\dot{\beta}_j\right)+\right.$$

$$\left.Sh^3D\left(\frac{\partial^2\phi_i}{\partial x^2}\sum_{j=1}^{M}\beta_j\frac{\partial^2\phi_j}{\partial x^2}+2\frac{\partial^2\phi_i}{\partial x\partial y}\sum_{j=1}^{M}\beta_j\frac{\partial^2\phi_j}{\partial x\partial y}+\frac{\partial^2\phi_i}{\partial y^2}\sum_{j=1}^{M}\beta_j\frac{\partial^2\phi_j}{\partial y^2}\right)-\phi_i(x,y)SP(t)\right]\mathrm{d}x\mathrm{d}y=0 \tag{6.179}$$

将上式写成矩阵的形式为

$$\boldsymbol{A}\ddot{\boldsymbol{\beta}}(t)+\boldsymbol{B}\dot{\boldsymbol{\beta}}(t)+\boldsymbol{C}\boldsymbol{\beta}(t)+\boldsymbol{D}=\boldsymbol{0} \tag{6.180}$$

其中

$$A_{ij}=\int_{\Omega}m\phi_i\phi_j\mathrm{d}x\mathrm{d}y$$

$$B_{ij}=\int_{\Omega}\eta\phi_i\phi_j\mathrm{d}x\mathrm{d}y$$

$$D_i=-\int_{\Omega}\phi_iSP(t)\mathrm{d}x\mathrm{d}y$$

$$C_{ij}=\int_{\Omega}Sh^3D\left(\frac{\partial^2\phi_i}{\partial x^2}\frac{\partial^2\phi_j}{\partial x^2}+2\frac{\partial^2\phi_i}{\partial x\partial y}\frac{\partial^2\phi_j}{\partial x\partial y}+\frac{\partial^2\phi_i}{\partial y^2}\frac{\partial^2\phi_j}{\partial y^2}\right)\mathrm{d}x\mathrm{d}y$$

式(6.180)和式(6.176)联合构成压力传感器的宏模型，将式(6.180)中的$\beta(t)$解出，再代入式(6.176)，即可得到压力传感器压力膜片的挠度。在选取5个基函数的时候，式(6.180)等价于一个5阶常微分方程，而原始有限元模型的规模为2 704，显然求解复杂度大幅降低了。

6.7.5.3 宏模型求解

在压力膜片的上表面施加3E－3 MPa的均布压力载荷，进行无阻尼瞬态求解。图6－47为压力膜片中心点的仿真结果比较，相对误差小于0.2%。宏模型的求解时间不到5 s，有限元的求解时间约为250 s，求解效率提高约50倍。图6－48为阻尼系数$\eta=0.05$，施加压力为3 MPa时膜片中心点的非线性瞬态仿真结果，稳态挠度值约为11.498 μm。图6－49为相同条件下的ANSYS非线性仿真结果，膜片中心点稳态值为11.486 μm，相对误差约为0.1%。

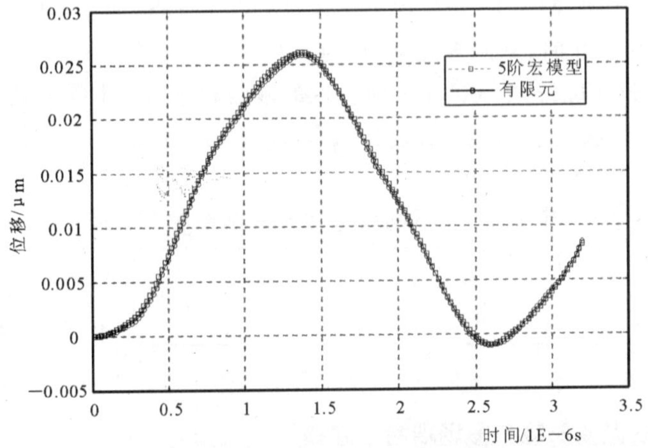

图 6-47　压阻式压力传感器宏模型与有限元的瞬态仿真结果比较

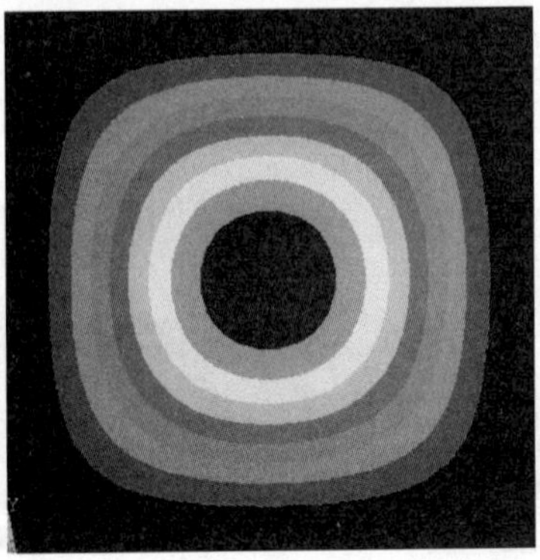

图 6-48　基于有限元的大变形仿真

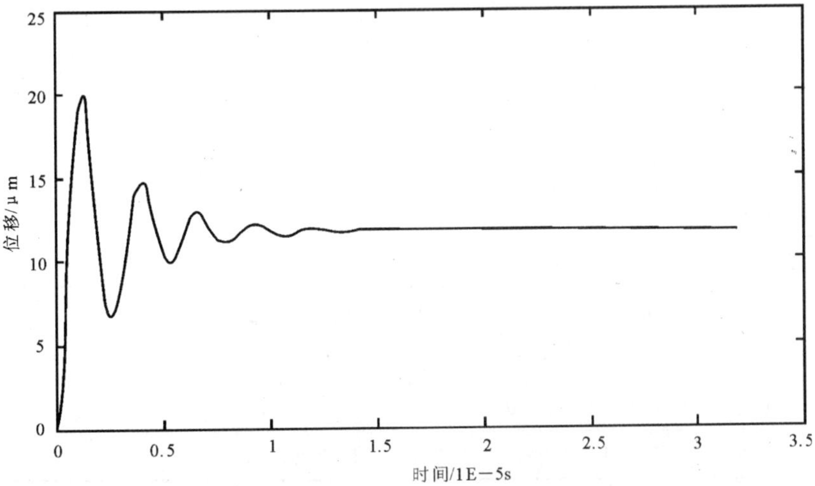

图 6-49　阻尼系数为 0.05 时膜片中心点的瞬态仿真

基于POD的非线性MEMS宏建模方法还具有以下优点，即当器件的几何尺寸和输入载荷在一定范围内发生变化时，基函数无须重新提取，这符合MEMS参数化设计迭代与优化的目的。表6-6是将膜片边长为1 000 μm所提取的基函数应用于不同的膜片边长，宏模型与有限元求解结果的相对误差。可见，当边长偏移20%时，相对误差依然保持在较低的范围之内。

表6-6　不同膜片边长的求解相对误差

膜片边长 /μm	800	900	950	1 000	1 050	1 080	1 100	1 200
相对误差 /(%)	0.302	0.22	0.195	0.198	0.23	0.25	0.27	0.315

6.7.6　活塞式微变形镜的多场耦合宏建模

图6-50所示是一种活塞式微变形镜的版图和三维模型示意图，由上电极(平板质量块)、梁、锚点、平板式电容器等组成。器件的设计参数见表6-7。

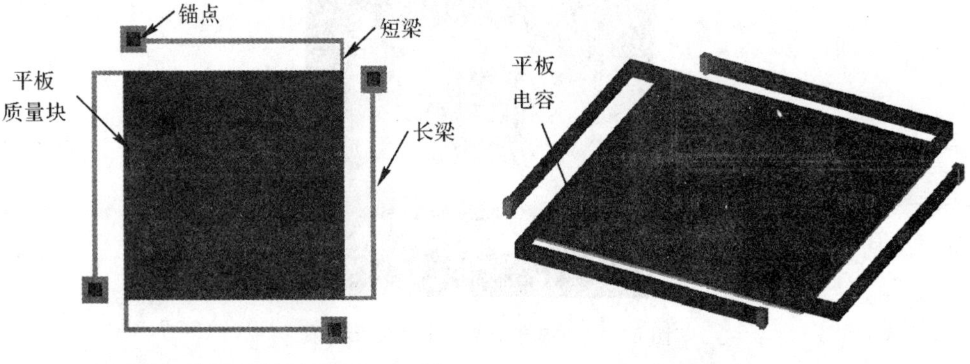

(a)　　(b)

图6-50　活塞式微变形镜的示意图

(a) 微变形镜的简化版图；(b) 微变形镜的三维实体模型

表6-7　微变形镜几何参数和材料属性参数

组件名称	参数值
长梁	$L_l = 450\ \mu m, w_l = 8\ \mu m, t = 3\ \mu m$
短梁	$L_s = 60\ \mu m, w_s = 8\ \mu m, t = 3\ \mu m$
质量块	$L = 500\ \mu m, w = 500\ \mu m, t = 3\ \mu m$
平板电容	$L = 500\ \mu m, w = 500\ \mu m, gap = 3\ \mu m$
材料属性	$E = 130$ GPa, $\lambda = 0.22, \rho = 2\ 330\ kg/m^3$

6.7.6.1 模态选取

首先，采用有限元方法对微变形镜进行模态分析，提取的前六阶模态振型分别为沿 z 方向的平动、绕对角线的转动、绕另一对角线的转动、沿 x 方向的平动、沿 y 方向的平动、绕 z 轴的扭转，相应的谐振频率见表 6-8。由于微变形镜的工作模态为 z 方向的运动，因此须要忽略其他方向的模态影响，而前六阶模态只有前三阶为 z 方向的振动模态，四、五、六阶模态由于对 z 方向的运动不产生贡献，因此计算时直接舍去。

表 6-8 活塞式微变形镜前六阶模态的谐振频率

模态	一阶	二阶	三阶	四阶	五阶	六阶
频率 /kHz	25.96	46.57	46.59	85.63	85.77	165.00

由于微变形镜主要是 z 方向的运动，因此，为了正确选择模态基函数集，测试载荷必须沿 z 轴方向。在上电极施加 9.8 m/s^2 加速度载荷和 0.1 MPa 的均布压力载荷，分别对梁进行静态分析。提取相应的节点位移变量 u_1 和 u_2，采用方程(6.102)求解得到的测试载荷分析 1 和 2 中各模态的贡献因子如表 6-9 所示。

表 6-9 活塞式微变形镜不同测试载荷分析得到的模态贡献因子

谐振模态	一阶模态	二阶模态	三阶模态
贡献因子(u_1)	−3.73E−04	−5.33E−08	−3.50E−08
贡献因子(u_2)	54.29	0.007 8	0.005 1
正则化	99.976%	0.014 3%	0.009 7%

由表 6-9 可知，一阶模态的贡献因子占据绝对主导地位，其正则化贡献因子高达 99.976%，这基本能够满足设计者对于求解精度的要求，因此，可只选取一阶模态作为模态坐标与模态基函数。

6.7.6.2 能量函数计算

给定上极板的运动范围[−1,1]，分 11 个子步对微变形镜的有限元模型进行采样计算，得到的电容与弹性势能采样结果如表 6-10 所示。采用最小二乘法对采样结果进行四次多项式拟合，得到的弹性势能和电容的函数分别为

$$\left.\begin{aligned} &U_{\mathrm{m}}=236.67q_1^2 \\ &C=0.767\,2-0.252\,5q_1+0.083\,4q_1^2-0.031\,7q_1^3+0.010\,6q_1^4 \end{aligned}\right\} \tag{6.181}$$

表 6-10　活塞式微变形镜电容与弹性势能采样结果

序　号	模态位移	电容 /pF	弹性势能(u_j)/pJ
1	－0.926	1.106	202.86
2	－0.741	1.016	129.83
3	－0.556	0.940	73.03
4	－0.370	0.874	32.46
5	－0.185	0.817	8.11
6	0	0.767	0
7	0.185	0.723	8.11
8	0.370	0.684	32.46
9	0.556	0.648	73.03
10	0.741	0.616	129.83
11	0.926	0.587	202.86

拟合得到的弹性势能和电容曲线分别如图 6-51 和图 6-52 所示。

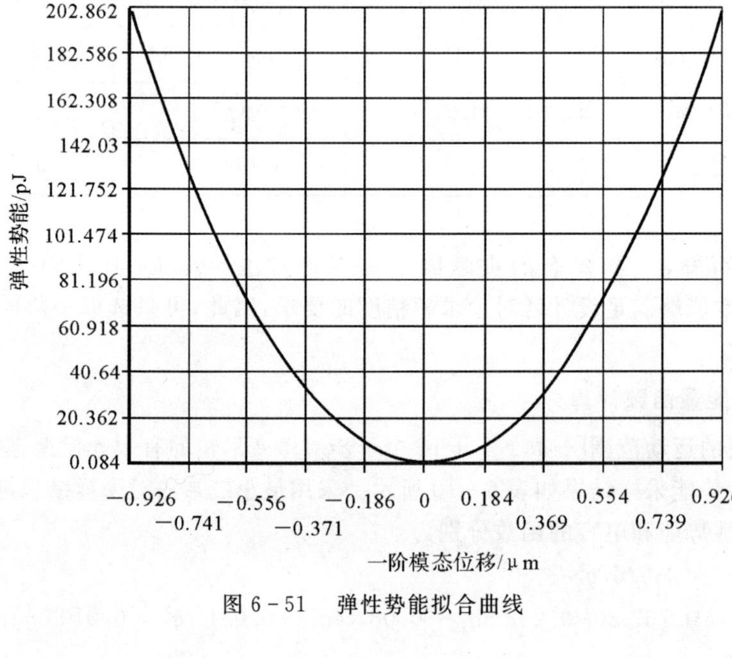

图 6-51　弹性势能拟合曲线

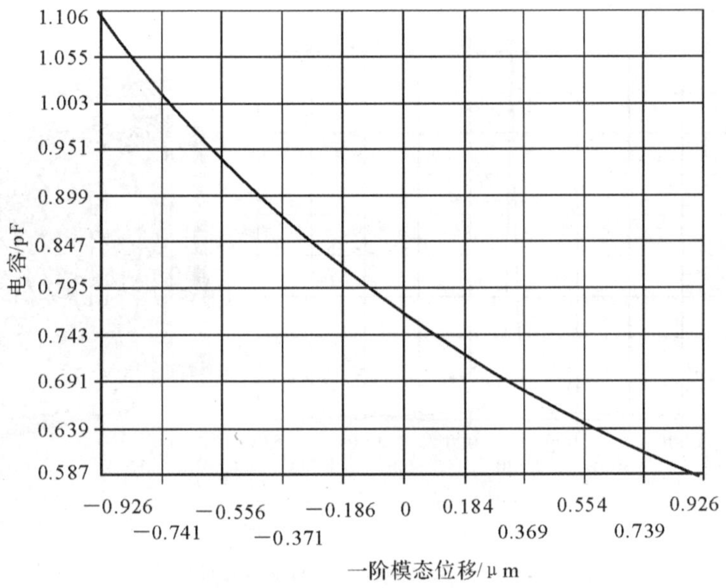

图 6－52　电容拟合曲线

由式(6.181)可知，微变形镜的一阶模态刚度

$$k_1 = 2 \times 236.67 = 473.26$$

根据式(6.89)可得一阶模态质量

$$m_1 = k_1/\omega_1^2 = 473.26/(25\ 969)^2 = 1.78 \times 10^{-8}$$

所以，微变形镜的动能为

$$T = \frac{1}{2} m_1 \dot{q}_1^2 = 0.89 \times 10^{-8} \dot{q}_1^2$$

由电容函数可知，微变形镜的静电势能为

$$U_{\text{ele}} = \frac{1}{2} CV^2 = \frac{1}{2}(0.767\ 2 - 0.252\ 5q_1 + 0.083\ 4q_1^2 - 0.031\ 7q_1^3 + 0.010\ 6q_1^4)V^2$$

其中，V 为应用于微变形镜上、下电极之间的驱动电压。因此，微变形镜的宏模型运动方程可以表示为

$$1.78 \times 10^{-8} \ddot{q}_1 + 473.26 q_1 = \frac{1}{2} V^2 \frac{\partial(0.767\ 2 - 0.252\ 5q_1 + 0.083\ 4q_1^2 - 0.031\ 7q_1^3 + 0.010\ 6q_1^4)}{\partial q_1}$$

6.7.6.3　频域仿真与模型精确性验证

在微变形镜宏模型的电学端口输入小幅值正弦电压信号对该模型进行频域仿真分析，仿真结果如图 6－53(a) 所示，可知 z 方向的谐振频率为 25.96 kHz。原始结构的有限元软件模态分析的结果如图 6－53(b) 所示，可知工作模态的固有频率为 25.94 kHz，相对误差约为 0.07%，这充分说明采用能量法提取的宏模型能够准确地描述该微变形镜的动态行为特性。

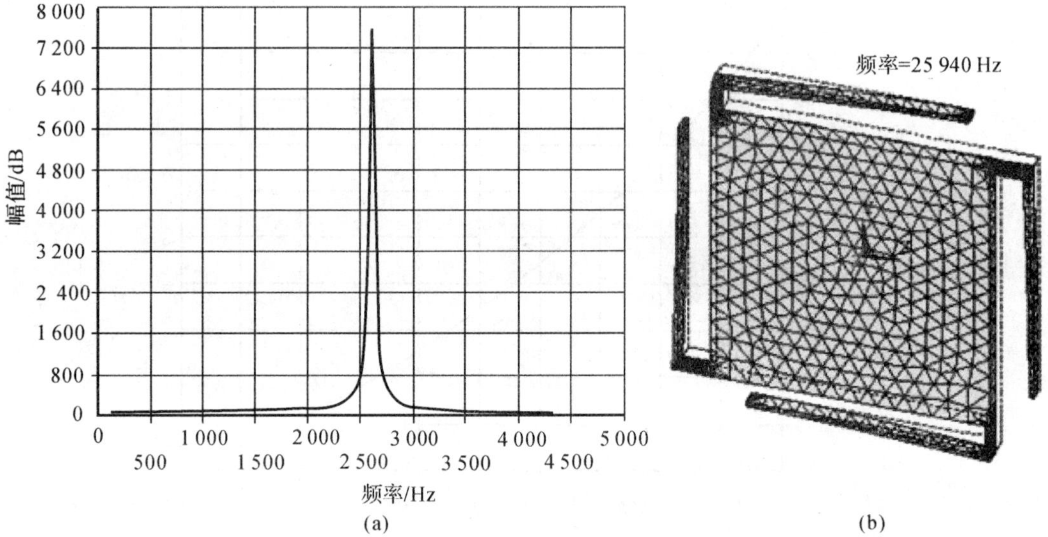

图 6-53 微变形镜 z 方向幅频特性曲线

(a) 基于宏模型的仿真结果； (b) 有限元模态分析结果

6.7.6.4 静电吸合分析

由 0～42 V 以 0.2 V 的步长逐步增加该微变形镜宏模型的直流偏置电压，分析上电极质心在不同直流偏置电压下的 z 方向位移。如图 6-54(a) 所示，可知当直流偏置电压达到 40.60 V 时，上、下电极会突然吸合，即发生静电吸合(pull-in) 现象。而系统级多端口组件网络模型的分析结果为 40.21 V(见图 6-54(b))，其相对误差为 0.9%。

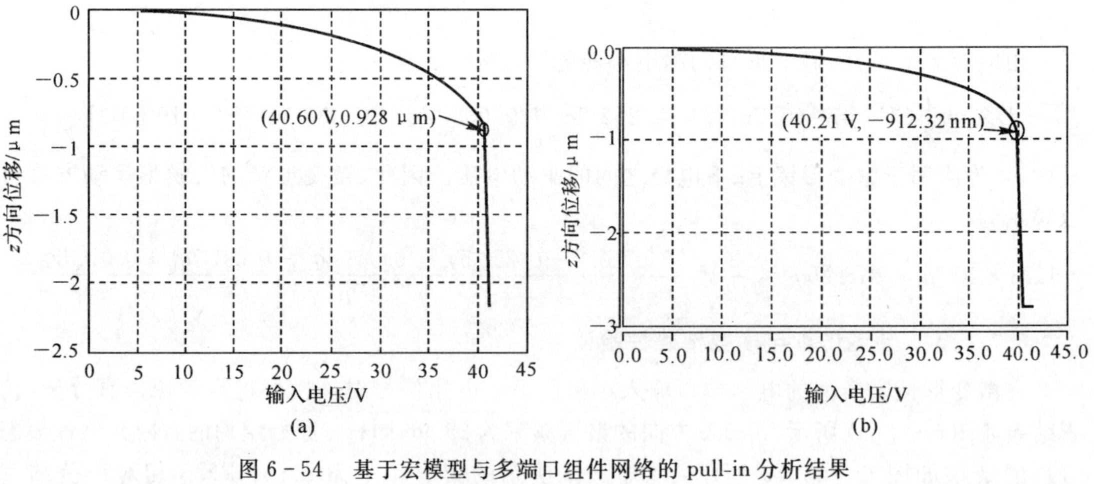

图 6-54 基于宏模型与多端口组件网络的 pull-in 分析结果

(a) 宏模型； (b) 多端口组件模型

6.8 小　　结

宏建模方法是对创成设计的重要支撑，同时该方法也是柔性设计体系中从器件级到系统级转换的一个重要接口。本章通过对各种宏建模方法的研究和论述，表明各种各样的宏建模策略是解决各种 MEMS 器件设计难题的一个较好办法。而参数化宏建模方法因为具有精度高、速度快和可重用的特点，具有更加重要的研究价值。

参 考 文 献

[1] Baker G A, Graves-Morris P. Padé Approximants[M]. Cambridge: Cambridge University Press, 1996.

[2] Feldmann P, Freund R W. Efficient Linear Circuit Analysis by Pade Approximation via the Lanczos Process [J]. IEEE Transactions on Computer-aided Design of Integrated Circuits and Systems, 1995, 14(5):639 - 649.

[3] Gallivan K, Grimme E, Dooren P V. Pade Approximation of Large-scale Dynamic Systems with Lanczos Methods[C]//33rd IEEE Conference on Decision and Control. Lake Buena Vista: IEEE, 1994:443 - 448.

[4] Vasilyev D, Rewienski M, White J. A TBR-based Trajectory Piecewise-Linear Algorithm for Generating Accurate Low-order Models for Nonlinear Analog Circuits and MEMS[C]//Proceedings of 40th Design Automation Conference. Anaheim: ACM, 2003:490 - 495.

[5] Li J, Wang F, White J. An Efficient Lyapunov Equation-Based Approach for Generating Reduced-Order Models of Interconnect[C]//6th ACM/IEEE Design Automation Conference. Louisiana: ACM,1999:1 - 6.

[6] Chen Yong, White J. A Quadratic Method for Nonlinear Model Order Reduction[C]//International Conference on Modeling and Simulation of Microsystems, Semiconductors, Sensors and Actuators. San Diego: [s. n.], 2000:477 - 480.

[7] Gallivan K, Grimme E J, Dooren P V. Asymptotic Waveform Evaluation via a Restarted Lanczos Method [J]. Applied Math, 1994, 7:75 - 80.

[8] Gallivan K, Grimme E, Dooren P V. A Rational Lanczos Algorithm for Model Reduction[J]. Numerical Algorithms, 1996, 12:33 - 63.

[9] Bai Zhaojun. Krylov Subspace Techniques for Reduced-order Modeling of Large-scale Dynamical Systems [J]. Applied Numerical Mathematics, 2002, 43:9 - 44.

[10] Bai Zhaojun. Apparatus and Method for Analyzing Circuits Using Reduced-order Modeling of Large Linear Subcircuits: US, 6023573[P]. 2000 - 02 - 08.

[11] Boley D L. Krylov Space Methods on State-space Control Models[J]. Circuits Systems and Signal Processing, 1994, 13 (6):733 - 758.

[12] Feldmann P. Model Order Reduction Techniques for Linear Systems with Large Numbers of Terminals[C]//Proceddings of the conference on Design, automation and test in Europe 2004: Volume 2. IEEE Computer Society Press, 2004.

[13] Bai Zhaojun, Su Yangfeng. Second-Order Krylov Subspace and Arnoldi Procedure [J]. Journal of Shanghai University: English Edition, 2004, 8 (4):378 - 390.

[14] Feldmann P, Liu F. Sparse and Efficient Reduced Order Modeling of Linear Subcircuits with Large Number of Terminals[C]//Proceedings of the 2004 IEEE/ACM International Conference on Computer-aided Design. Washington: IEEE Computer Society, 2004:88 - 92.

[15] Benner P, Feng Lihong, Rudnyi E B. Using the Superposition Property for Model Reduction of Linear Systems with a Large Number of Inputs[C]//18th International Symposium on Mathematical Theory of Networks and Systems. Blacksburg: [s. n.], 2008:80 - 91.

[16] 吴建平,王正华,李晓梅. 稀疏线性方程组的高效求解与并行计算 [M]. 长沙:湖南科学技术出版社, 2004.

[17] Rudnyi E B, Korvink J G. Review: Automatic Model Reduction for Transient Simulation of MEMS-based Devices[J]. Sensors Update, 2002, 11(1):3 - 33.

[18] 戴华. 求解大规模矩阵问题的 Krylov 子空间方法[J]. 南京航空航天大学学报, 2001, 1(2):139 - 145.

[19] 陈桂芝. 解大规模非对称矩阵特征问题的一些精化算法[D]. 大连:大连理工大学, 2000.

[20] Friswell M I, Garvey S D, Penny J E T. Model Reduction Using Dynamic and Iterated IRS Techniques[J]. Journal of Sound and Vibration, 1995, 186(2):311 - 323.

[21] Mehner J, Gabbay L D, Senturia S D. Computer-Aided Generation of Reduced-Order Dynamic Macromodels-II: Stress-Stiffened Case[J]. Journal of Microelectromechanical Systems, 2000, 9:270 - 277.

[22] Hung E S, Senturia S D. Generating Efficient Dynamical Models for Microelectromechanical Systems from a Few Finite-Element Simulation Runs[J]. Journal of Microelectromechanical Systems, 1999,8(3):280 - 289.

[23] Chen Jinghong. Modeling and Simulation of Integrated Microstructures and Systems [D]. Urbana-Champaign: University of Illinois at Urbana-Champaign, 2001.

[24] Gabbay L D. Computer Aided Macromodeling for MEMS[D]. Boston: Massachusetts Institute of Technology, 1998.

[25] Varghese M. Reduced-Order Modeling of MEMS Using Modal Basis Functions[D]. Boston: Massachusetts Institute of Technology, 2001.

[26] Ananthasuresh G K, Gupta R K, Senturia S D. An Approach to Macromodeling of MEMS for Nonlinear Dynamic Simulation[C]//ASME International Mechanical Engineering Congress Exposition. New York: AMSE, 1996: 401 - 407.

[27] Bennnini F, Mehner J,Dotzel W. Computational Methods for Reduced Order Modeling of Coupled Domain Simulations[C]//Proceedings of the International Conference on Solid-State Sensors and Actuators Transducers. Munich: [s. n.] , 2001: 260 -263.

[28] Mehner J, Doetzel E, Schauwecker W, et al. Reduced Order Modeling of Fluid Structural Interactions in MEMS Based on Model Projection Techniques[C]//Transducers'2003. Boston: IEEE, 2003:1840 - 1843.

[29] Xu Jinghui, Yuan Weizheng, Chang Honglong, et al. Angularly Parameterized Macromodel Extraction for Unconstrained Microstructures[J]. Journal of Micromechanics and Microengineering, 2008, 18(11) :115034 - 115040.

[30] Daniel L, Siong O C, Chay L S, et al. A Multiparameter Moment-Matching Model-Reduction Approach for Generating Geometrically Parameterized Interconnect Performance Models[J]. IEEE Transactions On Computer-Aided Design of Integrated Circuits and Systems, 2004, 23 (5): 678 - 693.

[31] Feng Lihong, Rudnyi E B, Korvink J G. Preserving the Film Coefficient as a Parameter in the Compact Thermal Model for Fast Electro-thermal Simulation[J]. IEEE Transactions on Computer-Aided Design of Integrated Circuits and Systems, 2005, 24(12):1838 - 1847.

[32] Chang Honglong, Zhang Yafei, Xu Jinghui, et al. Parametric Model Order Reduction for Squeeze Film Damping in Perforated Microstructures[J]. Micorsystem Technology,2009, 15(6):893 - 898.

[33] Rudnyi E B, Moosmann C, Greiner A, et al. Parameter Preserving Model Reduction for MEMS System-level Simulation and Design[C]//Fifth MATHMOD Proceedings. Vienna: Vienna University of Technology, 2006:147 - 154.

[34] Moosmann C. ParaMOR-Model Order Reduction for Parameterized MEMS Applications[D]. Freiburg: Freiburg University, 2007.

[35] Cho Y H, Pisano A P, Howe R T. Viscous Damping Model for Laterally Oscillating Microstructures[J]. Journal of Microelectromechanical Systems, 1994, 3: 81 - 87.

[36] Veijola T, Turowski M. Compact Damping Models for Laterally Moving Microstructures with Gas-rarefaction Effects[J]. Journal of Microelectromechanical Systems,

2001, 10: 263-273.

[37] Chowdhury I, Dasgypta S P. Computation of Rayleigh Damping Coefficients for Large Systems[J]. The Electronic Journal of Geotechnical Engineering, 2003,8.

[38] Eid R, Salimbahrami B, Lohmann B, et al. Parametric Order Reduction of Proportionally Damped Second-Order Systems[J]. Sensors and Materials, 2007, 19(3): 149-164.

第7章 三维设计体系及实现技术

7.1 引　　言

在泛结构化MEMS集成设计方法中，三维设计是一种设计理念，其强调所有的设计层级都可从三维模型开始设计，仿真的结果也均可三维显示。在系统级，MEMS的组件可用三维实体模型表示，通过实体装配可形成相应的系统级模型。除此之外，系统级仿真的结果也将通过三维动态显示。在器件级，大多数MEMS器件的建模和仿真结果通过三维实体模型表示。在工艺级，不但工艺过程可以可视化表示，对于版图的检查也可不采用类似于微电子的版图检查规则，可对任意图形范围的结构进行三维显示，以完成检查。这显然是一种更直观、更先进的版图检查方式。

须要指出的是，尽管在泛结构化的MEMS集成设计方法里强调三维设计，但在实施过程中，往往由于一些客观原因而不能实现或不容易被用户所接受，从而没有进行。如系统级基于三维组件的建模过程就是因为这样的建模往往与现有的系统级求解器不兼容而无法进行。再如器件级三场以上的多场耦合，往往由于模型过于复杂而很难建立其三维模型。在器件级的个别工艺物理仿真过程也会往往由于计算过于复杂而无法进行。但这些三维设计的理念应当在今后的实施过程中，随着计算技术的进步而进一步得到加强。因此，这里仅论述了在当前的技术条件下对MEMS器件的全过程三维设计。

7.2 系统级的三维设计

系统级三维设计的概念包含两层含义：一是系统级的三维建模，二是系统级结果的三维显示。在当前的MEMS设计工具中，系统级设计建模与仿真结果显示主要是二维的形式。这与系统级设计借鉴了电子设计自动化(EDA)的电路仿真工具有关，像CoventorWare中的Saber仿真器，MEMS Pro中的Tspice仿真器。但是也有一些三维的系统级设计，典型地有美国UC Bekeley的SUGAR[1]，中国南开大学的虚拟组装系统[2]。但这种三维的系统级设计尽管很直观，但往往很难与现有的电路仿真工具兼容，也就很难实现敏感结构与接口电路的联合仿真。因此，在本书中对系统级三维设计的定义及实施采用了一定的折中。

在本书所论述的泛结构化MEMS集成设计方法中，系统级的求解是基于电路仿真器的，因此不能采用三维建模的手段实现系统级模型的搭建。但对于仿真结果的显示，却可以通过一定的手段进行三维显示。

系统级的仿真结果进行三维显示，并不是排除原有的二维显示方式，而是在此基础之上，通过对系统级模型节点仿真数据的插值来得到整个图形的三维显示结果。因此，系统级的三维仿真结果与器件级基于有限元的三维仿真结果有很大不同。显然，系统级的三维仿真结果在精度上有很大的差距，它仅是用来进行器件行为的一个粗略的直观显示。

7.3 器件级的三维设计

器件级的三维设计基本上都是基于三维模型进行的。无论是器件级的三维建模还是三维结果显示，均可采用一定的三维技术进行直观的显示。但对于一些比较复杂的多场耦合，就很难进行器件级的三维仿真和结果显示，可能需要部分的二维模型与结果显示。这里通过一个例子说明器件级的三维设计过程。

图7-1所示为一个三明治结构的微加速度计中敏感质量及挠性支撑的三维实体模型。其工作原理为：当芯片沿垂直于质量平板平面的 z 轴作加速运动时，由于惯性力的作用使由弹性梁支撑的质量块相对于MEMS芯片运动，导致质量块与上下电极之间形成的电容发生差动变化，通过检测电容的变化测量加速度的大小。它由平板质量块、梁、锚点、平板式电容器等组成。

图7-1　z 轴加速度计的三维实体模型

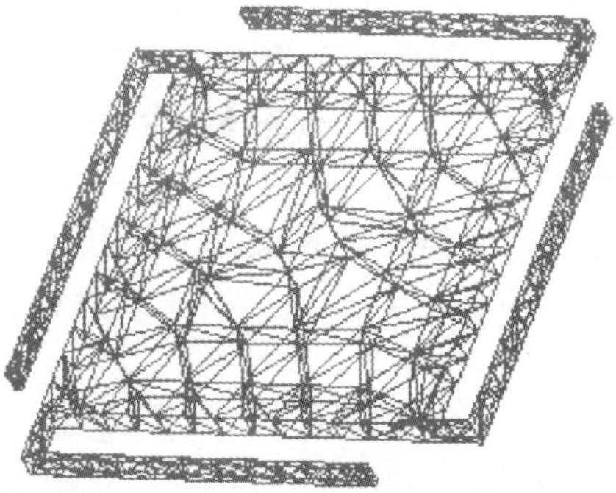

图7-2　z 轴加速度计的有限元模型

图7-2为采用FEPG的四节点矩形单元(q4)进行网格划分的结果。输入相应的描述其静态分析的偏微分方程文件、边界条件文件、进行静态分析的有限元算法文件，即可进行仿真求解。图7-3为在 z 轴微加速度计上表面施加均匀面力的静态分析结果。在 z 轴微加速度计上、下极板之间施加电压为100 V，空气介电常数取8.85E－6时，加速度计上极板及支撑梁的变形如图7-4所示。

可以看到，在器件级设计过程中，无论是有限元的建模、网格划分和结果显示都基本上是基于三维模型进行的。

图 7-3　z 轴加速度计的静态分析结果

图 7-4　结构域上极板及支撑梁的变形云图

7.4　工艺级的三维设计

工艺级的三维设计包含两部分：一是对工艺版图检查所采用的三维重构方法，二是工艺仿真。当前的工艺版图检查主要基于剖面图或者版图设计规则进行，而如果能对任意区域的版图进行选择并显示其三维实体，这无疑是一种更为直观和先进的检查手段。工艺仿真过程的工艺可视化无疑是基于三维造型技术进行的。而工艺过程的物理仿真，如硅的深刻蚀工艺、牺牲层腐蚀工艺当前大都基于二维模型进行。也有部分的工艺过程物理仿真是基于三维模型进行的，如湿法腐蚀等。这些工艺过程的物理仿真理论上应该都基于三维模型进行，但实际中往往由于硬件的限制而使得仿真时间过长，因而在实际应用中采用的较少。

因为工艺过程的物理仿真和工艺三维可视化前面已经论述过，这里仅论述任意区域版图的三维可视化技术。该模块功能是在工艺版图编辑器显示的二维版图中，任意选取某一区域的版图，通过后台读取相关的数据，快速得到该区域的三维模型。所采用的技术路线如图 7-5 所示。首先读入所选取区域版图的相关数据，然后借助于数字图像处理中的采样、二值化等知识来处理读入的相关数据，转化为二值化图像的图像数据（二维数组数据），最后利用体素法（Voxel）和 MEMS 工艺知识来构建三维模型。

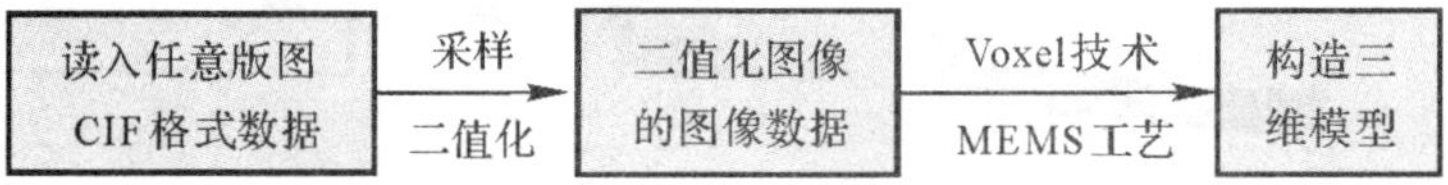

图 7-5　基于 Voxel 技术构造任意区域版图的三维模型的技术路线

体素法，又称为直接体绘制方法（Direct Volume Rendering），是一种直接由三维数据场产生屏幕上二维图像的方法。这种算法能产生三维数据场的整体图像，包括每一个细节，并具有图像质量高、便于并行处理等优点。采用的体素模型是使用大量足够小的体素（Voxel），根据显示精度以及三维模型形状等选择不同形状的体素来填充模型的，如正方体体素、球形体素等。在三维实体造型过程中不需要构建中间几何图元模型，而是直接应用视觉原理，通过对体数据重新采样来合成三维图像，从而避免了分割和重建，保留了体素中的许多细节信息。由于体素单元足够小，可以认为每个体素具有单一的属性，所以这种模型可以用来表达不规则的三维模型。因此，采用体素法对 MEMS 器件进行三维造型使三维显示更精确、更快速。

图 7-6 为一个 z 轴微机械陀螺采用体素法所绘制的三维实体。

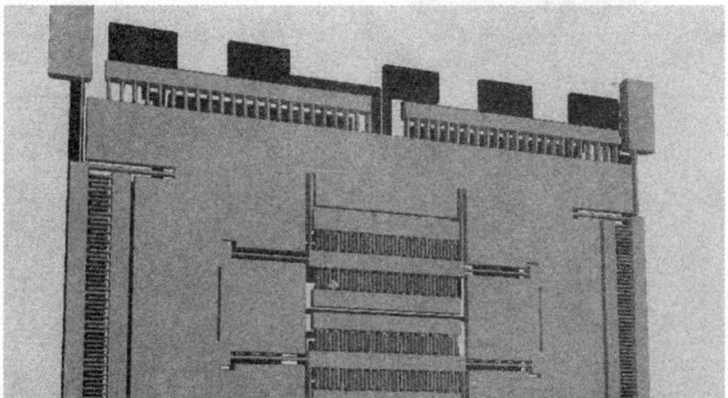

图 7-6　z 轴微机械陀螺基于体素法的三维实体模型

7.5　小　　结

MEMS 本质上还是一种机械系统，尽管这种机械是由微电子的工艺制造出来的。三维设计体系即针对该特征所提出的，其强调三维设计，为用户提供最直观的设计支撑。在当前泛结构化 MEMS 集成设计方法的实施中，由于技术条件和软件兼容性的限制，而未能全部实现系统级、器件级和工艺级的全部三维设计，但这种设计理念仍值得提倡和完善。

参考文献

[1]　Berkley U C. SUGAR: CAD for MEMS [EB/OL]. [2008 - 12 - 30]. http://www-bsac.eecs.berkeley.edu/programs/sugar.html.

[2]　谭宜勇，卢桂章，赵新，等. 基于 IP 数据库的 MEMS 设计系统. 传感技术学报，2008(2).

第8章　集成设计体系及实现技术

8.1 引　　言

如前所述，在泛结构化 MEMS 集成设计方法中的集成设计体系与结构化设计方法中的集成设计体系相类似，体现在 MEMS 设计工具的多个方面，其中最直观的就是给用户提供的集成设计环境。其将不同的设计模块、不同的设计层级、不同的设计体系集成起来，形成一个最终的设计环境。本章主要论述集成设计体系的结构组成和相应的实现过程。

8.2 集成设计工具的架构

如图 8-1 所示是基于泛结构化 MEMS 集成设计方法的设计工具的软件架构。在其分层体系里，分为系统级、器件级和工艺级三个主要设计层级。在其柔性设计体系里，提供了任意两个设计层级之间的六个数据自动传递接口。集成设计体系里的三个集成分别体现在软件的数据管理、多因素的系统级设计和软件集成三个方面。创成设计体系分别体现在各层级的设计和宏建模中。三维设计体系则分别隐含在系统级、器件级和工艺级三个设计层级中。通过对这些设计体系的集成来形成最终的设计工具。

在分层体系中，系统级主要包括建模所需的组件库、系统级建模、系统级仿真和系统级结果显示等模块。其中组件库包括标准化的组件库和宏建模所得到的参数化宏模型组件库。器件级主要包括模型建立(前处理)、模型仿真(求解)和模型后处理等三个模块。工艺级则主要包括工艺编辑器、版图编辑器、材料属性编辑器、工艺可视化、工艺过程物理仿真等模块。

在柔性设计体系中，其通过系统级到工艺级二维版图、系统级到器件级三维实体、器件级三维实体到工艺级二维版图、器件级到系统级的宏建模、工艺级二维版图到器件级三维实体、工艺级二维版图到系统级模型等六个数据自动传递接口，通过这六个接口，用户可以从系统级、器件级和工艺级任一层级开始设计，并完成整个设计循环，实现任意流程的柔性设计。

在创成设计体系中，系统级、器件级和工艺级的创成设计分别体现在各层级的设计模块中。宏建模也作为创成设计体系的一个重要支撑。

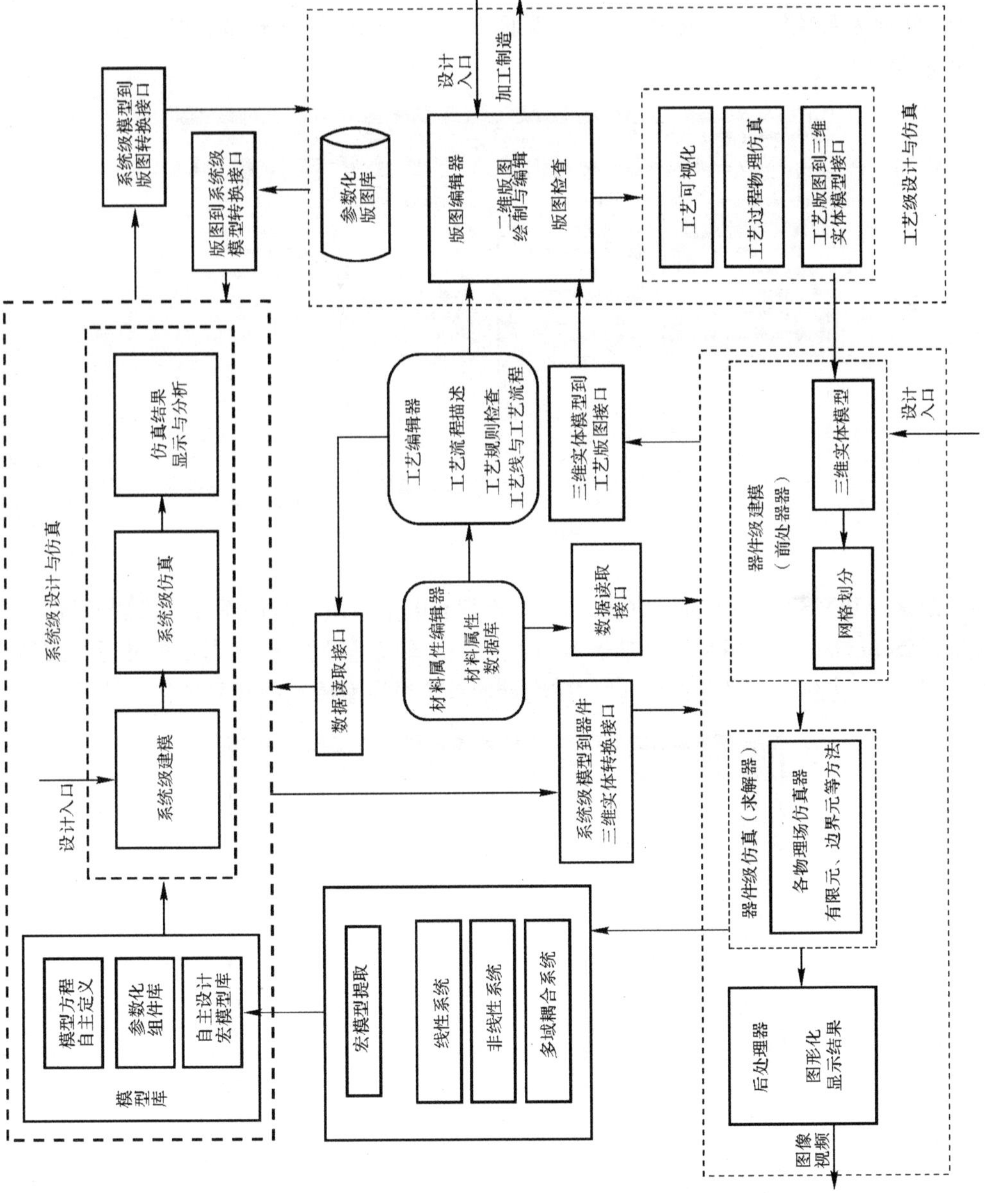

图 8-1　MEMS 设计工具 (MEMS Garden) 的构成及集成框图

8.3 集成设计环境的实现

MEMS Garden 采用工程化管理方法，即为每个器件建立一个工程。每个工程包括三个设计层级，分别为系统级、器件级和工艺级(见图 8-2)。工程中的全部数据都包含在工程中，并以文件的形式管理。

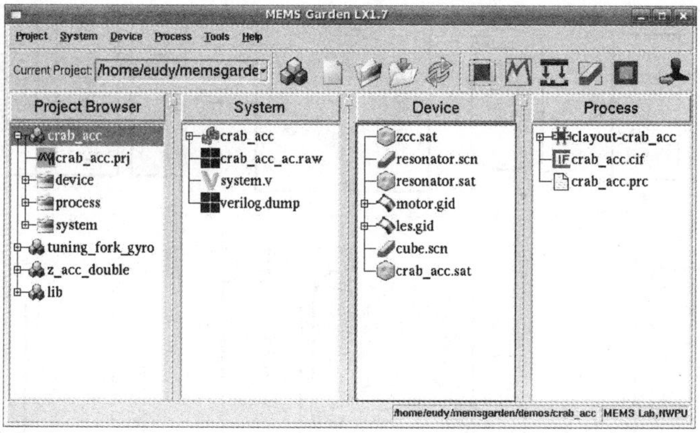

图 8-2 MEMS Garden 的主界面

在系统级，MEMS Garden 向用户提供结构、光学和电学等系统组件库，通过这些组件可以搭建系统框图(Schematic)，使用系统级求解器即可对整个系统进行仿真，仿真结果可通过波形查看器查看。图 8-3 和图 8-4 分别为 z 轴加速度计的系统级模型原理图和系统仿真结果。

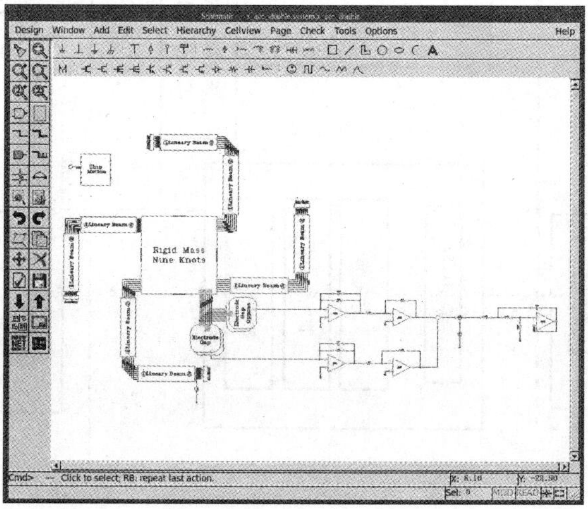

图 8-3 z 轴加速度计的系统框图(Schematic)

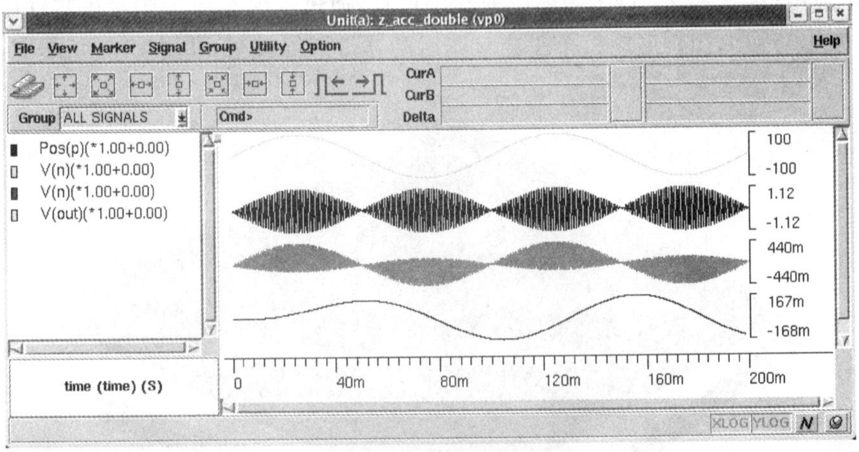

图 8-4 z 轴加速度计系统仿真结果

在器件级，MEMS Garden 向用户提供结构、静电、流体、热等分析模块，用户可以自己定义有限元网格划分的参数，如图 8-5 所示。图 8-6 为 MEMS Garden 对 z 轴加速度计的有限元仿真结果。

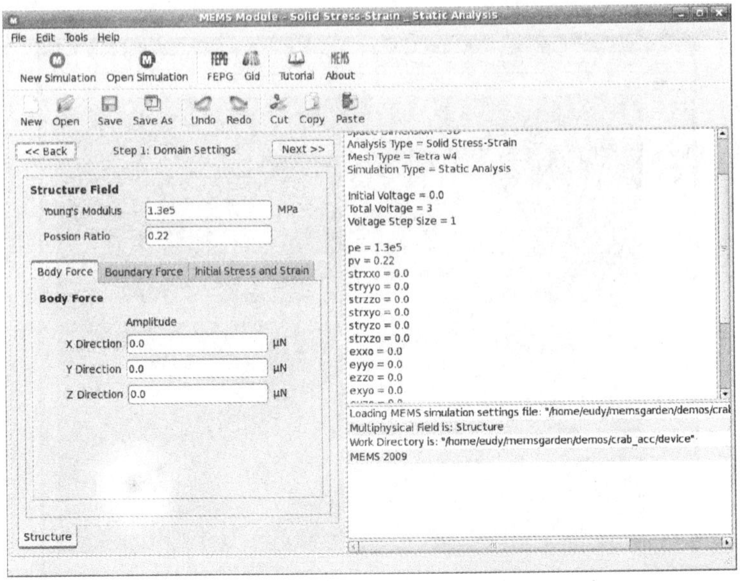

图 8-5 器件级分析界面

在工艺级，MEMS Garden 的版图设计模块包括版图绘制、设计规则检查和版图验证等。版图可以由系统级框图或器件三维实体直接转换而来。图 8-7 为由系统框图转换而来的 z 轴加速度计掩模版图。工艺仿真由掩模版图和工艺流程文件配合完成，工艺流程文件可由工艺编辑器生成(见图 8-8)。对于版图中的某层信息,通过读取相应工艺流程文件中的相应语句,工艺仿真器可以向用户展现每个工艺步骤后的器件三维模型,如图 8-9 所示。

图 8-6　z 轴加速度计有限元仿真结果

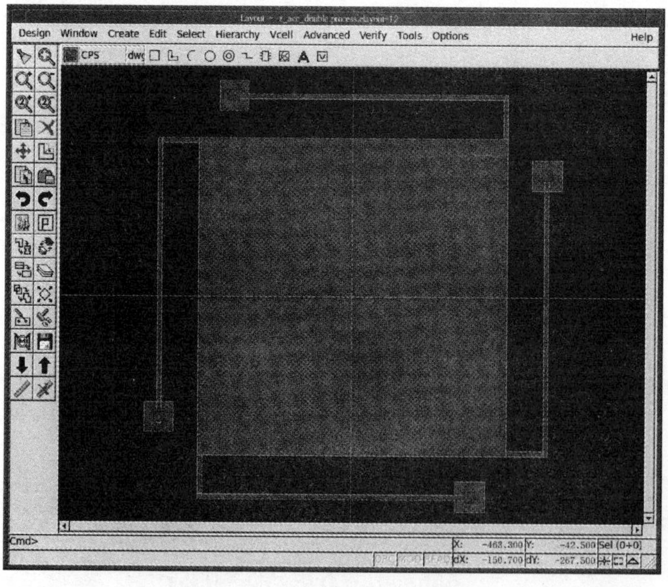

图 8-7　z 轴加速度计版图

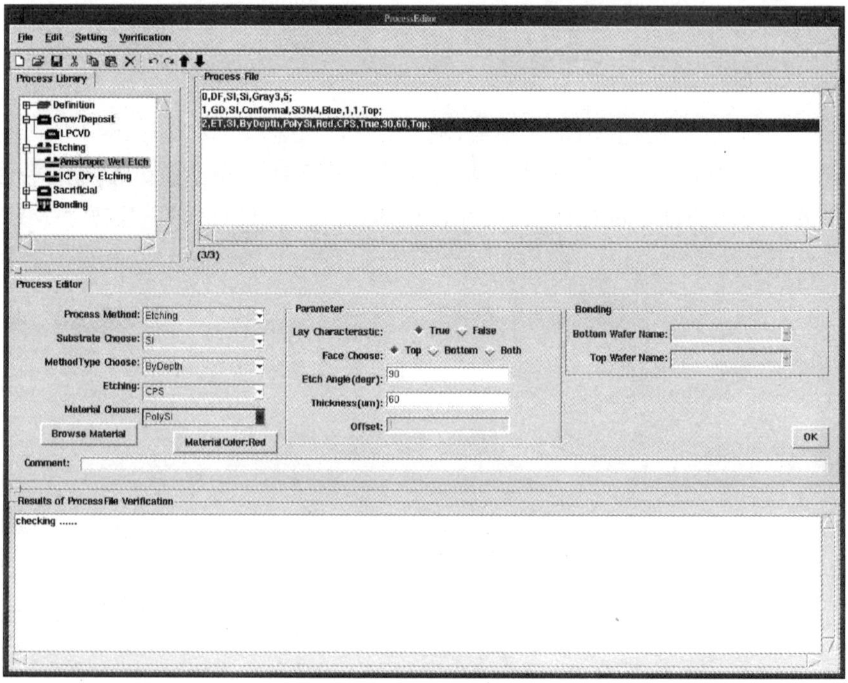

图 8-8　工艺编辑器

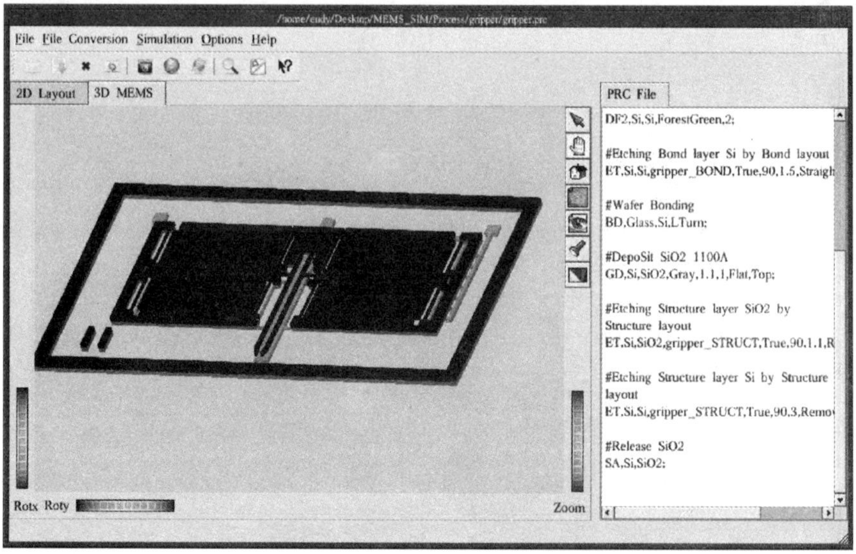

图 8-9　MEMS Garden 工艺仿真器

8.4 小　　结

集成设计体系是泛结构化 MEMS 集成设计方法的基础，其是 MEMS 多学科交叉的本质需求。本章基于系统级常微分方程仿真支撑平台、器件级偏微分方程仿真支撑平台和工艺版图编辑器，集成了前述的创成设计体系、柔性设计体系和三维设计体系，实现了 MEMS 集成设计工具。

第9章 设计工具应用及器件设计实例

9.1 引　　言

MEMS器件复杂多样，本章将基于泛结构化集成设计方法所实施的MEMS集成设计工具(MEMS Garden)，对一些典型的器件设计、加工过程进行论述，来验证该方法和设计工具的有效性。

9.2 平面解耦式z轴陀螺

目前，自顶向下的设计方法越来越成为MEMS领域的主流设计方法。该方法从系统级设计开始，经器件级性能分析与优化，最终进行工艺级的版图与加工工艺流程设计。这里采用该流程设计和加工了一种平面解耦式z轴陀螺。

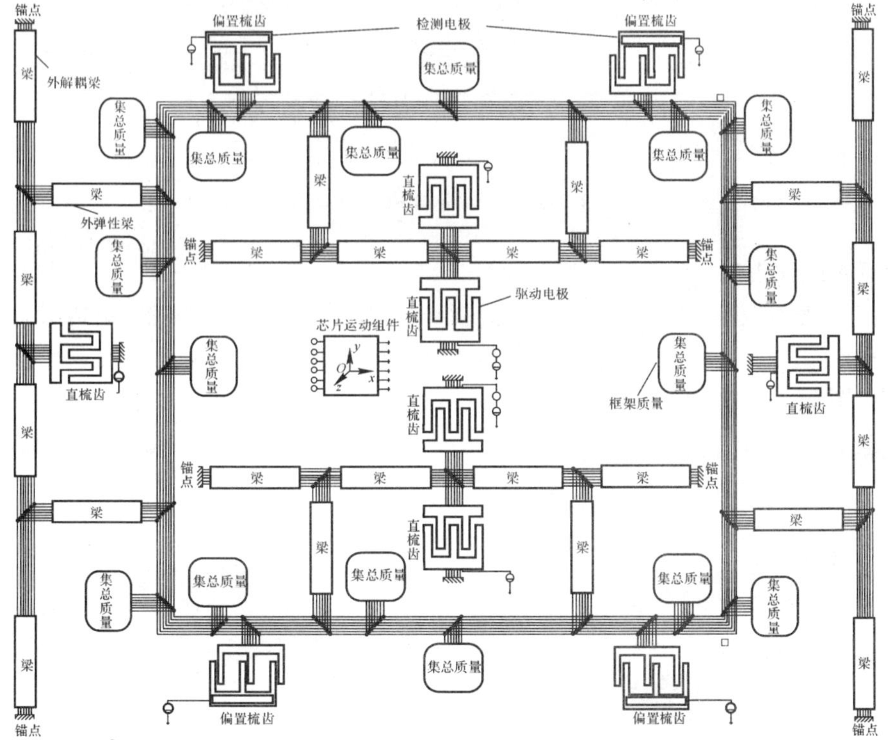

图9-1 平面解耦式z轴陀螺的系统级模型

采用多端口组件网络方法建立的平面解耦式z轴陀螺系统级模型如图9-1所示，对其进行谐振点计算，如图 9－2 所示。得到的陀螺驱动模态谐振频率为 3 944 Hz，检测模态谐振频率为 3 944 Hz，实现了模态匹配。

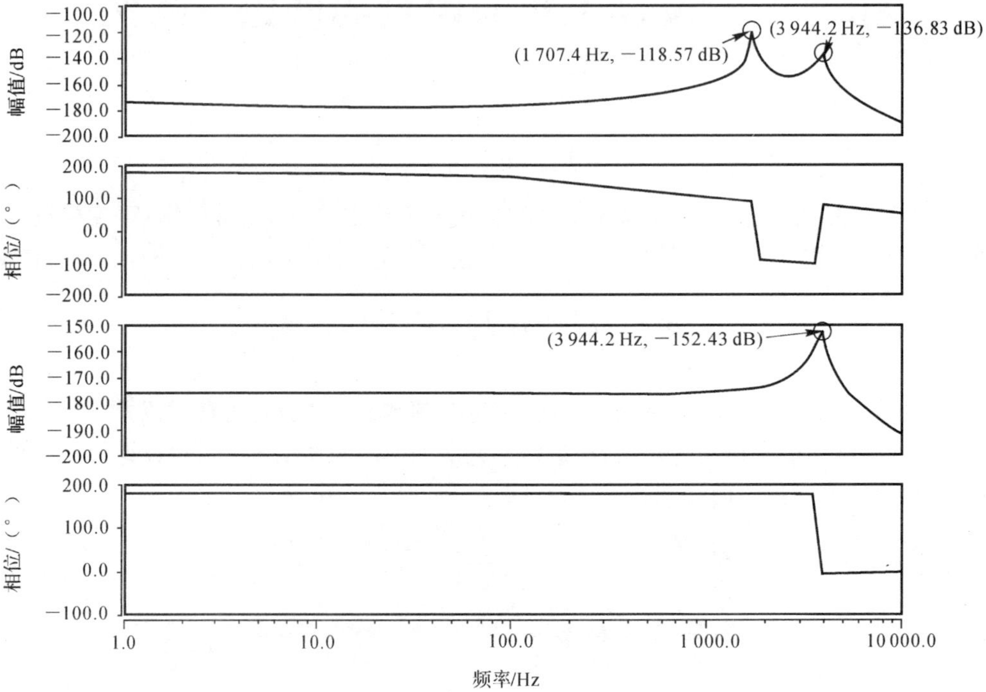

图 9－2　平面解耦式 z 轴陀螺的系统级频域仿真结果

采用系统级网表到三维实体模型转换接口直接生成 z 轴陀螺的三维实体模型如图 9－3 所示，其为包含固定梳齿和锚点的完整陀螺三维实体模型。图 9－4 为陀螺结构层三维实体模型。将结构层三维实体模型导入有限元软件中进行模态分析，陀螺的驱动模态和检测模态的振型分别如图 9－5 和图 9－6 所示。

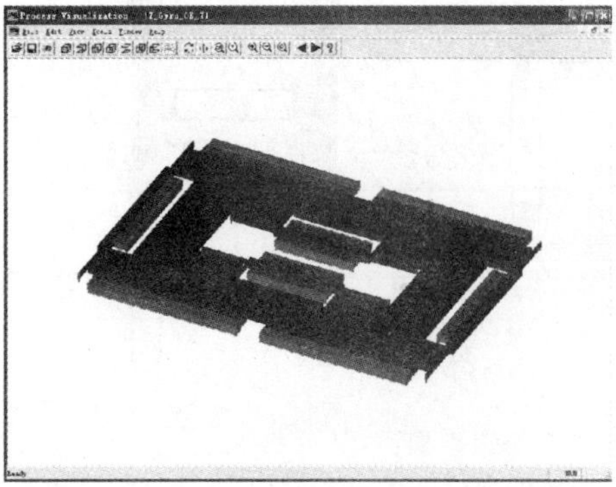

图 9－3　z 轴陀螺的三维实体模型

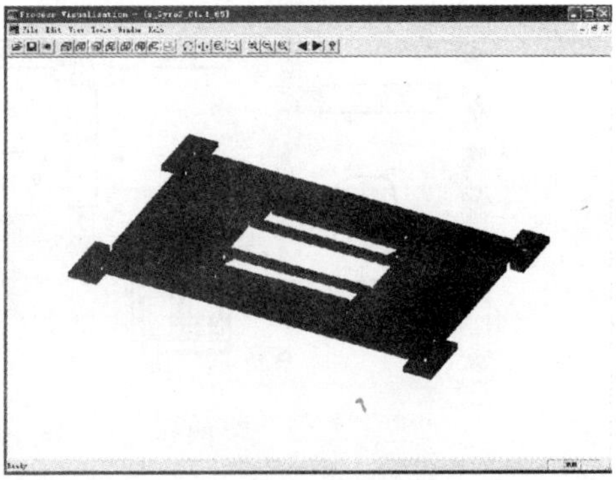

图 9－4　z 轴陀螺的结构层三维实体模型

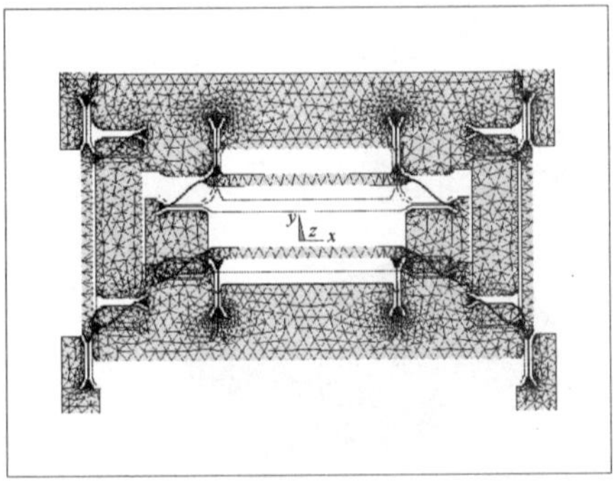

图 9-5　z 轴陀螺的驱动模态振型

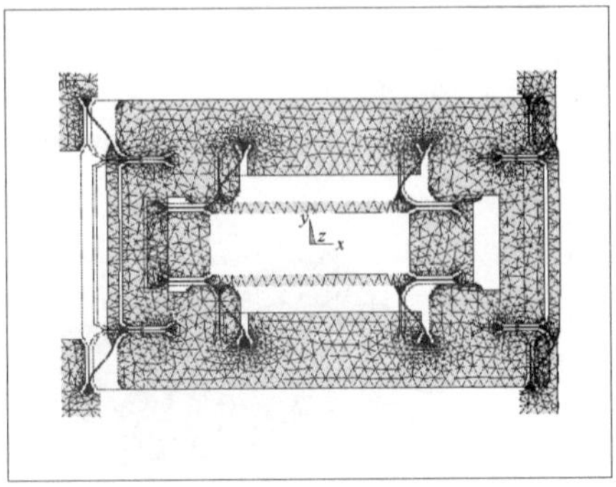

图 9-6　z 轴陀螺的检测模态振型

采用系统级网表到工艺版图转换接口生成 z 轴陀螺的二维版图，并在版图编辑软件中调用，根据实际加工时须要遵守的原则对版图进行相应修改，并添加了电极，得到 z 轴陀螺的完整版图，如图 9-7 所示。

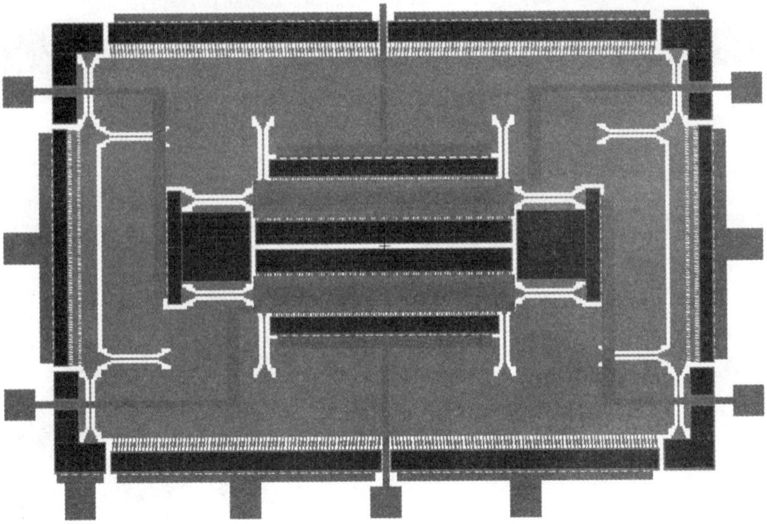

图 9-7　z 轴陀螺的完整版图

采用工艺编辑器根据陀螺的完整版图和加工要求编写加工工艺流程文件，并对其进行动态可视化。图 9-8 所示为可视化过程，其中图 9-8(f)为陀螺工艺可视化最终结果。

这种 Top-Down 设计流程为采用标准组件时的设计流程。但在实际加工时，可能根据工艺条件调整结构，如为了防止在梁与敏感质量的接触点发生断裂所采用的变截面梁结构。该模型无法直接在系统级中建立，因而无法采用 Top-Down 设计方法。可采用基于宏建模方法的 Bottom-Up 设计流程进行设计，如图 9－9 所示。即：首先进行版图的编辑与绘制，进行实体生成和有限元分析；然后提取变截面梁的宏模型，进行系统级仿真，从而完成 MEMS 设计的全流程。

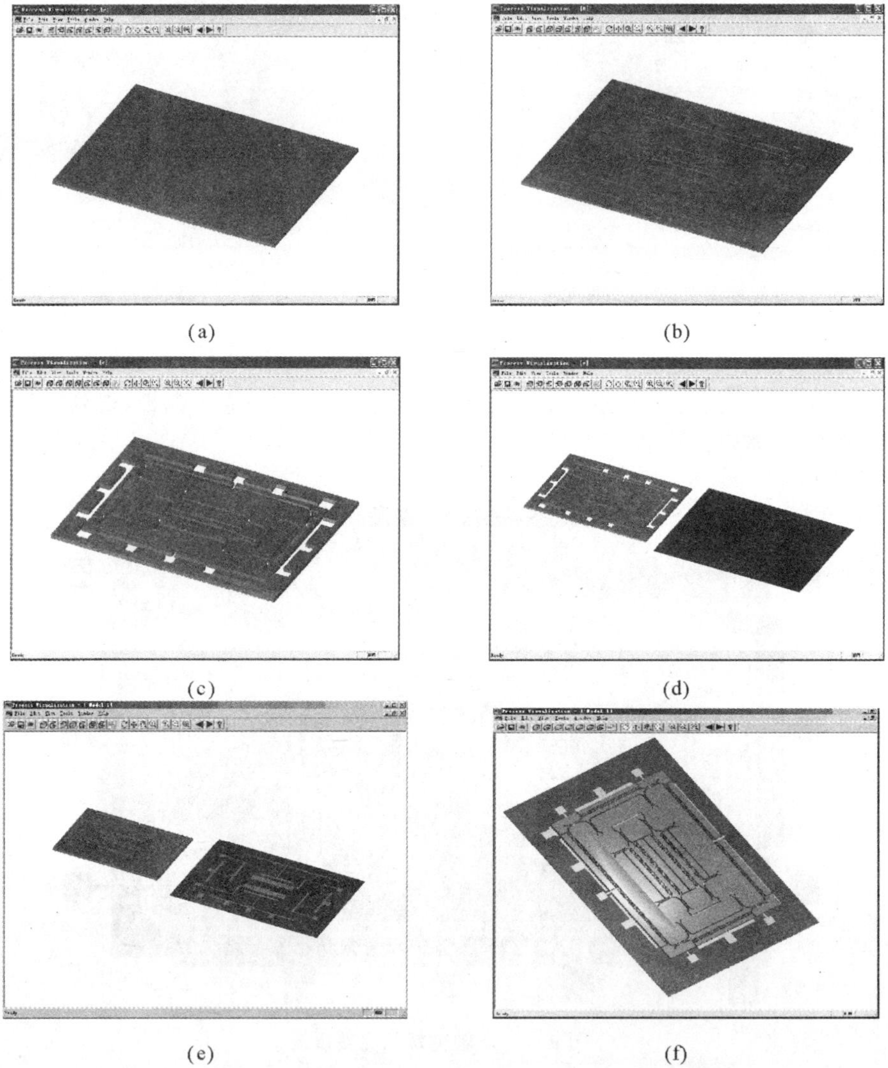

图 9－8　z 轴陀螺的动态工艺可视化过程

(a)定义硅基体；(b)刻蚀锚点结构；(c)刻蚀陀螺结构；(d)定义玻璃基体

(e)刻蚀电极层；(f)硅-玻璃键合

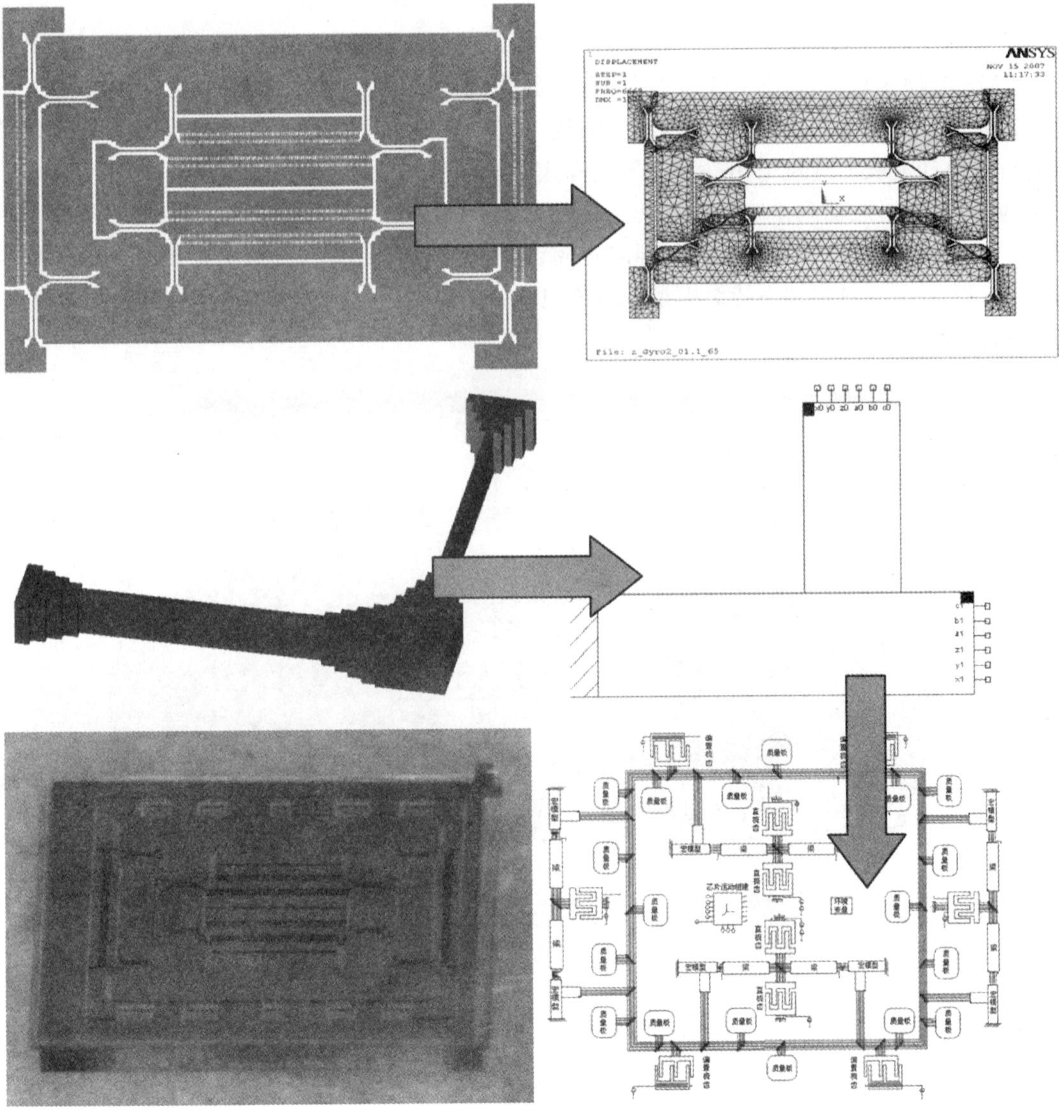

图 9-9　平面解耦 z 轴陀螺的 Bottom-Up 设计流程

9.3 音叉电容式微机械陀螺

自顶向下的设计方法一般从采用组件建立器件的系统级模型开始，这对于结构规则、简单的 MEMS 器件比较适合，而对于复杂 MEMS 器件，采用组件建立其系统级模型相当烦琐。因此可首先进行工艺级版图设计，经过相应的接口直接转换为器件的系统级模型并进行总体性能分析的设计流程。这里采用一种音叉电容式微机械陀螺验证了该设计流程。图 9-10 是该陀螺的版图，通过版图到系统级模型转换接口可迅速得到基于系统级多端口组件的陀螺系统级模型，如图 9-11 所示，根据陀螺实际拓扑结构对组件进行连线，得到陀螺最终系统级模型如图 9-12 所示。对陀螺系统级模型进行静电-结构-空气阻尼耦合时域仿真，其结果如图 9-13 所示。

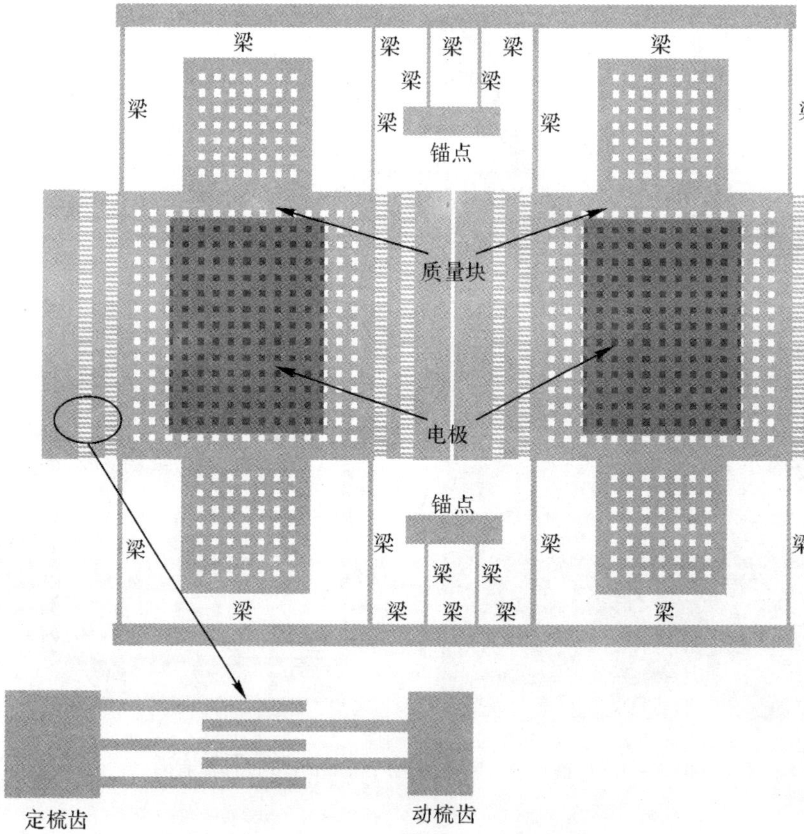

图 9-10 音叉电容式微机械陀螺版图

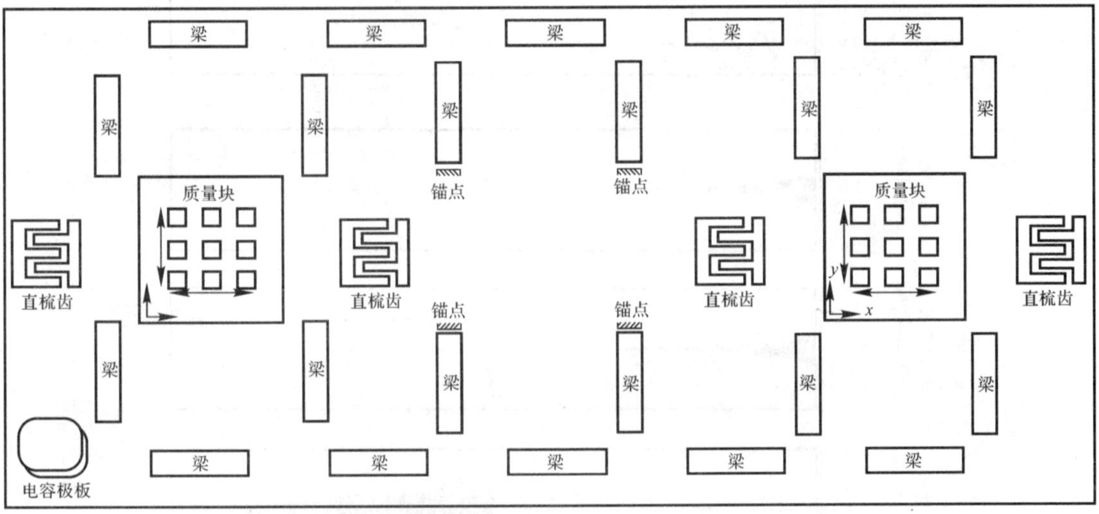

图 9-11　通过版图到系统级转换接口得到的陀螺系统级模型

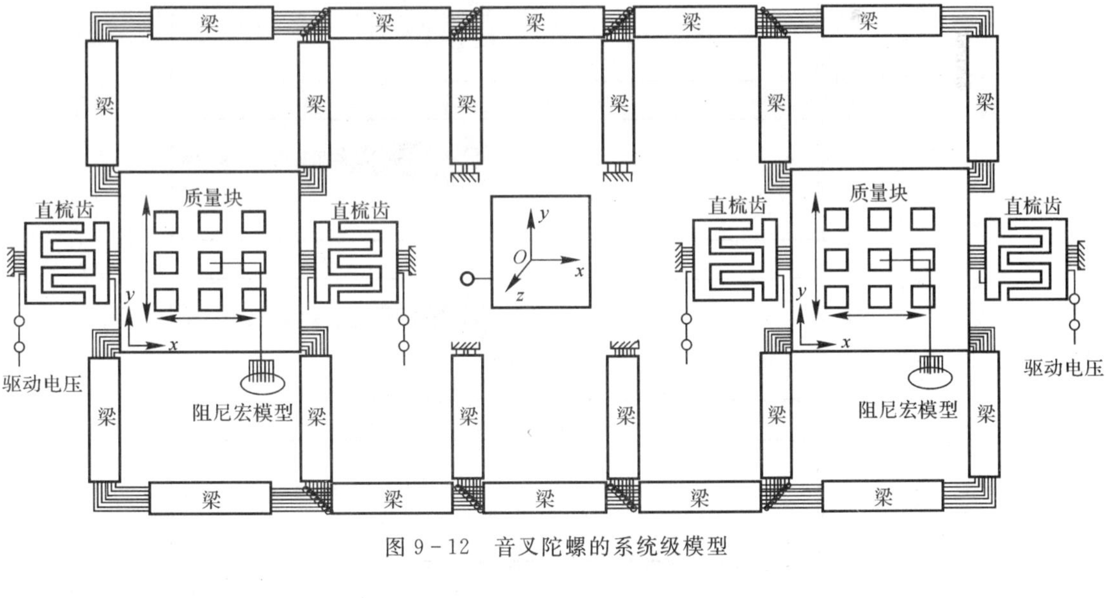

图 9-12　音叉陀螺的系统级模型

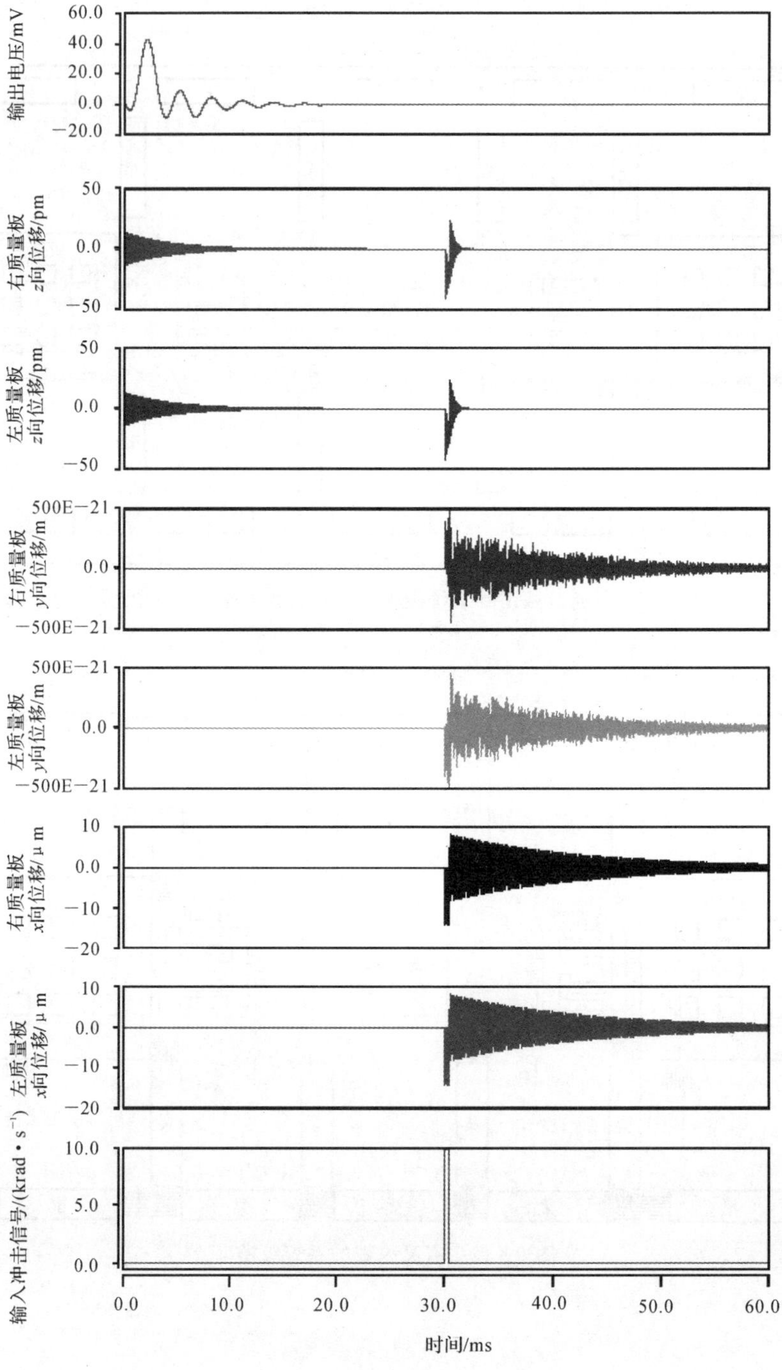

图 9-13　陀螺的时域仿真结果

微机械陀螺通常封装在真空中,以提高其品质因数。但是,在工程实际当中由于技术上的局限性,很难保证压力在较长时间内保持常量。所以,与压力变化相对应的传感器的输出对于评估设计方案起到很重要的作用。把阻尼宏模型插入到系统级中进行仿真能够达到以上目的。如图 9-14 所示为陀螺质量块压膜阻尼的有限元模型,采用基于 Krylov 子空间投影的 Arnoldi 降阶方法提取其压膜阻尼宏模型,并插入系统级仿真器进行仿真。如图 9-15(a)所示,随着压力增加,位移幅度会增加。在检测方向振幅稳定后,位移与压力变化的关系如图 9-15(b)所示。

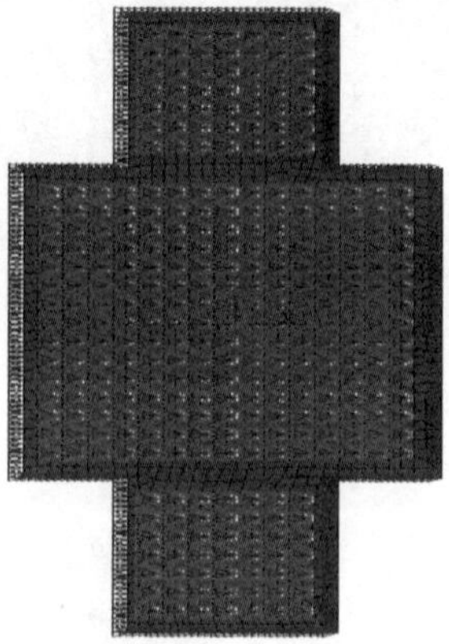

图 9-14 音叉陀螺质量块压膜阻尼域有限元模型

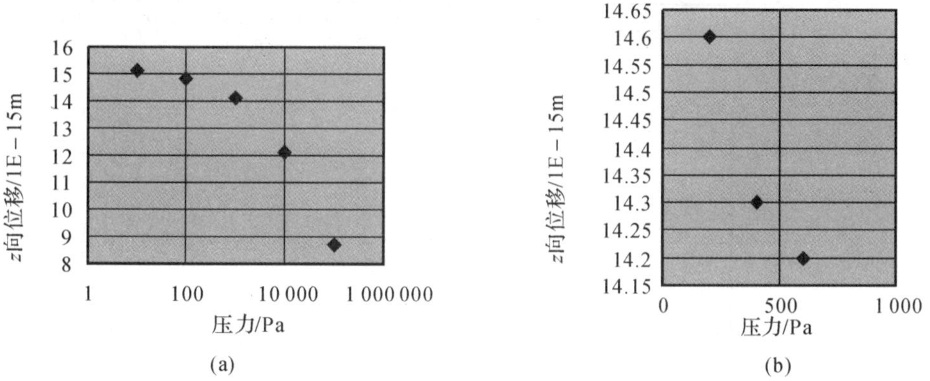

图 9-15 陀螺振幅与封装压力的关系

(a)压力大范围变化效应; (b)压力小范围变化效应

图 9-16 所示为加工的音叉电容式微机械陀螺样件,图 9-17 所示为陀螺的性能指标曲线、主要刻度因子及其非线性度。

图 9－16　音叉电容式微机械陀螺的样件

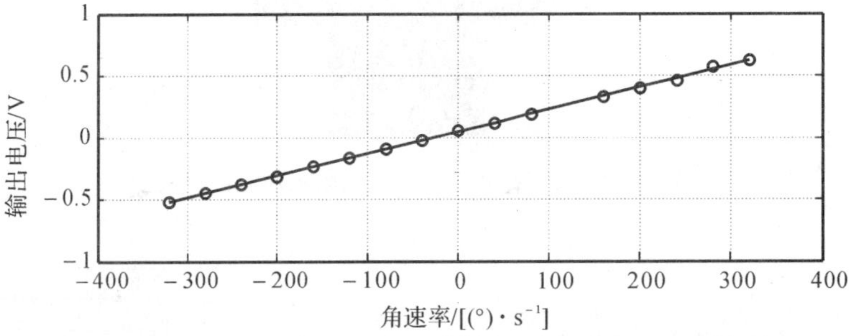

(a)

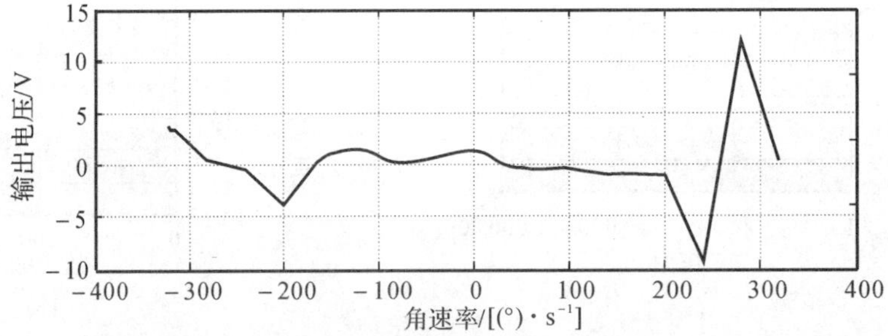

(b)

图 9－17　音叉陀螺的标度因子及非线性度曲线

9.4　平面单轴加速度计

图 9－18 所示为一种平面单轴加速度计的版图。采用工艺编辑器编辑相应的工艺流程文件,并进行工艺过程动态可视化。图 9－19 所示为加速度计的动态工艺可视化过程。

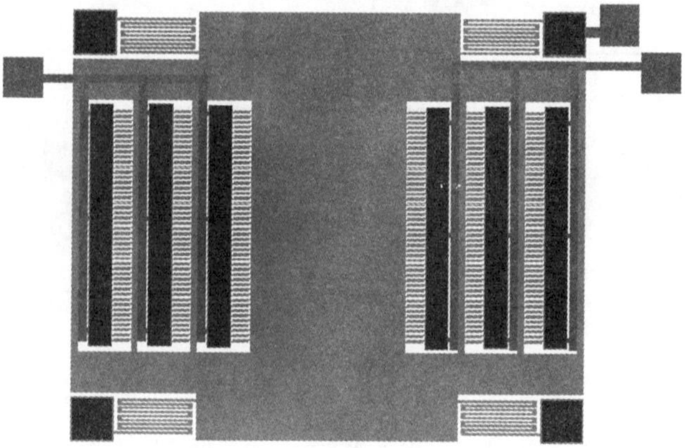

图 9－18　y 轴加速度计版图

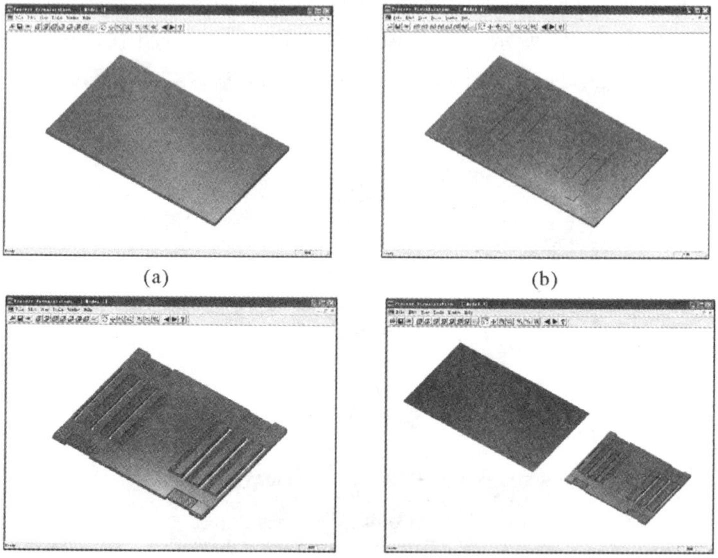

(a)　(b)　(c)　(d)

图 9－19　y 轴加速度计的工艺可视化过程

(a)定义硅基体；(b)刻蚀锚点结构；(c)刻蚀加速度计结构；(d)定义玻璃基体

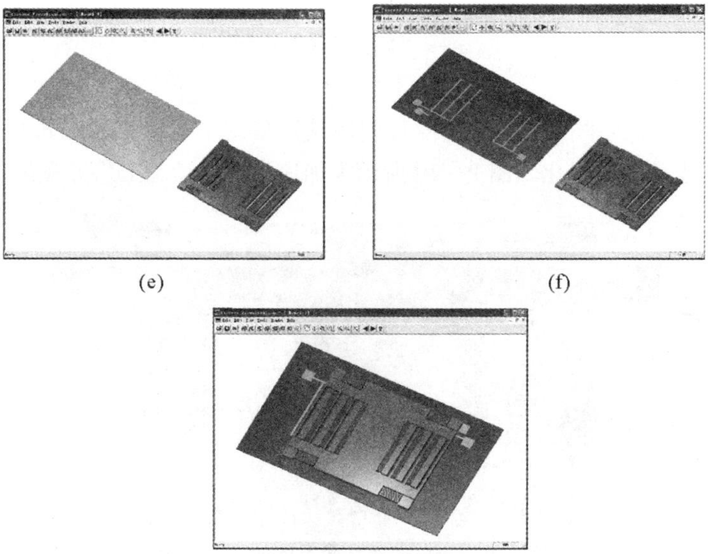

(e) (f)

(g)

续图 9 - 19　y 轴加速度计的工艺可视化过程

(e)沉积电极层；（f)刻蚀电极层；（g)硅-玻璃键合

图 9 - 20 是简化的加速度计结构层版图，通过单层版图到三维实体模型转换接口可得结构层三维实体模型，如图 9 - 21 所示。将此模型导入到有限元分析软件中，可对结构层进行性能分析。表 9 - 1 是该加速度计的一阶模态和二阶模态的模态频率、模态刚度和模态质量的分析结果。

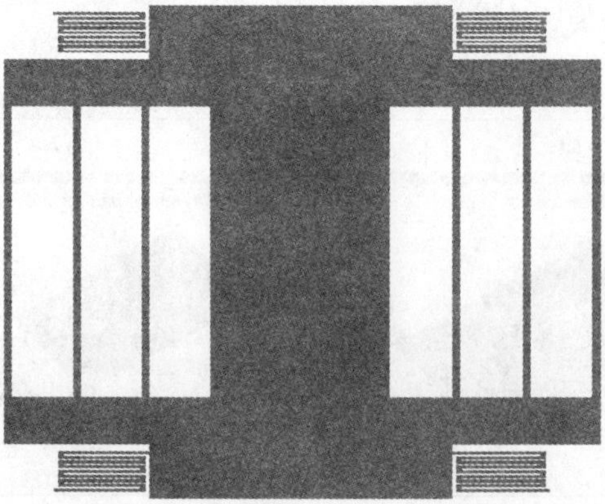

图 9 - 20　y 轴加速度计的结构层版图

图 9-21　y 轴加速度计的结构层三维实体图

表 9-1　y 轴加速度计模态计算结果

参数名称	一阶模态	二阶模态
频率/Hz	2 213.5	4 256.9
刚度/($N\cdot m^{-1}$)	$K_1=$ 85.423 179 8	$K_2=$ 133.416 33
质量/kg	$M_1=$ 4.416 448 902E−07	$M_2=$1.864 973 954E−07

图 9-22 为加速度计折叠梁的版图通过相关接口转换得到的三维实体模型，采用宏模型获取模块提取折叠梁的宏模型，如图 9-23 所示。

图 9-22　折叠梁的三维实体

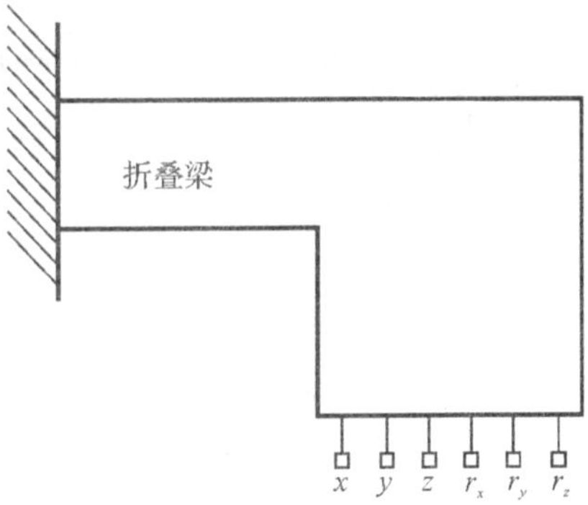

图 9-23　折叠梁的宏模型示意图

图 9-24 为加速度计的系统级异构模型，其中折叠梁采用数值降阶方法获取宏模型，其他结构采用系统级多端口组件模型。对此模型进行系统级频域分析，结果如图 9-25 所示，可知 y 方向的谐振频率为 2 184 Hz，相对于有限元分析结果 2 467 Hz，相对误差约为 10%。

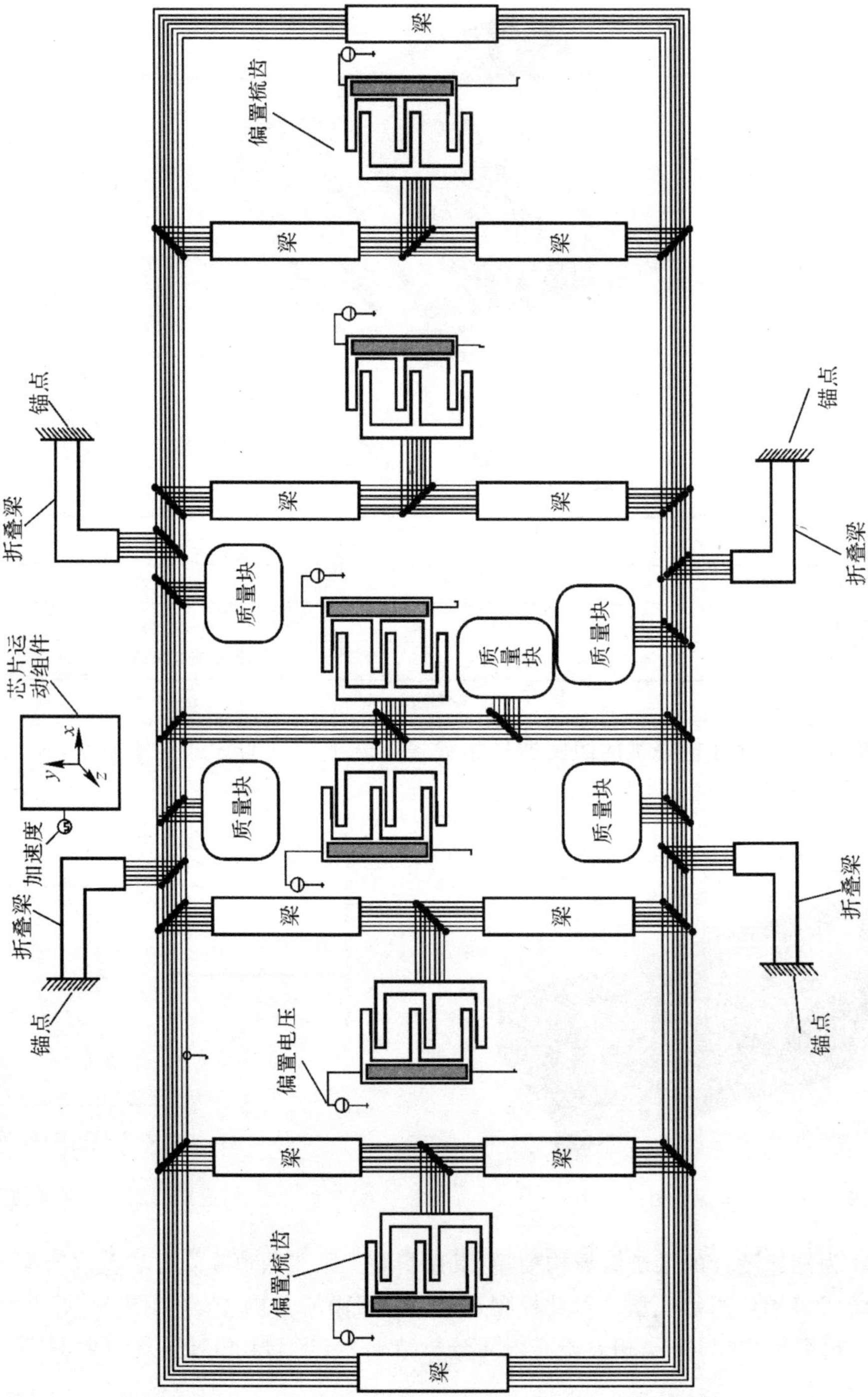

图 9-24 基于异构宏模型的加速度计系统级模型

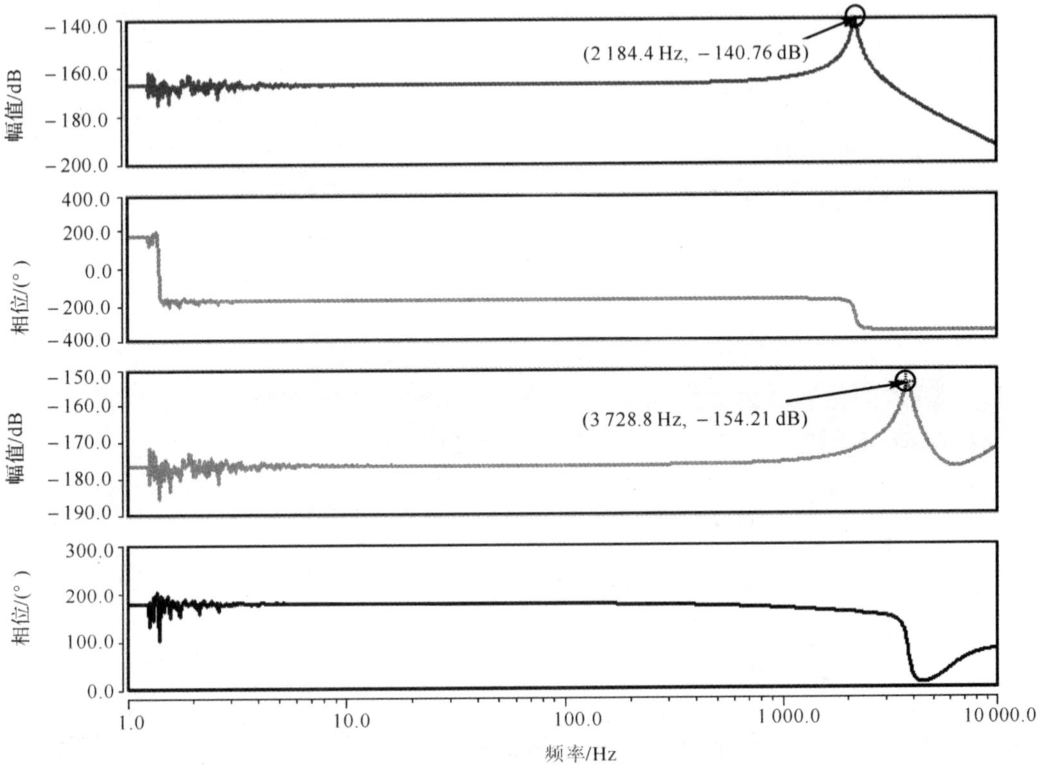

图 9-25　平面加速度计的系统级频域分析结果

9.5　z 轴加速度计

对于具有机械工程背景的 MEMS 设计者，从绘制器件版图和搭建系统级模型开始器件设计显然不是很熟悉的设计模式。一种适合的设计流程就是从构造器件级三维实体模型开始，经系统级设计，最后通过相应接口直接转换为工艺级版图。这里通过一种 z 轴加速度计验证了此设计流程。

图 9-26 是 z 轴微加速度计的三维实体模型及导入有限元的结果，采用 Solid 92 单元对加速度计的结构模态分析可得 z 方向模态频率为 25.5 kHz，在加速度计的上下电极施加一初始值为 0，步长为 2 V 的电压，对其作静电-结构耦合分析，可得其 pull-in 电压约为 22 V。

在系统级平台中调用组件库平板质量块、平板式电容器、梁、锚点组件，按加速度计原始拓扑互连相应组件即可建立该微加速度计的系统级模型，如图 9-27 所示。选择正弦信号源作为输入模拟 z 向的频率响应，对加速度计进行交流小信号分析，结果如图 9-28 所示，可知加速度计 z 方向的谐振频率约为 25.7 kHz。

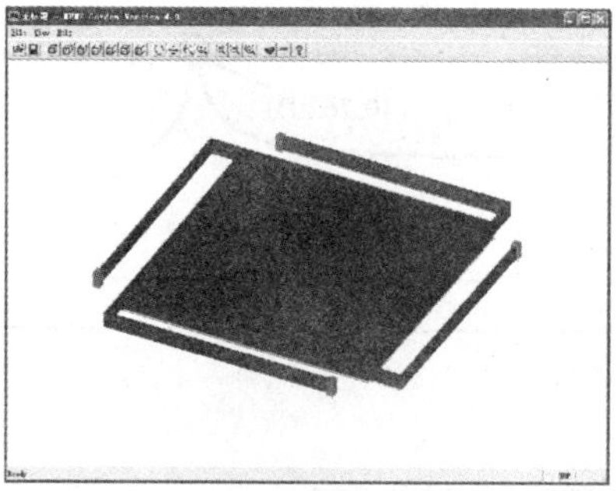

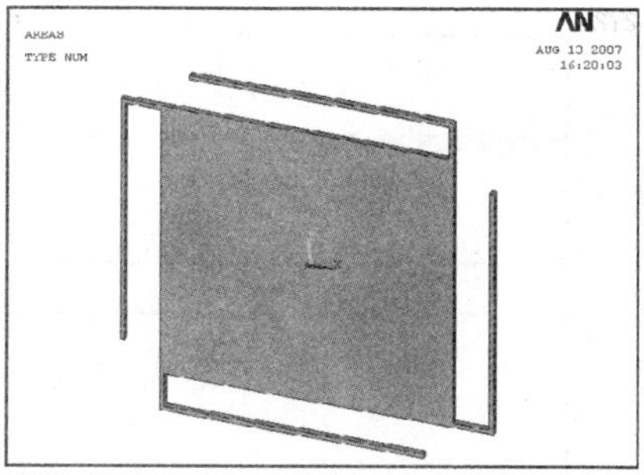

(a) (b)

图 9-26 z 轴加速度计的质量块实体模型示意图

(a)完整三维实体模型； (b)结构层导入有限元分析软件的结果

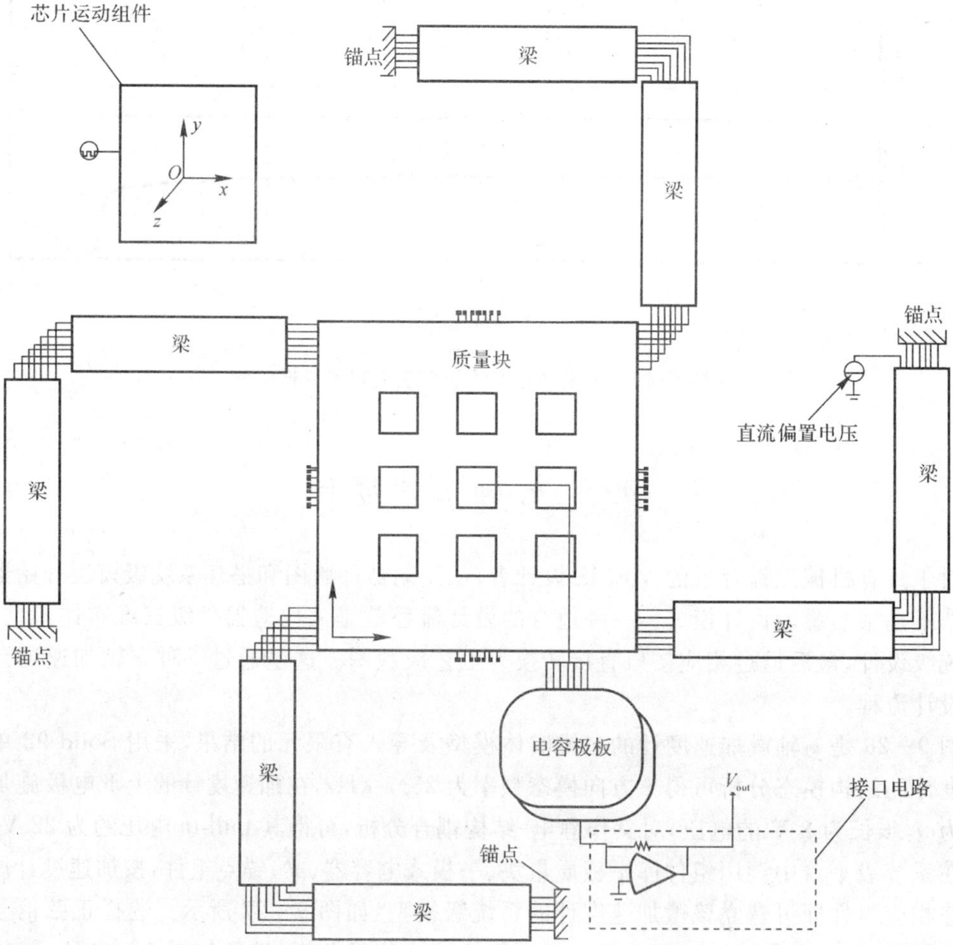

图 9-27 z 轴微加速度计系统级模型

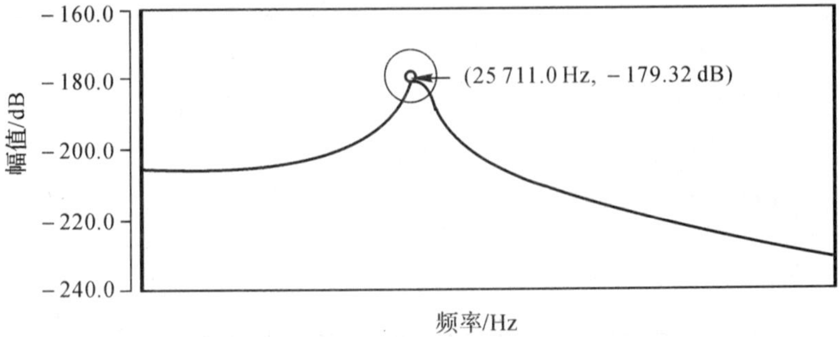

图 9-28 z 轴微加速度计的频域分析结果

由 0～30 V 以 0.2 V 的步长逐步增加该加速度计的直流偏置电压，分析研究质量块质心在不同直流偏置电压下的 z 向位移，仿真结果如图 9-29 所示，可知当直流偏置电压达到 21.7 V时，质量块会突然与 MEMS 基体吸合，即发生 pull-in 效应。

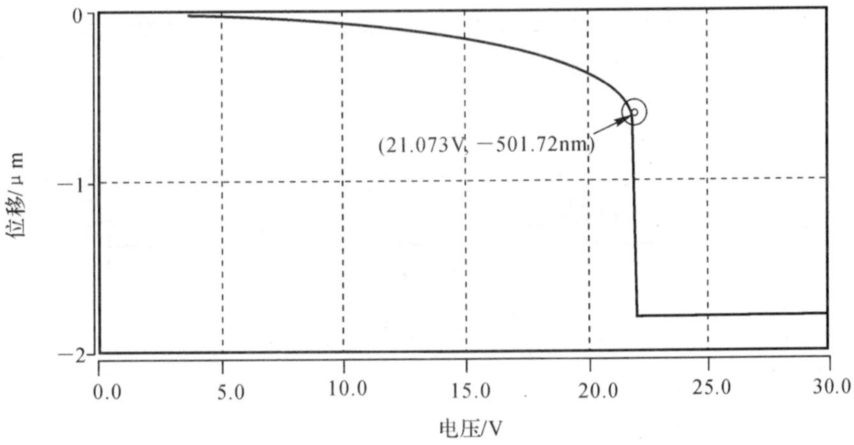

图 9-29 z 轴微加速度计的 pull-in 分析结果

在芯片运动组件的 z 向加速度端口输入单位脉冲信号，在气体环境压强分别设为 $p=0.001$ atm(1 atm=101 325 Pa)和 $p=0.01$ atm 时对整个系统行为进行时域仿真分析，结果分别如图 9-30(a)(b)所示。

对于活动质量块与衬底间的流体域，采用 Fluid136 单元，在有限元分析软件中建立其有限元模型。然后采用子结构方法生成超单元，从而提取方程的质量、刚度、载荷矩阵，之后利用基于 Krylov 子空间投影的一阶状态方程降阶方法，获取流体阻尼宏模型。将提取的阻尼宏模型嵌入加速度计的系统级模型，并在考虑空气阻尼情况下重新进行系统级频域、时域分析，在不同封装压强下，加速度计的频域特性如图 9-31 所示。从图中可以看出，随着振动频率的增大，由于阻尼效应，谐振的幅值会减小，同时由于弹性效应，谐振频率会增大。

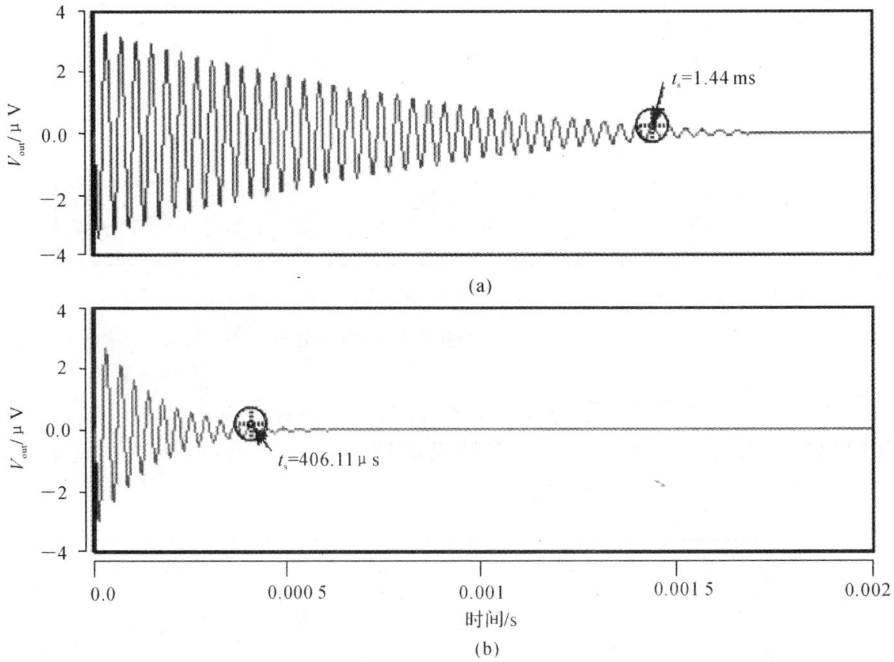

图 9-30　z 轴微加速度计的时域分析结果

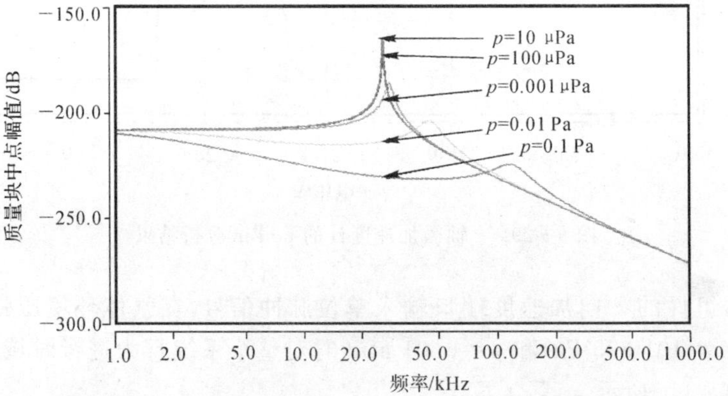

图 9-31　不同封装压强下加速度计的频域响应

不同封装压强下，加速度计的对单位阶跃输入的响应特性如图 9-32 所示。从图中可以看出，随着压强的变化，气体阻尼也会相应变化，从而造成加速度计调整时间和振荡性能的不同。

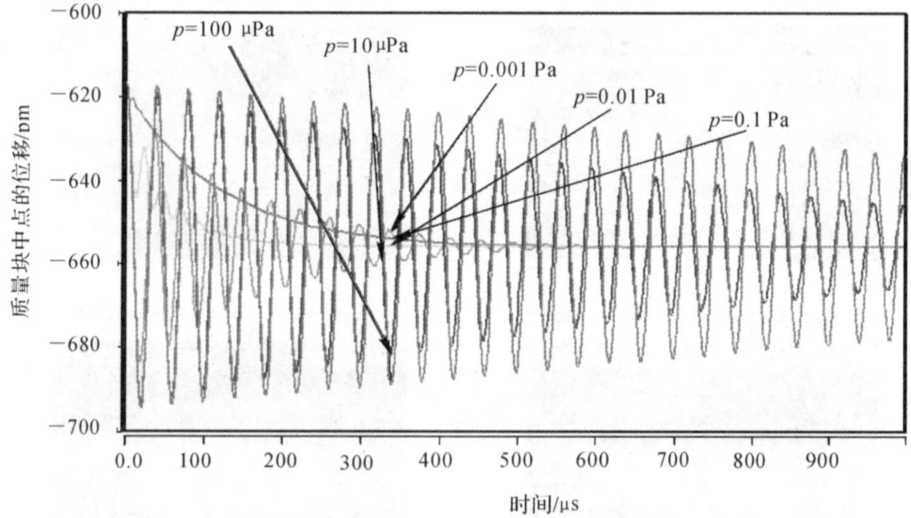

图 9-32　不同封装压强下加速度计的单位阶跃输入响应

采用系统级到二维版图的接口从系统级仿真结果生成标准格式的二维版图文件，并导入版图编辑器以进行进一步的工艺版图设计。图 9-33 为系统级到二维版图接口和三维实体到二维版图接口生成的 z 轴微加速度计版图导入版图编辑软件 L-Edit 的结果。编辑相应的加工工艺流程后，可对加速度计进行工艺过程动态可视化，如图 9-34 所示。其中，图 9-34(g)为工艺可视化结果，图 9-34(h)为从中提取的结构层三维实体模型。

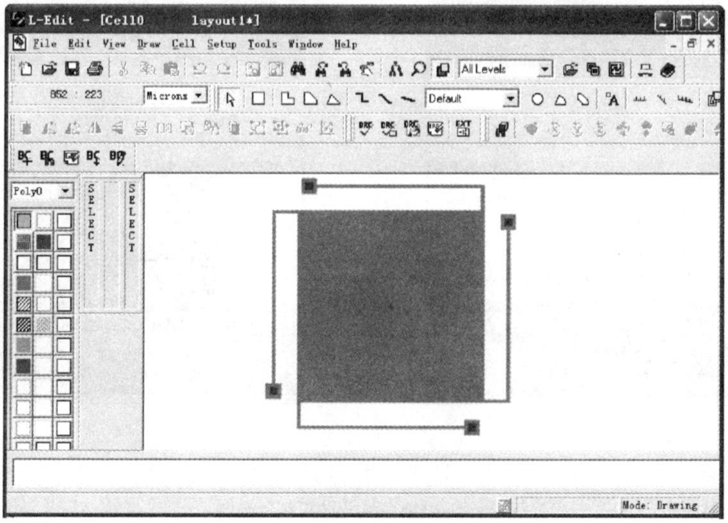

图 9-33　系统级到二维版图接口生成的 z 轴微加速度计版图

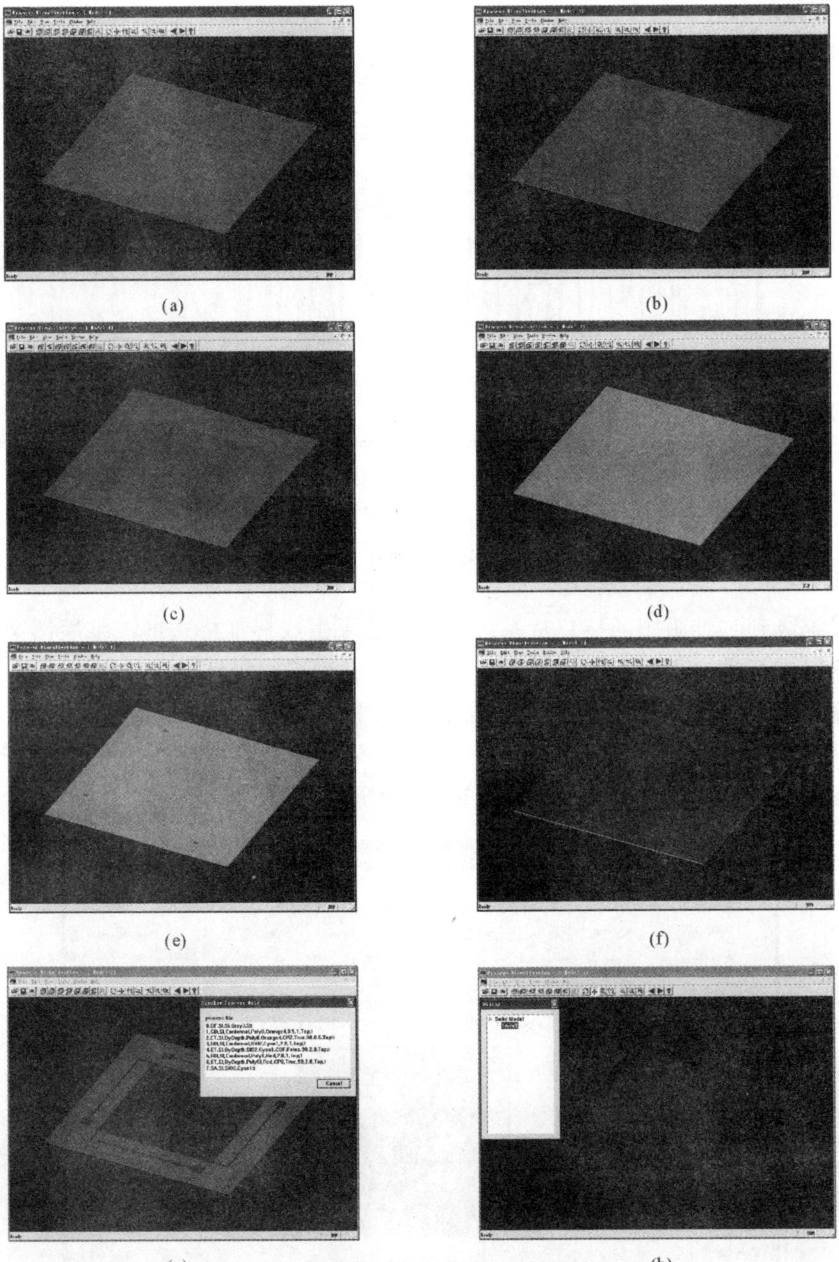

图 9-34　z 轴加速度计的工艺可视化过程

(a) 定义衬底；(b) 沉积氮化硅；(c) 刻蚀氮化硅得到下电极；(d) 沉积二氧化硅牺牲层；(e) 刻蚀二氧化硅得到锚点；(f) 沉积多晶硅结构层；(g) z 轴微加速度计几何仿真结果；(h)提取的结构层三维实体

9.6　微型压力传感器

对于微型压力传感器这种分布参数系统，一般很难用系统级建模方法进行设计。这里建立了微型压力传感器的组件模型，并采用系统级到工艺级的自顶向下的流程完成了该器件的设计。

从软件的组件库中选取敏感膜片、压敏电阻、激励电源、测量电路和全局环境变量等组件，建立起压力传感器的多端口组件网络模型，如图 9-35 所示。

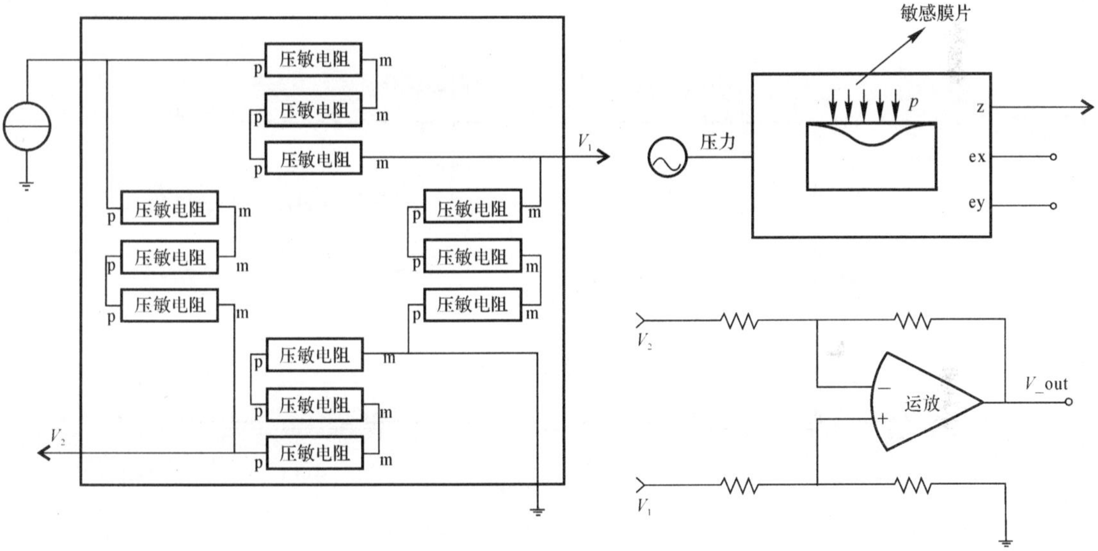

图 9-35　压力传感器系统级模型示意图

系统级仿真可以直接得到敏感膜片的变形和应力分布情况，并以曲线图的形式显示出来。对膜片进行直流工作点分析，可以看出敏感膜片在压力为 0.1 MPa 作用下，坐标为(0,0)处的 z 向位移以及 x 向和 y 向的应变。除了可以得到指定点的位移、应变等物理量，对敏感膜片的系统级模型进行直流扫描仿真外，还可以快速得到这些物理量与坐标的二维关系曲线。以 x_pos 和 y_pos 为变量，对敏感膜片进行直流扫描分析，可分别得到敏感膜片在不同位置下的 z 向位移曲线和 x 向应变曲线，如图 9-36 和图 9-37 所示。

通过直流扫描仿真，可获得电路特性在输入压力变化下的规律性，在压力传感器的输入压力从 0 Pa 变化至 200 kPa 范围内，系统的输出电压结果如图 9-38 所示。从图中可以看出，随着敏感膜片厚度的减小，压阻式压力传感器的灵敏度显著增加。

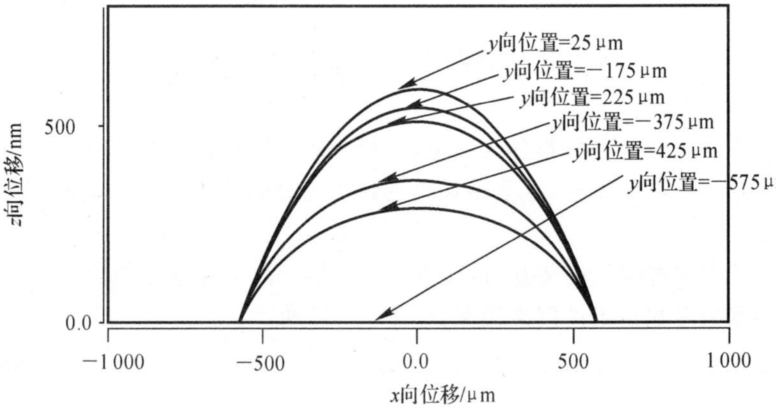

图 9-36　敏感膜片在 z 向的位移

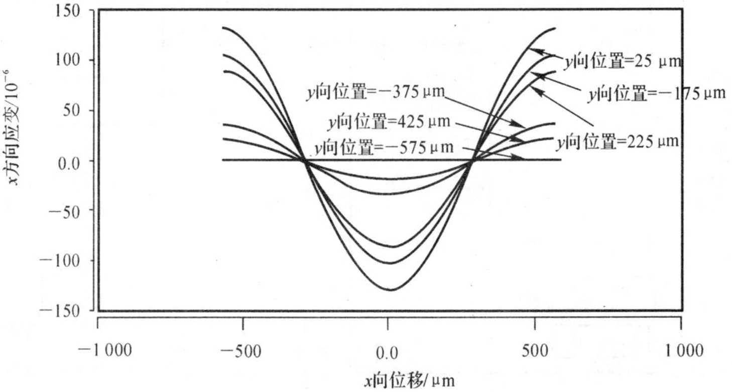

图 9-37　敏感膜片在 x 向的应变

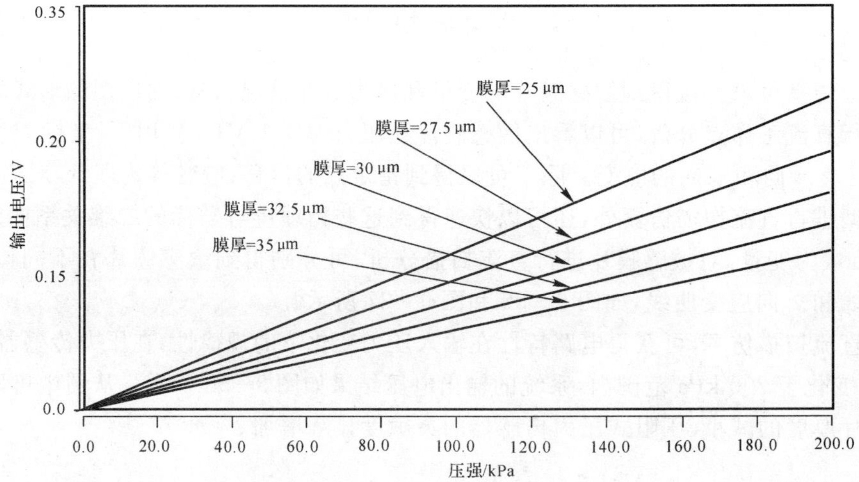

图 9-38　压力传感器的输出输入关系仿真图

经过系统级网表到工艺级版图转换后，可得到压力传感器的版图。根据实际加工条件进行适当修改后，可得压力传感器的最终加工版图，如图 9-39 所示。

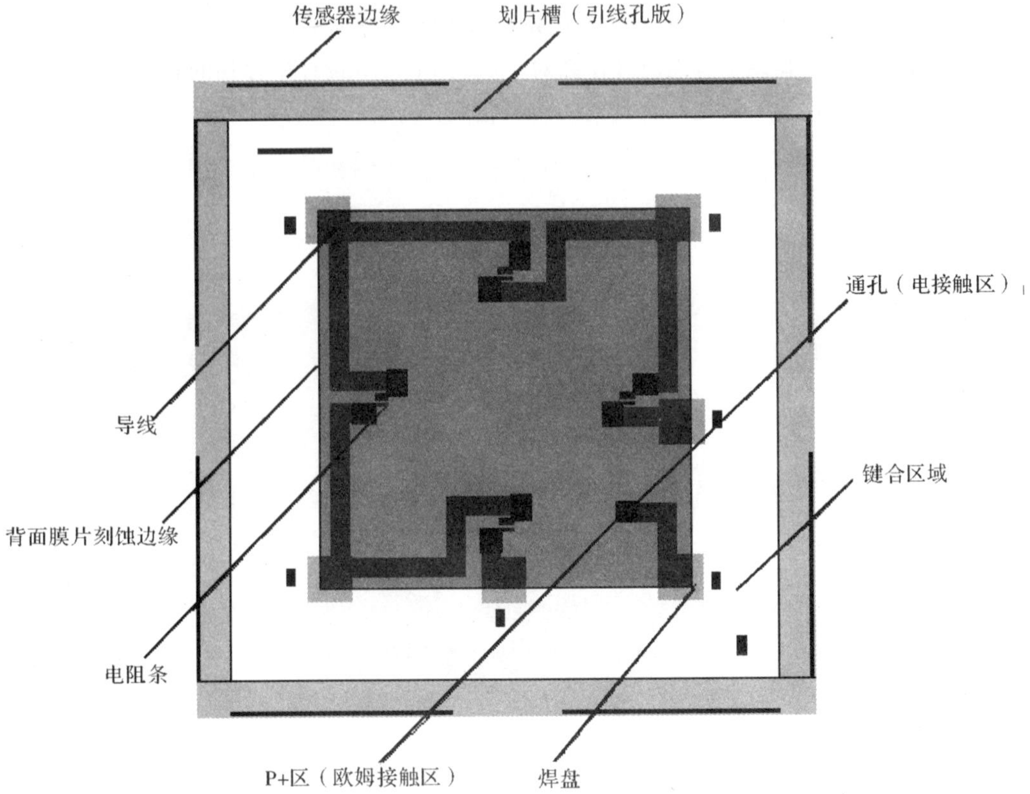

图 9-39　传感器结构工艺版图说明

图 9-40 是加工的压力传感器与 NACA0012 翼型集成完成后的实物照片。

图 9-40　微传感器阵列与 NACA0012 翼型集成完成后的实物照片

9.7 小　　结

各种各样的 MEMS 器件设计实例说明，泛结构化 MEMS 集成设计方法中提出的柔性设计体系、创成设计体系以及三维设计体系对于解决 MEMS 设计中存在的难题非常有效。所建立的 MEMS 集成设计工具也具有较高的仿真精度。